现代测绘理论与技术文库
测绘地理信息科技出版资金资助

非线性最小二乘理论及其在GPS定位中应用研究

Research on Nonlinear Least Squares Theory and Application in GPS Positioning

张　勤　黄观文　著

测绘出版社
·北京·

内容提要

针对近代平差理论及实际应用中存在的大量非线性问题,本书详细研究和探讨了非线性问题中的理论和方法,通过研究卫星导航定位中存在的问题,成功地将平差理论转化为解决实际应用问题的有效方法。

本书可作为高等院校测绘类本科“测量平差程序设计”课程的教学用书和“误差理论与测量平差基础”课程的辅助教学用书,也可供相关学科的高年级本科生、研究生、科研工作者和工程技术人员参考。

图书在版编目(CIP)数据

非线性最小二乘理论及其在GPS定位中应用研究/张勤,黄观文著. —北京:测绘出版社,2019.11

(现代测绘理论与技术文库)

ISBN 978-7-5030-4193-8

Ⅰ.①非…　Ⅱ.①张…　Ⅲ.①非线性—最小二乘法—应用—全球定位系统—数据处理—研究　Ⅳ.①O241.5 ②P228.43

中国版本图书馆CIP数据核字(2019)第016101号

责任编辑　巩　岩
执行编辑　云　雅　**封面设计**　李　伟　**责任校对**　石书贤　**责任印刷**　吴　芸

出版发行	测绘出版社	**电　　话**	010—83543965(发行部)
地　　址	北京市西城区三里河路50号		010—68531609(门市部)
邮政编码	100045		010—68531363(编辑部)
电子邮箱	smp@sinomaps.com	**网　　址**	www.chinasmp.com
印　　刷	北京建筑工业印刷厂	**经　　销**	新华书店
成品规格	169mm×239mm		
印　　张	10.125	**字　　数**	195千字
版　　次	2019年11月第1版	**印　　次**	2019年11月第1次印刷
印　　数	001—800	**定　　价**	52.00元

书　　号　ISBN 978-7-5030-4193-8

前　言

随着科学技术突飞猛进的发展，测绘科学的技术手段与技术方法也发生了根本性的变革，极大地拓展了其服务领域，同时对传统的理论方法也产生了极大的挑战。20 世纪 70 年代以来，矩阵代数、数理统计、泛函分析、最优化理论及电子计算机的成熟与广泛应用有力地推动了测量数据理论的发展，形成了内容丰富的近代测量平差理论方法。迄今为止，近代平差理论基本上是以线性模型空间为基础的，而现代测绘技术与无线电技术、天文学、气象学、生态学等领域一样，存在大量的非线性问题。传统方法是将非线性模型取为线性化的近似模型，按线性模型空间数据处理理论进行。显然这种线性化的处理方法无法获得精确、可靠的高精度测量成果，同时也无法揭示客观事物的非线性实质，因而难以满足现代测绘技术的发展及服务领域的要求。因此，积极开展非线性模型数据处理理论与应用的研究变得日趋重要。近 20 多年来，测绘学者会同数学理论学者对非线性模型数据处理进行了卓有成效的研究，在非线性模型的非线性强度度量、非线性模型参数估计方法、非线性模型的误差传播及精度评价等方面取得了较大进展。但是，由于非线性理论本身的研究是具有相当难度的基础研究，所以其理论研究远比线性问题的研究复杂和困难得多。线性模型空间与非线性模型空间是两个不同的思维空间，线性空间理论不能简单地移植到非线性空间，所以非线性模型空间的数据处理领域仍然存在许多亟待研究、解决的理论与应用难题。

综合国内外研究现状，非线性测量数据处理理论与实际应用领域中存在的问题如下：①非线性模型的数据处理理论研究没有真正从非线性模型空间层次研究、建立相应的数据处理理论与方法；②非线性模型的数据处理方法中，一般采用最小二乘迭代方法，但是迭代法对迭代初值依赖性强，存在局部收敛的问题，由于现代测量往往难以获得较接近真值的初值，故使迭代不收敛或精度大大降低；③近代测量数据极大地扩展了处理数据类型，提高了模型的复杂性，但是非线性数据处理几乎还没有扩展到近代数据处理理论，如非线性秩亏模型的参数估计、具有病态的非线性模型的参数估计、含有粗差及系统误差数据的非线性模型参数估计、非线性动态系统模型的参数估计等；④现代测绘技术含有大量的非线性模型处理问题，特别是在全球导航卫星系统（GNSS）、地理信息系统（GIS）、遥感（RS）组成的“3S”技术中，还缺乏有效的理论及方法解决“3S”技术中的非线性问题。

针对非线性参数估计理论存在的以上问题，本书主要开展了如下研究工作：第 1 章全面叙述了非线性研究的起源与发展历程，分析讨论了目前非线性模型研究存在的和亟待研究解决的问题;第2章重点研究讨论了非线性模型参数估计理论与方法,包括非线性模型的建立、非线性参数估计准则及非线性参数估值的求解方法;第3章主要介绍了构造连续同伦函数的基本思想、性质、方法及其方法误差估计与收敛性定理;第4章着重研究基于同伦方法的非线性最小二乘的平差方法,给出了初始值与方程的解相差较大、秩亏问题及非线性病态方程的解决办法;第5章结合GPS定位数据处理中的非线性问题,探讨了同伦非线性最小二乘方法在GPS定位中的几种应用情景;第6章主要讨论了卡尔曼滤波法应用在GPS动态定位中存在的问题,并提出了一种基于班克罗夫特(Bancroft)方法的GPS动态定位的两步滤波法。

由于本书研究对象丰富具体、研究理论难易适中、写作方式通俗易懂,因此主要读者对象为测绘工程、天文学学科的本科生和大地测量学、天文学、电子学科的研究生,也可供大地测量理论及工程应用领域、卫星导航产业、部分天文学产业的从业者及用户使用。由于非线性最小二乘理论是多学科相互渗透而形成的研究方向,涉及数理统计、概率论、测量平差和现代数据处理技术等诸多学科的相关知识,加之作者水平有限,书中难免有疏漏之处,恳请读者不吝斧正。

目　录

Contents

第1章 引 言

§1.1 非线性研究的提出及意义

科学研究随着人们对自然界认识和技术手段的发展而不断地被积累和突破，同时又反过来改变人们观察自然界的思维方式。人们对自然界的认识经历了从无序到有序、由简单到复杂、从确定到随机、由对单一现象的认识到几种现象交织的认识的过程。基于此，非线性科学产生了，并正在迅速发展，有人将其称为继量子力学、相对论后的又一次新的科学革命(范萌，1995)。

非线性科学是研究复杂现象的一类新学科。近几十年来，混沌力学、分形与分维、自组织、耗散结构、协同学等理论的问世与发展使人们认识到非线性是一切复杂之源：确定性系统中的混沌现象使人们意识到在自然界普遍存在一种多年来人们视而不见的特殊运动形式；分形和分维使人们脱离了线、面、体的常规几何观念，可以更客观真实地描述复杂多样的自然世界现象；自组织现象反映非线性耦合到一起的大量单元和子系统中有序和无序的时空组织和过程。这些理论的发展较好地从不同侧面揭示了非线性的本质及非线性的动力学机制，也进一步证实了非线性科学具有跨学科、相互影响、相互渗透的特征。非线性科学是贯穿信息科学、生命科学、空间科学、地球科学和环境科学等领域的跨学科的基础科学，必将对人类社会发展产生不可估量的影响。对自然界各种现象的描述不考虑非线性因素、不建立非线性模型就无法真实反映客观世界规律，因此要深入、正确地研究各种自然现象乃至社会现象，就必须研究非线性问题。近 30 年来，随着科学理论及计算机技术的发展，非线性科学在探求非线性现象的普遍规律、发展普适的非线性模型及处理方法方面已取得明显成就。但是由于非线性问题的理论研究远比线性问题的研究复杂得多、困难得多，因此在未来的相当一段时期内，非线性理论与科学仍是一个非常重要的研究领域。

测绘科学与无线电技术、天文学、气象学、生态学等领域一样，存在大量的非线性问题，为研究对象建立的函数模型中有许多非线性模型，无论是传统测量的测角网、测边网、导线网、天文和重力测量，还是现代航测遥感(remote sensing，RS)、全球导航卫星系统(global navigation satellite system，GNSS)、地理信息系统(geographic information system，GIS)的建立，均存在非线性函数模型。另外，在大地测量网的优化设计、各种类型的变形监测中，通常只有用非线性模型才能更好地反映客观实际需要及规律。对于这些非线性模型，理论上应采用非线性理论方法求解，才能获得更准确、更符合实际，且能反映非线性本质的结果。但是，长期以来，由于缺乏完善的非线性理论、有效的非线性数值计算方法与计算手段，以及测绘仪器精度较低，所以人们对成果质量精度的要求不高，导致人们一直利用参数近似值按泰勒级数展开并取一次项的方法，将非线性模型转化为线性模型。这个线性模型实际上是用解轨迹曲面切空间上的解来代替曲面的解，即用线性最小二乘近似取代非线性最小二乘。因此，用线性最小二乘近似取代非线性最小二乘首先要求参数近似值必须与其真值较为接近，其次要求模型的非线性程度较弱。只有满足这样两个条件才能获得令人满意的结果，否则采用线性化模型不仅会影响非线性模型反映事物的真实性，而且会影响平差成果的正确性和精确性。

随着科学技术的蓬勃发展，新的科学理论方法和新的科学技术手段为测绘科学的发展开拓了全新的应用领域，同时也提出了更高的精度要求。电子技术和空间技术的发展使测绘仪器的精度有了极大的提高，测绘手段也发生了近乎根本性的变化。而计算机技术的发展使一些以前根本无法实现的复杂计算变得轻而易举。这一切使高精度的测量成果成为可能且必需，因此对测量数据的处理提出了新的、更高的要求，相应的测量误差理论必然要扩展到许多新的研究领域。20 世纪 70 年代以来，矩阵代数、概率统计、泛函分析、最优化理论及电子计算机在测量数据处理中的广泛应用，推动了测量平差理论的巨大发展，形成了内容丰富的近代测量平差理论方法。它使测量数据的概念更广义化，从随机独立数据发展到相关数据；由处理仅带有偶然误差的数据，发展到处理带有粗差、系统误差的数据，平差模型得到极大的推广；由满秩经典平差，发展到任何秩的平差；不但可以处理随机变量，还可以同时处理随机函数；由仅研究、讨论函数模型，发展到研究、讨论随机模型；从静态平差发展到动态平差；从无偏估计发展到有偏估计；还发展了几何数据与物理数据综合处理的整体平差等。

近代测量平差理论和方法的发展在现代大地测量、工程测量和航空摄影测量等领域得到广泛的应用，解决了许多数据处理的实际问题。但是随着测绘高科技的发展，特别是导航卫星定位技术、遥感技术、地理信息系统（简称“3S”技术）等的广泛应用，测量数据处理无论在理论方法还是在实际应用中都面临许多需要研究与扩展的新问题。其中，比较突出的是有关非线性的理论方法与应用研究，因为“3S”技术均包含大量的非线性问题，其中涉及技术应用中的对象如何以非线性的模型正确描述，以及如何处理不同的非线性模型。迄今为止，经典平差与近代平差的理论基础均是线性最小二乘，对非线性模型均采用线性化的近似处理方法。现代测绘技术涉及的模型多具有很强的非线性，对线性化的参数初值（近似值）十分敏感，这样必然导致由于近似值选取不当而产生较大的模型误差。该模型误差有时甚至会远大于由现代测绘技术获取的高精度观测值的误差。因此，采用线性化的处理方法无法获得精确、可靠的高精度测量成果，同时也无法揭示客观事物的非线性实质，这就迫切需要对非线性数据处理的理论和方法进行研究。国际大地测量协会(International Association of Geodesy，IAG)的“大地测量数学和物理基础”研究组中的第一子专题“统计学”(statistics)提出1991—1995年四大研究方向，其中之一就是非线性模型的处理问题，包括非线性最小二乘平差的纯几何方面、非线性方程的迭代方法和预处理的统计分析、方差分量估计的有效方法、合理的检验统计量及其近似分布四个方面的内容。而中国国家自然科学基金委员会于1994年编写的《自然科学学科发展战略调研报告——大地测量学》中提出非线性平差的理论研究是目前大地测量数据处理的重大基础理论课题之一。

§1.2 非线性参数估计的研究进展及现状

非线性模型研究是非线性问题的主要组成部分，始于20世纪60年代初期，但是由于计算理论和计算方法的限制，并未取得实质性发展。20世纪70年代中期国外一些学者开始讨论非线性平差的迭代求解问题。Saito(1973)讨论了非线性的最小二乘条件平差，Pope讨论了两种非线性最小二乘法平差方法，但是这些均没有涉及非线性的几何性态。对非线性有关性态的研究主要始于20世纪80年代初。Vanick(1979)研究了最小二乘与张量的关系，建立了平差模型与具有张量结构及表达形式的几何问题之间的联系；Bates等(1988)从微分几何观点定义了非线性模型的非线性曲率度量，对非线性模型研究做出了开创性工作；Blaha(1989)引入微分几何概念研究线性最小二乘的几何结构，此后他又讨论了非线性最小二乘与同构几何结构的关系及非线性最小二乘的几何结构，并在非线性平差的迭代中顾及二阶、三阶偏导数来加速迭代的收敛；Tuenissen等(1988)也从微分几何的观点讨论了非线性平差问题，在非线性模型参数估计方面做了卓有成效的研究；Demanis等(1995)从数理统计观点研究了非线性模型的非线性估计问题。我国虽然研究非线性模型参数估计理论起步较晚，但有一批学者致力于此项研究，徐培亮、陶本藻、刘林杰、白亿同、王新洲、刘国林、陶华学、李朝奎等先后发表了大量研究成果，对非线性模型参数估计做出了贡献。

近几十年以来，非线性参数估计取得了明显的进展，总而言之，有关非线性理论和方法的发展主要集中在以下几个方面：

(1)非线性模型的非线性强度度量。模型的非线性强度(nonlinearity)的度量概念早在1960年由Beale提出，其目的是要用一个数量指标来界定某非线性模型能否被线性化处理，同时还给出了曲率度量的直观定义，但是并未揭示“非线性”概念的本质。直到1980年，Bates和Watts从微分几何观点定义了模型的固有曲率和参数效应曲率，较好地反映了非线性模型的本质，并开创了非线性研究的新时期。Teunissen(1990)提出了由二阶余项、参数偏差和残差偏差作为非线性强度的衡量指标,并阐述了非线性模型曲率的几何意义。王新洲于1997年和1999年给出了非线性模型线性近似的判别准则。陶本藻等(1997)系统归纳了非线性强度的七种强度度量指标,并推荐使用最大固有曲率和最大参数效应曲率指标。1998年,刘国林、陶华学等提出了非线性模型的加权曲率度量。

(2)非线性模型参数估计方法。非线性模型参数估计方法不仅是非线性模型空间普适化理论方法的重要研究领域,还是与实际应用密切相关的理论方法,因此也是最活跃的领域。归纳起来,非线性模型参数估计一般采用最小二乘方法。非线性模型参数估计中最简单实用的方法是迭代法,其中应用最广泛的是牛顿类的迭代法,包括牛顿迭代的各种修正解法,如拟牛顿法、分裂型的拟牛顿法(高斯-牛顿法)、信赖域法(阻尼最小二乘法)等。在迭代方法方面,李庆杨等(1991)提出非线性最小二乘的连续极小化方法,韩乔明给出解非线性最小二乘问题的锥模型方法,马晓芳等(1996)发展了分裂开关方法和混合方法。在测绘界,刘大杰(1987)研究了高斯-牛顿法、最速下降法和阻尼最小二乘法在测量数据处理方面的应用策略和计算公式;胡圣武(1997)推荐在处理满秩的非线性测量数据时,采用改进的高斯-牛顿法,处理秩亏数据时采用阻尼最小二乘法。对于迭代的收敛性,Tennissen(1989)研究了非线性最小二乘模型中参数的区间迭代收敛性;白亿同(1991b)针对高斯-牛顿法、阻尼最小二乘法的收敛性问题做了深入研究,给出了影响收敛的因素及估算迭代程序收敛的方法。除了迭代解法外,Bdaha系统地研究了非线性最小二乘的无迭代求解理论,刘国林给出了顾及泰勒二阶项的非线性最小二乘的解法,王新洲(1999a)提出了顾及三阶项的非线性最小二乘的直接解,党亚民(1999)在大地测量反演理论中采用了非线性模型的随机搜索法(模拟退火方法、遗传方法)。另外,陶华学(2000)从优化设计角度研究了非线性多目标优化方法;李朝奎(2001)提出了基于非线性误差模型的参数估计;陈忠等(2003)提出了一种求解非线性最小二乘问题的迭代法;田玉刚等(2004)设计了非线性最小二乘估计的遗传方法;李述山(2005)、宁伟(2005)研究了多类型非线性数据处理中的若干问题;胡志刚等(2008)推导了非线性同伦方法的函数模型,提出了非线性模型参数稳健估计的同伦方法和带约束非线性模型参数估计的同伦方法;唐利民(2009b)借助正则化理论,建立了非线性最小二乘正则同伦迭代公式;随后,游为等(2009)提出了改进的非线性同伦最小二乘平差方法。尽管非线性模型参数估计基本采用最小二乘方法,但是非线性最小二乘方法已不具有线性最小二乘方法的最优特性,且抗粗差性能差,因此人们也在研究、寻找其他适合非线性模型参数估计的准则。Dermanis和Sanso研究了可容许和不可容许的非线性估计原理,提出了非线性模型的贝叶斯估计方法。

(3)非线性模型的误差和精度评价。Wolf在1961年首次提出了含有二次项的误差传播公式，陶本藻于1985年对此公式做了详细推导。徐培亮(1986)推导了非线性函数的协方差传播的一般公式，同时证明了Wolf的公式仅为该一般公式的近似。Teunissen(1989)给出了非线性估计量的一、二阶矩，并与Knickmeyer讨论了非线性估计量的均值及方差。刘国林(1998)从“由线性空间定义广义协方差算子”建立了广义方差—协方差传播公式。王新洲(2000)研究了非线性模型平差中单位权方差估计，给出了相应的计算公式。在应用方面，郑作亚等(2004)进行了GPS(global positioning system)基线向量的非线性解算及精度分析，推导了顾及泰勒展开二次项的法方程直接解算方法；杨元喜等(2005)分析和比较了GPS导航解算中几种非线性卡尔曼(Kalman)滤波的理论；张双成等(2007)提出了一种基于班克罗夫特(Bancroft)方法的GPS动态抗差自适应滤波方法。

§1.3 非线性模型研究存在的问题

由前述可知，近20年来，非线性有了相当大的发展，但是非线性理论本身的研究是具有相当难度的基础研究，其理论发展还很不成熟和完善，因此面临着许多需要深入研究、亟待解决的问题。测绘领域内的非线性数据处理问题与纯理论和数学上的非线性既有共性又有很大的区别，所以研究非线性测量数据既要以数学等学科上的非线性理论为基础(借助于非线性理论研究的成果)，又要结合本学科的特点，形成适合测绘学科特色的非线性数据处理理论体系。在非线性测量数据处理理论与实际应用领域，亟待研究解决的问题如下：

(1)有关非线性模型几何结构的研究。这仅仅是一个起步，还不能从几何概念和几何方法上揭示非线性模型本质。因此，应从几何概念和几何方法进一步研究非线性数据处理的本质和内在特性，并在此基础上，从理论上研究非线性模型的非线性曲率度量问题。

(2)有关非线性模型的数据处理理论研究。没有摆脱线性思维的约束，没有真正从非线性模型空间层次研究、建立相应的数据处理理论与方法。科学发展到今天，非常需要从非线性模型空间这一更高层次来研究数据处理理论和方法，实现对非线性模型参数的直接估计，从而避免对每一具体非线性函数的非线性强度的度量，避免由于线性化而导致的非线性特征的改变、非线性特征信息及精度的损失。

(3)非线性模型的参数估计主要是迭代计算方法，对迭代初值依赖较强，即局部收敛。当初值偏离正确值较大时，可能会导致迭代不收敛或得不到正确结果，特别对于非线性强度较强的模型，更难以获得理想的估算结果。而其他的估计方法，或是计算过于复杂，或是估算方法不够成熟、严密，难以广泛应用。因此，应研究并建立理论上可靠、实用上简便、具有大范围收敛的、较为行之有效的非线性最小二乘参数估计方法。

(4)有关非线性平差中的误差、协方差传播及精度评定。虽然已讨论了顾及非线性模型的二阶偏导数项的误差、协方差传播公式,但是并未能将其应用到实际的非线性平差的精度评定中。因此,应研究非线性误差理论,参数估计中的单位权方差、非线性参数的方差-协方差矩阵、非线性函数的协因数矩阵的可靠且方便实用的计算方法,以及非线性误差传播规律。

(5) 现代科技的发展使现代数据具有多样性和复杂性。因此,在非线性的参数估计方法中,不能仅将研究局限于具有满秩且仅含偶然误差的正态数据,还需要将非线性参数估计扩展到近代数据处理理论的有关方面,如非线性秩亏的参数估计、具有病态的非线性模型的参数估计、含有粗差和系统误差数据的非线性模型参数估计,以及非线性动态系统模型的参数估计等。

(6)线性最小二乘参数估计有着明确的统计性质,而有关非线性参数估计的统计特性几乎没有涉及。同时,由于非线性的复杂性,不能简单地将线性参数估计统计性质的研究方法移植到非线性参数估计中,因此需要研究非线性参数的统计性质。这对于进一步了解非线性模型的本质、正确评价估计参数优劣均有重要的作用。

(7)尽管非线性数据处理方法有了一定发展,但是并没有较好地应用于非线性模型的实际数据处理中,特别是在全球导航卫星系统、地理信息系统、遥感等技术中的非线性模型的建立及参数估计,几乎仍采用线性模型空间处理方法。因此,急需研究非线性模型空间数据处理方法在"3S"技术中的实际应用。

§1.4　本书的主要研究内容

§1.2 和§1.3 简要介绍了非线性参数估计发展的现状,分析讨论了研究中存在和应解决的问题。通过近几十年的研究,尽管非线性参数估计有了长足发展,但仍然存在许多值得深入研究的领域及问题,特别是在研究 GPS 为代表的 GNSS 现代技术的非线性模型实际处理理论与方法的领域,仍有大量亟待研究、解决的问题。本书针对以上问题,着重研究非线性模型的最小二乘估计方法(特别是研究具有大范围收敛的、稳定的求解理论及方法)及 GPS 定位中的非线性数据处理的模型及求解方法。本书的研究可概括为以下八个方面的内容:

(1)在概括非线性模型的非线性最小二乘估计准则及非线性参数估计的线性化近似法的基础上,讨论了非线性模型强度的固有曲率和参数效应曲率,以及判断非线性模型能否线性化的容许曲率;研究了参数估计的各种主要迭代解算方法,包括牛顿法(拟牛顿法)、搜索下降法和信赖域法;同时还研究了非迭代的顾及二阶偏导数、三阶偏导数的直接解法,以及近年兴起的非线性模型的随机搜索法,特别是模拟退火方法和遗传方法;在此基础上分析了各种方法的适用特点及存在的问题。

（2）研究讨论了由 Chow、Mallet-Paret 等提出的具有大范围收敛、可进行并行计算的连续同伦方法，根据同伦函数构造的基本思想及微分拓扑学的概念，研究了同伦函数解的唯一存在性，以及同伦数值的解算方法。也就是采用解微分方程初值的方法和预估—校正法，避免计算过程误差积累，保证方法具有大范围收敛的特性。

（3）将同伦数值解法引入最小二乘平差，推导并建立了非线性同伦最小二乘模型及非线性最小二乘的同伦解算方法。研究证明，非线性同伦最小二乘与线性最小二乘相比，初值误差不会导致参数估值精度降低，具有保持精度和解的稳定性的特性。当牛顿法、高斯-牛顿法因初值选取不当导致迭代不收敛时，非线性同伦最小二乘法仍能稳定地收敛于原方程的解。

（4）研究了非线性秩亏方程的参数估计。无论是线性参数估计，还是非线性迭代法参数估计，满秩与秩亏方程均不能采用完全统一的估计模型求解。本书研究并提供了方程满秩或秩亏时均可以采用的一种估计模型——非线性同伦最小二乘参数估计模型。用该模型进行非线性最小二乘估计时，不必讨论问题的秩，可直接将其代入模型，求得非线性最小二乘估值。

（5）本书首次提出并研究了非线性病态最小二乘估计的问题，讨论了同伦非线性理论用于病态方程的可行性，从理论和实践两个方面证明了非线性同伦方法对病态方程求解的稳定性和对方程病态性改善的有效性。

（6）将稳健估计引入非线性同伦最小二乘方法，使该方法具有处理受异常污染数据（观测值中含有粗差）的能力，即成为具有抵抗粗差干扰的同伦稳健估计方法。

（7）研究了导航定位数据处理中的几种非线性模型的求解问题；推导了 GPS 伪距单点定位和 GPS 基线向量的非线性同伦模型，当定位的近似值存在较大误差时，利用非线性同伦模型可获得较稳定的解；讨论并建立了 GPS 坐标转换的非线性求解模型和 GPS 网平差的非线性模型。

（8）研究了 GPS 动态卡尔曼滤波问题。由于 GPS 观测方程是非线性的，因此在 GPS 动态定位中，常采用所谓的“扩展卡尔曼滤波”，本书证明扩展卡尔曼滤波并非真正的卡尔曼滤波，而是一种有偏估计且易发散的近似方法。针对二次项非线性卡尔曼滤波不能改善扩展卡尔曼滤波的问题，本书引入一种球形非线性最小二乘的闭合方法——班克罗夫特数值方法，并以此为基础建立了两步法的卡尔曼滤波方法，较好地克服了扩展卡尔曼滤波的发散问题，有效地平滑了 GPS 的动态解。

第2章　非线性参数估计理论和估计方法

本章主要研究讨论了非线性模型参数估计理论与方法，非线性参数估计主要涉及非线性模型的建立、非线性参数估计准则，以及非线性参数估值的求解方法。

由本章研究可知，不同的求解方法有着不同的适用性和特点，牛顿类的迭代法法简单，且具有较快地收敛速度，却存在对初值依赖性强、局部收敛等问题。而直接解法，不但计算复杂，且仍为近似值，未能解决大残差的非线性模型存在求解模型误差的问题。随机搜索法虽然具有全局收敛性，但存在求解理论方法不成熟、搜索时间太长的问题，难以广泛应用。因此，寻找简单有效，且具有大范围收敛的非线性求解方法仍是非线性模型参数估计的主要任务，特别是对于需要重复求解的一类问题。

§2.1　非线性参数估计理论概述

参数估计是构造具有某种统计分布的观测子样参数的估计函数模型，在某一估计准则的约束条件下，采用一定数值计算方法估计母体参数的过程。因此，在参数估计的过程中包含三个关键环节：①在观测子样与估计参数之间建立符合统计规律的函数模型；②根据一定的评估目标选择估计准则函数；③采用合适的数值解算方法，保证估计参数解的精确性、稳定性。

参数估计所构造的函数模型一般分为线性模型和非线性模型。线性模型的参数估计经过200多年的发展，已形成较完善的一整套理论和方法。常用的线性模型参数估计准则包括：最小二乘估计准则、极大似然估计准则、线性最小方差估计准则、绝对和最小估计准则、贝叶斯估计准则等。不同的估计准则对应着不同的估计方法及不完全相同的估计结果，无论是哪种估计，一般都希望估计是最优的或接近最优的，即估计参数应具有无偏性、一致性、有效性和稳健性。

在自然科学、工程计算和经济学等各领域中，存在大量的非线性参数估计问题。从理论上讲，线性参数估计的理论方法同样适用于非线性模型的参数估计，但是非线性模型关系的复杂性导致其在估计准则、参数解算和估计质量评价上均与线性参数估计存在差异。因此，线性模型参数估计理论不能简单地移植到非线性模型空间，必须研究客观事物的非线性实质，建立相应的非线性参数估计理论。近几十年来，不少科学工作者对非线性理论进行了大量研究，尽管还不如线性理论那样完善和成熟，但是在非线性参数估计的估计准则和解算方法上均取得了许多成果。

非线性参数估计准则与线性估计类似，如最小二乘估计准则、极大似然估计准则、最小均方差估计准则、绝对和最小估计准则、贝叶斯风险最小估计准则等。其中，应用最广泛的是非线性最小二乘估计，下面给出非线性最小二乘的定义和其在欧氏空间的几何意义。

非线性参数估计相应的非线性模型为

$$\boldsymbol{Y}=\boldsymbol{f}(\boldsymbol{X})+\boldsymbol{\varepsilon} \tag{2.1}$$

式中，$\boldsymbol{Y}$ 为随机观测子样，$\boldsymbol{f}(\boldsymbol{X})$ 为非线性函数，$\boldsymbol{X}$ 为待估参数，$\boldsymbol{\varepsilon}$ 为不可观测的随机误差。随机模型为

$$\boldsymbol{D}_{yy}=\sigma^2\boldsymbol{P}^{-1}=\sigma^2\boldsymbol{Q}_{yy} \tag{2.2}$$

式中，σ^2 为单位权方差因子，$\boldsymbol{P}$、$\boldsymbol{Q}$ 分别是观测向量的权矩阵和协因数矩阵。

由于 $\boldsymbol{\varepsilon}$ 是不可估的，因此在参数估计中常采用误差方程代替式(2.1)，有

$$\boldsymbol{V}=\boldsymbol{f}(\hat{\boldsymbol{X}})-\boldsymbol{Y} \tag{2.3}$$

式中，$\boldsymbol{V}$ 为观测子样的残差向量。于是残差平方和为

$$\boldsymbol{V}^{\mathrm{T}}\boldsymbol{V}=\|\boldsymbol{V}\|^2=\|\boldsymbol{f}(\hat{\boldsymbol{X}})-\boldsymbol{Y}\|^2=(\boldsymbol{f}(\hat{\boldsymbol{X}})-\boldsymbol{Y})^{\mathrm{T}}(\boldsymbol{f}(\hat{\boldsymbol{X}})-\boldsymbol{Y}) \tag{2.4}$$

那么由最小二乘定义知，若式(2.4)满足关系

$$\boldsymbol{V}^{\mathrm{T}}\boldsymbol{V}=\|\boldsymbol{V}\|^2=(\boldsymbol{f}(\hat{\boldsymbol{X}})-\boldsymbol{Y})^{\mathrm{T}}(\boldsymbol{f}(\hat{\boldsymbol{X}})-\boldsymbol{Y})=\min \tag{2.5}$$

则称 $\hat{\boldsymbol{X}}$ 是 $\boldsymbol{X}$ 的一个非线性最小二乘估计量。

非线性方程解的轨迹为曲面 π(图 2.1)，它可以看作 t 维参数空间到 n 维样本空间的一个映射。式(2.5) 中的标量 $\|\boldsymbol{V}\|$ 可表示为从采样子样点到向量 $\boldsymbol{f}(\hat{\boldsymbol{X}})$ 间的距离，非线性最小二乘估计就是使 $\boldsymbol{f}(\hat{\boldsymbol{X}})$ 成为在样本空间中解轨迹上离 $\boldsymbol{Y}$ 最近的点(图 2.1、图 2.2)，即 $\boldsymbol{Y}$ 到解曲面的距离为 $\|\boldsymbol{V}\|$。

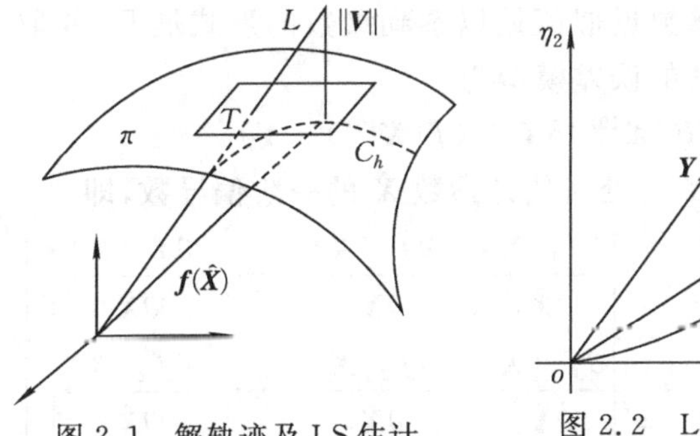

图 2.1　解轨迹及 LS 估计

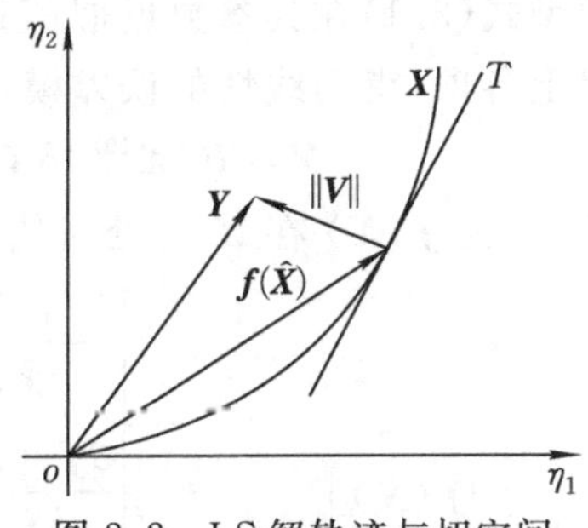

图 2.2　LS 解轨迹与切空间

非线性最小二乘的几何意义可由以下定理表述：

定理 2.1　在非线性模型式(2.1)中，若 $\boldsymbol{f}(\boldsymbol{X})$ 在样本空间 $\mathcal{X}$ 上关于 $\boldsymbol{X}$ 存在一阶连续偏导数，且 $\boldsymbol{X}$ 的非线性最小二乘估计量 $\hat{\boldsymbol{X}}$ 存在，则残差向量 $\boldsymbol{V}$ 在 $\hat{\boldsymbol{X}}$ 处垂直于切空间 T(图 2.2)。

证明:因为 $\boldsymbol{V}^{\mathrm{T}}\boldsymbol{V}=\|\boldsymbol{f}(\hat{\boldsymbol{X}})-\boldsymbol{Y}\|^2$ 在 $\hat{\boldsymbol{X}}$ 处达到极小值,因此有

$$\left.\frac{\partial \boldsymbol{V}^{\mathrm{T}}\boldsymbol{V}}{\partial \boldsymbol{X}}\right|_{\boldsymbol{X}=\hat{\boldsymbol{X}}}=\boldsymbol{0}$$

即

$$\left.\frac{\partial \boldsymbol{V}^{\mathrm{T}}\boldsymbol{V}}{\partial \boldsymbol{X}}\right|_{\boldsymbol{X}=\hat{\boldsymbol{X}}}=2\boldsymbol{V}^{\mathrm{T}}\frac{\partial \boldsymbol{V}}{\partial \boldsymbol{X}}=2\boldsymbol{V}^{\mathrm{T}}\left.\frac{\partial \boldsymbol{f}(\boldsymbol{X})}{\partial \boldsymbol{X}}\right|_{\boldsymbol{X}=\hat{\boldsymbol{X}}}=2\boldsymbol{V}^{\mathrm{T}}\boldsymbol{B}(\hat{\boldsymbol{X}})=\boldsymbol{0}$$

因为 $\boldsymbol{B}(\hat{\boldsymbol{X}})$ 的列向量构成 $\hat{\boldsymbol{X}}$ 处的切空间 T,而 $\boldsymbol{V}^{\mathrm{T}}\boldsymbol{B}(\hat{\boldsymbol{X}})=\boldsymbol{0}$,所以 $\boldsymbol{V}$ 在 $\hat{\boldsymbol{X}}$ 处垂直于切空间 T,即向量 $\boldsymbol{V}$ 与矩阵 $\boldsymbol{B}(\hat{\boldsymbol{X}})$ 正交。

定理要求非线性最小二乘估计量 $\hat{\boldsymbol{X}}$ 存在,那么在参数空间 $\mathcal{X}$ 中,是否存在这样的量?这就是关于非线性最小二乘估计量的存在性问题,Jennrich 证明只要 $\mathcal{X}$ 为 $\mathbb{R}^t$ 上的紧子集,$\boldsymbol{f}(\boldsymbol{X})$ 关于 $\boldsymbol{X}$ 在 $\mathcal{X}$ 上连续,则必存在 $\mathbb{R}^n$ 上的可测函数 $\hat{\boldsymbol{X}}=\hat{\boldsymbol{X}}(\boldsymbol{Y})$,使

$$\|\boldsymbol{f}(\hat{\boldsymbol{X}}(\boldsymbol{Y}))-\boldsymbol{Y}\|^2=\min_{\boldsymbol{X}\in\mathcal{X}}(\|\boldsymbol{f}(\boldsymbol{X})-\boldsymbol{Y}\|^2)\quad(\boldsymbol{Y}\in\mathbb{R}^n)$$

从而证明了非线性最小二乘估计量的存在。

非线性问题的求解方法理论是非线性理论研究的重要核心内容之一,具有很强的实际应用价值。迄今为止,非线性问题的求解方法主要有线性化近似法、迭代法、搜索法、连续极小化法、高阶偏导直接法等。本章主要讨论各种方法的基本理论方法、适用性及存在的问题。

§2.2 非线性参数估计的线性化近似法

传统上对于非线性参数模型常采用线性化的近似方法进行参数估计,即将非线性参数模型式(2.1)在其参数近似值处以泰勒级数的形式展开,并取至一次项,略去二次以上各项,得到线性的误差模型为

$$\boldsymbol{V}=\boldsymbol{B}(\boldsymbol{X}^{(0)})\delta\boldsymbol{X}+(\boldsymbol{f}(\boldsymbol{X}^{(0)})-\boldsymbol{Y})\tag{2.6}$$

式中,$\boldsymbol{B}(\boldsymbol{X}^{(0)})$ 为 $\boldsymbol{f}(\boldsymbol{X})$ 在 $\boldsymbol{X}^{(0)}$ 处对估计参数 $\hat{\boldsymbol{X}}$ 的一阶偏导数,即

$$\boldsymbol{B}(\boldsymbol{X}^{(0)})=\left.\frac{\partial \boldsymbol{f}(\boldsymbol{X})}{\partial \hat{\boldsymbol{X}}}\right|_{\hat{\boldsymbol{X}}=\boldsymbol{X}^{(0)}}=\left.\begin{bmatrix}\frac{\partial f_1(\boldsymbol{X})}{\partial \hat{\boldsymbol{X}}_1} & \frac{\partial f_1(\boldsymbol{X})}{\partial \hat{\boldsymbol{X}}_2} & \cdots & \frac{\partial f_1(\boldsymbol{X})}{\partial \hat{\boldsymbol{X}}_t}\\ \frac{\partial f_2(\boldsymbol{X})}{\partial \hat{\boldsymbol{X}}_1} & \frac{\partial f_2(\boldsymbol{X})}{\partial \hat{\boldsymbol{X}}_2} & \cdots & \frac{\partial f_2(\boldsymbol{X})}{\partial \hat{\boldsymbol{X}}_t}\\ \vdots & \vdots & & \vdots\\ \frac{\partial f_n(\boldsymbol{X})}{\partial \hat{\boldsymbol{X}}_1} & \frac{\partial f_n(\boldsymbol{X})}{\partial \hat{\boldsymbol{X}}_2} & \cdots & \frac{\partial f_n(\boldsymbol{X})}{\partial \hat{\boldsymbol{X}}_t}\end{bmatrix}\right|_{\hat{\boldsymbol{X}}=\boldsymbol{X}^{(0)}}$$

待估参数 $\hat{\boldsymbol{X}}$ 的估值为

$$\hat{\boldsymbol{X}} = \boldsymbol{X}^{(0)} + \delta\hat{\boldsymbol{X}} \tag{2.7}$$

式中，$\delta\hat{\boldsymbol{X}}$ 为估计参数的改正值。

根据线性最小二乘原理寻求近似值改正值 $\delta\hat{\boldsymbol{X}}$ 的一个最佳估值，即

$$\boldsymbol{V}^{\mathrm{T}}\boldsymbol{P}\boldsymbol{V} = (\boldsymbol{B}(\boldsymbol{X}^{(0)})\delta\hat{\boldsymbol{X}} + (\boldsymbol{f}(\boldsymbol{X}^{(0)}) - \boldsymbol{Y}))^{\mathrm{T}}\boldsymbol{P}(\boldsymbol{B}(\boldsymbol{X}^{(0)})\delta\hat{\boldsymbol{X}} + (\boldsymbol{f}(\boldsymbol{X}^{(0)}) - \boldsymbol{Y})) = \min \tag{2.8}$$

因此，将式(2.8)对 $\delta\hat{\boldsymbol{X}}$ 求一阶导数，并令其为零，等式为

$$\frac{\mathrm{d}\boldsymbol{V}^{\mathrm{T}}\boldsymbol{P}\boldsymbol{V}}{\mathrm{d}\delta\hat{\boldsymbol{X}}} = 2\boldsymbol{V}^{\mathrm{T}}\boldsymbol{P}\boldsymbol{B}(\boldsymbol{X}^{(0)}) = \boldsymbol{0}$$

即

$$\boldsymbol{B}^{\mathrm{T}}(\boldsymbol{X}^{(0)})\boldsymbol{P}\boldsymbol{V} = \boldsymbol{0} \tag{2.9}$$

将式(2.6)代入式(2.9)，得

$$\boldsymbol{B}^{\mathrm{T}}(\boldsymbol{X}^{(0)})\boldsymbol{P}\boldsymbol{B}(\boldsymbol{X}^{(0)})\delta\hat{\boldsymbol{X}} + \boldsymbol{B}^{\mathrm{T}}(\boldsymbol{X}^{(0)})\boldsymbol{P}(\boldsymbol{f}(\boldsymbol{X}^{(0)}) - \boldsymbol{Y}) = \boldsymbol{0} \tag{2.10}$$

测量平差中通常称式(2.10)为法方程。当一阶偏导数矩阵 $\boldsymbol{B}(\boldsymbol{X}^{(0)})$ 列满秩时，由式(2.10) 得

$$\delta\hat{\boldsymbol{X}} = -(\boldsymbol{B}^{\mathrm{T}}(\boldsymbol{X}^{(0)})\boldsymbol{P}\boldsymbol{B}(\boldsymbol{X}^{(0)}))^{-1}\boldsymbol{B}^{\mathrm{T}}(\boldsymbol{X}^{(0)})\boldsymbol{P}(\boldsymbol{f}(\boldsymbol{X}^{(0)}) - \boldsymbol{Y}) \tag{2.11}$$

当一阶偏导数矩阵 $\boldsymbol{B}(\boldsymbol{X}^{(0)})$ 列秩亏时，式(2.10) 的系数矩阵 $\boldsymbol{B}^{\mathrm{T}}(\boldsymbol{X}^{(0)})\boldsymbol{P}\boldsymbol{B}(\boldsymbol{X}^{(0)})$ 也秩亏。那么，式(2.10) 可通过求伪逆得唯一解，即

$$\delta\hat{\boldsymbol{X}} = -(\boldsymbol{B}^{\mathrm{T}}(\boldsymbol{X}^{(0)})\boldsymbol{P}\boldsymbol{B}(\boldsymbol{X}^{(0)}))^{+}\boldsymbol{B}^{\mathrm{T}}(\boldsymbol{X}^{(0)})\boldsymbol{P}(\boldsymbol{f}(\boldsymbol{X}^{(0)}) - \boldsymbol{Y}) \tag{2.12}$$

因此，可得线性化近似的非线性最小二乘参数估值，即

$$\hat{\boldsymbol{X}} = \boldsymbol{X}^{(0)} + \delta\hat{\boldsymbol{X}}$$

由于线性近似后得到的线性模型是近似模型，所以线性近似必然会产生模型误差，如例 2.1 所示。

例 2.1　设有 5 个同精度独立观测值 Y_i，其观测值和相应的真值列于表 2.1。

表 2.1　Y_i 的真值和相应的观测值

i	1	2	3	4	5
Y_i 真值	4.202 834	3.258 924	2.527 006	1.959 469	1.519 394
Y_i 观测值	4.20	3.25	2.52	1.95	1.51

现有非线性模型为

$$Y_i = x_1 \mathrm{e}^{ix_2}$$

式中，参数 x_1 和 x_2 的真值为 $\boldsymbol{X} = [5.420\,136\,187 \quad -0.254\,361\,89]^{\mathrm{T}}$。

观测值的中误差 $\sigma_0 = \pm 0.007\,833$，观测方程为

$$Y_1 = x_1 \mathrm{e}^{x_2} + \Delta_1$$

$$Y_2 = x_1 \mathrm{e}^{2x_2} + \Delta_2$$

$$Y_3 = x_1 \mathrm{e}^{3x_2} + \Delta_3$$

$$Y_4 = x_1 e^{4x_2} + \Delta_4$$

$$Y_5 = x_1 e^{5x_2} + \Delta_5$$

取参数 $\boldsymbol{X}$ 的近似值为 $\boldsymbol{X}^{(0)} = [x_1^{(0)} \quad x_2^{(0)}]^{\mathrm{T}} = [5.4 \quad -0.3]^{\mathrm{T}}$。将观测方程在 $\boldsymbol{X}^{(0)}$ 处线性近似，得误差方程为

$$\boldsymbol{V} = \boldsymbol{B}\delta \boldsymbol{x} + \boldsymbol{l} = \begin{bmatrix} 0.740\,8 & 4.000\,4 \\ 0.548\,8 & 5.927\,2 \\ 0.406\,6 & 6.586\,4 \\ 0.301\,2 & 6.505\,8 \\ 0.223\,1 & 6.024\,5 \end{bmatrix} \begin{bmatrix} \delta x_1 \\ \delta x_2 \end{bmatrix} - \begin{bmatrix} 0.199\,6 \\ 0.286\,4 \\ 0.324\,5 \\ 0.323\,6 \\ 0.305\,1 \end{bmatrix}$$

根据最小二乘原理，由式(2.10)得 $\delta\boldsymbol{X}$ 的最小二乘估计为

$$\delta\boldsymbol{X} = \begin{bmatrix} -0.005\,858\,021 \\ 0.049\,953\,787 \end{bmatrix}$$

于是，参数 $\boldsymbol{X}$ 的最小二乘估值为

$$\hat{\boldsymbol{X}} = \boldsymbol{X}^{(0)} + \delta\hat{\boldsymbol{X}} = \begin{bmatrix} 5.394\,141\,979 \\ -0.250\,246\,213 \end{bmatrix}$$

参数估值 $\hat{\boldsymbol{X}}$ 的真误差为

$$\Delta\boldsymbol{X} = \hat{\boldsymbol{X}} - \boldsymbol{X} = \begin{bmatrix} -0.025\,994\,200 \\ 0.004\,315\,680 \end{bmatrix}$$

$$\|\Delta\boldsymbol{X}\| = 0.026\,318\,01$$

参数估值 $\hat{\boldsymbol{X}}$ 的真误差 $\Delta\boldsymbol{X}$ 主要由两种误差引起：一种为观测误差，另一种为线性近似所引起的模型误差。

由观测误差引起的参数估值的中误差分别为 $\sigma_{\hat{x}_1} = \pm 0.014\,388$、$\sigma_{\hat{x}_2} = \pm 0.001\,176$。于是有 $|\Delta x_1|/|\sigma_{\hat{x}_1}| = 1.807$，$|\Delta x_2|/|\sigma_{\hat{x}_2}| = 3.670$，即参数估值的实际误差大约是其中误差的 2 倍。这说明例 2.1 中由线性近似所产生的模型误差大于由观测误差所引起的误差。

§2.3 参数模型非线性强度的度量

传统的线性化，由于略去了二阶及二阶以上各高次项，得到仅含一次项的线性模型作为原模型的近似模型，故线性近似必然会产生模型误差。大量实践表明，有的非线性模型在进行线性近似时只产生较小的模型误差；有的非线性模型对参数的近似值十分敏感，在进行线性近似时产生较大的模型误差；还有些非线性模型甚至不能进行线性近似。采用不同的非线性模型进行线性近似会引起不同的模型误差，是因为不同的非线性模型具有不同的“非线性”程度，非线性模型的“非线性”程

度称为非线性强度。显然,非线性强度越强,在进行线性近似时产生的模型误差就越大。因此,一个非线性模型,采用线性近似的方法进行参数估计时,参数估值的精度很大程度上取决于该模型的非线性强度。只有确定了非线性模型的非线性强度,才能正确地确定非线性问题的分析和求解方法。

2.3.1　非线性的固有曲率和参数效应曲率

由于非线性强度直接影响线性近似的效果,因此为了评价非线性线性近似的优劣程度,就需要定义一个数量指标来度量非线性强度。Beale 定义了四种曲率度量,用于刻画对某非线性模型进行线性化近似时,其在统计效果方面的优劣程度,但他没有揭示"非线性"这一概念的本质。直到 20 年后的 1980 年,Bates 和 Watts 从微分几何的观点出发,定义了非线性模型的固有曲率(intrinsic curvature)和参数效应曲率(parameter-effects curvature)。它们不仅反映了模型的本质,而且计算也比较方便,在许多方面得到成功应用。

假定非线性模型式(2.1)存在关于 $\boldsymbol{X}$ 的二阶以上连续导数。在样本空间 $\mathcal{X}$ 中过 $\boldsymbol{X}_0$,并以 $\boldsymbol{h}$ 为方向的直线 l_h 为

$$\boldsymbol{X}(b)=\boldsymbol{X}_0+b\boldsymbol{h} \tag{2.13}$$

式中,b 为实参数,$\boldsymbol{h}$ 为固定方向(可为任意可能方向)。l 为通过 $\eta=\boldsymbol{f}(\boldsymbol{X})$ 映射到样本空间 $\mathbb{R}^n$ 中解轨迹 π 上的一条曲线,即

$$\eta=\eta_h(b)=\boldsymbol{f}(\boldsymbol{X}_0+b\boldsymbol{h}) \tag{2.14}$$

称该曲线为提升线(lifted line),用 C_h 表示,如图 2.1 所示。

当 $b=0$ 时,沿给定方向 $\boldsymbol{h}$ 对应于 $\boldsymbol{X}_0$ 点按泰勒级数展开的二阶展开式为

$$\boldsymbol{f}(\boldsymbol{X}_0+\boldsymbol{h})-\boldsymbol{f}(\boldsymbol{X}_0)=\left.\frac{\partial \boldsymbol{f}}{\partial \boldsymbol{X}}\right|_{\boldsymbol{X}=\boldsymbol{X}_0}\boldsymbol{h}+\frac{1}{2}\boldsymbol{h}^{\mathrm{T}}\left.\frac{\partial^2 \boldsymbol{f}}{\partial \boldsymbol{X}^2}\right|_{\boldsymbol{X}=\boldsymbol{X}_0}\boldsymbol{h}+0\cdot(\|\boldsymbol{h}\|^2) \tag{2.15}$$

式中,一阶偏导数由式(2.6)知 $\boldsymbol{B}=\left.\frac{\partial \boldsymbol{f}}{\partial \boldsymbol{X}}\right|_{\boldsymbol{X}=\boldsymbol{X}_0}$,为 $n\times t$ 矩阵;而二阶偏导数为 $n\times t\times t$ 立体矩阵,即 $\boldsymbol{W}=\left.\frac{\partial^2 \boldsymbol{f}}{\partial \boldsymbol{X}^2}\right|_{\boldsymbol{X}=\boldsymbol{X}_0}$,该立体矩阵的第 k 层定义为

$$\boldsymbol{W}_k=\left.\begin{bmatrix}\dfrac{\partial^2 f_k}{\partial x_1^2} & \dfrac{\partial^2 f_k}{\partial x_1\partial x_2} & \cdots & \dfrac{\partial^2 f_k}{\partial x_1\partial x_t}\\ \dfrac{\partial^2 f_k}{\partial x_2\partial x_1} & \dfrac{\partial^2 f_k}{\partial x_2^2} & \cdots & \dfrac{\partial^2 f_k}{\partial x_2\partial x_t}\\ \vdots & \vdots & & \vdots\\ \dfrac{\partial^2 f_k}{\partial x_t\partial x_1} & \dfrac{\partial^2 f_k}{\partial x_t\partial x_2} & \cdots & \dfrac{\partial^2 f_k}{\partial x_t^2}\end{bmatrix}\right|_{\boldsymbol{X}=\boldsymbol{X}_0} \tag{2.16}$$

由此可知,曲线的一、二阶导数为

$$\left.\begin{aligned}\dot{\boldsymbol{\eta}}_h &= \boldsymbol{Bh}\\ \ddot{\boldsymbol{\eta}}_h &= \boldsymbol{h}^{\mathrm{T}}\boldsymbol{Wh}\end{aligned}\right\} \tag{2.17}$$

而二阶导数 $\ddot{\boldsymbol{\eta}}_h$ 可分解为垂直于切平面的法分量 $\ddot{\boldsymbol{\eta}}_h^N$ 和切平面的切分量 $\ddot{\boldsymbol{\eta}}_h^T$,即

$$\ddot{\boldsymbol{\eta}}_h = \ddot{\boldsymbol{\eta}}_h^N + \ddot{\boldsymbol{\eta}}_h^T = (\boldsymbol{h}^{\mathrm{T}}\boldsymbol{Wh})^N + (\boldsymbol{h}^{\mathrm{T}}\boldsymbol{Wh})^T \tag{2.18}$$

式中,分量 $\ddot{\boldsymbol{\eta}}_h^N$ 是由于解轨迹沿法方向弯曲而引起的,分量 $\ddot{\boldsymbol{\eta}}_h^T$ 则是由于切平面上沿着 $\boldsymbol{h}$ 方向及其垂直方向的不均匀性而引起的。因此,式(2.15)为

$$\begin{aligned}\boldsymbol{f}(\boldsymbol{X}_0+\boldsymbol{h})-\boldsymbol{f}(\boldsymbol{X}_0) &= \boldsymbol{Bh}+\frac{1}{2}\boldsymbol{h}^{\mathrm{T}}\boldsymbol{Wh}+0\cdot(\|\boldsymbol{h}\|^2)\\ &= \boldsymbol{Bh}+\frac{1}{2}(\boldsymbol{h}^{\mathrm{T}}\boldsymbol{Wh})^N+\frac{1}{2}(\boldsymbol{h}^{\mathrm{T}}\boldsymbol{Wh})^T+0\cdot(\|\boldsymbol{h}\|^2)\end{aligned} \tag{2.19}$$

于是非线性模型式(2.1)沿 $\boldsymbol{h}$ 方向在 $\boldsymbol{X}_0$ 处的固有曲率 K_h^N 和参数效应曲率 K_h^T 分别定义为

$$\left.\begin{aligned}K_h^N &= \frac{\|\ddot{\boldsymbol{\eta}}_h^N\|}{\|\dot{\boldsymbol{\eta}}_h\|^2} = \frac{\|(\boldsymbol{h}^{\mathrm{T}}\boldsymbol{Wh})^N\|}{\boldsymbol{h}^{\mathrm{T}}\boldsymbol{B}^{\mathrm{T}}\boldsymbol{Bh}}\\ K_h^T &= \frac{\|\ddot{\boldsymbol{\eta}}_h^T\|}{\|\dot{\boldsymbol{\eta}}_h\|^2} = \frac{\|(\boldsymbol{h}^{\mathrm{T}}\boldsymbol{Wh})^T\|}{\boldsymbol{h}^{\mathrm{T}}\boldsymbol{B}^{\mathrm{T}}\boldsymbol{Bh}}\end{aligned}\right\} \tag{2.20}$$

由于 $\boldsymbol{h}$ 是 $\boldsymbol{X}_0$ 处的任意方向,因此在 $\boldsymbol{X}_0$ 处所有可能方向中必有最大的固有曲率和最大的参数效应曲率。定义非线性模型式(2.1) 的最大固有曲率和最大参数效应曲率为

$$\left.\begin{aligned}K^N &= \max_h(K_h^N)\\ K^T &= \max_h(K_h^T)\end{aligned}\right\} \tag{2.21}$$

K_h^N 是一个不依赖于坐标选择的不变量,只取决于模型本身的固有性质,因此称它为固有曲率。而 K_h^T 则与参数的选择有关,即 K_h^T 不仅由模型本身决定,还强烈地依赖于参数的选择,所以称其为参数效应曲率。

所有的非线性模型均存在固有曲率和参数效应曲率,是衡量非线性的重要指标,且曲率值 K 越大,模型的非线性越强。

2.3.2 曲率立体矩阵

由于非线性模型的固有曲率和参数效应曲率均与方向向量 $\boldsymbol{h}$ 有关,不同方向上的曲率值均不同,而曲率计算的工作量又较大,因此为解决此问题,引入了曲率

立体矩阵的概念，它既能反映非线性模型的本质，又与方向向量 $\boldsymbol{h}$ 无关。

非线性模型在 $\boldsymbol{X}_0$ 处的一阶偏导数矩阵 $\boldsymbol{B}$ 的列向量构成 $\boldsymbol{X}_0$ 处切空间的一组基。现选取一组标准正交基来代替该组基。因此，对 $\boldsymbol{B}$ 的列向量进行正交化，即对矩阵 $\boldsymbol{B}$ 进行 $\boldsymbol{QR}$ 分解，公式为

$$\boldsymbol{B}=[\boldsymbol{Q}\quad \boldsymbol{N}]\begin{bmatrix}\boldsymbol{R}\\ \boldsymbol{0}\end{bmatrix}=\boldsymbol{QR} \tag{2.22}$$

式中，$\boldsymbol{Q}$ 和 $\boldsymbol{N}$ 分别为正交列矩阵，$\boldsymbol{R}$ 为非退化上三角矩阵。$\boldsymbol{Q}$ 和 $\boldsymbol{N}$ 的列向量还分别生成 $\boldsymbol{X}_0$ 处切空间的一组标准正交基和法空间的一组标准正交基。

这个正交化过程实际上是进行了一次坐标变换，将 $\boldsymbol{h}$ 方向上的式(2.20)中的 $\boldsymbol{B}$、$\boldsymbol{W}$ 转化为 $\boldsymbol{d}$ 方向上的 $\boldsymbol{Q}$、$\boldsymbol{U}$，其中 $\boldsymbol{U}$ 为转换后参数 φ 的二阶导数，公式为

$$\ddot{\boldsymbol{\eta}}_d=\boldsymbol{U}=\boldsymbol{L}^{\mathrm{T}}\boldsymbol{WL} \tag{2.23}$$

沿 $\boldsymbol{d}$ 方向的曲率为

$$\left.\begin{aligned}K_d^N&=\|(\boldsymbol{d}^{\mathrm{T}}\boldsymbol{Ud})^N\|\\ K_d^T&=\|(\boldsymbol{d}^{\mathrm{T}}\boldsymbol{Ud})^T\|\end{aligned}\right\} \tag{2.24}$$

$\boldsymbol{Q}$ 和 $\boldsymbol{N}$ 的列向量分别生成解轨迹在 $\psi=0$ 处的切空间和法空间。因此，相应的投影矩阵 $\boldsymbol{P}_T$ 和 $\boldsymbol{P}_N$ 可分别表示为

$$\left.\begin{aligned}\boldsymbol{P}_T&=\boldsymbol{QQ}^{\mathrm{T}}\\ \boldsymbol{P}_N&=\boldsymbol{NN}^{\mathrm{T}}\end{aligned}\right\} \tag{2.25}$$

那么可求得

$$(\boldsymbol{d}^{\mathrm{T}}\boldsymbol{Ud})^N=\boldsymbol{P}_N(\boldsymbol{d}^{\mathrm{T}}\boldsymbol{Ud})=(\boldsymbol{NN}^{\mathrm{T}})(\boldsymbol{d}^{\mathrm{T}}\boldsymbol{Ud}) \tag{2.26}$$

根据立体矩阵的性质及运方法则可得

$$(\boldsymbol{d}^{\mathrm{T}}\boldsymbol{Ud})^N=(\boldsymbol{NN}^{\mathrm{T}})(\boldsymbol{d}^{\mathrm{T}}\boldsymbol{Ud})=[\boldsymbol{N}][\boldsymbol{N}^{\mathrm{T}}][\boldsymbol{d}^{\mathrm{T}}\boldsymbol{Ud}]=[\boldsymbol{N}][\boldsymbol{d}^{\mathrm{T}}[\boldsymbol{N}^{\mathrm{T}}][\boldsymbol{U}]\boldsymbol{d}]$$

因为 $\boldsymbol{N}$ 为正交矩阵，所以有 $\boldsymbol{N}^{\mathrm{T}}\boldsymbol{N}=\boldsymbol{I}$，于是根据向量范数(欧氏范数)定义可得

$$K_d^N=\|(\boldsymbol{d}^{\mathrm{T}}\boldsymbol{Ud})^N\|=\|\boldsymbol{d}^{\mathrm{T}}[\boldsymbol{N}^{\mathrm{T}}][\boldsymbol{U}]\boldsymbol{d}\| \tag{2.27}$$

同理可得

$$K_d^T=\|(\boldsymbol{d}^{\mathrm{T}}\boldsymbol{Ud})^T\|=\|\boldsymbol{d}^{\mathrm{T}}[\boldsymbol{Q}^{\mathrm{T}}][\boldsymbol{U}]\boldsymbol{d}\| \tag{2.28}$$

根据式(2.27)、式(2.28)，给出非线性模型的固有曲率立体矩阵 $\boldsymbol{G}$ 和参数效应立体矩阵 $\boldsymbol{H}$ 的公式分别为

$$\left.\begin{aligned}\boldsymbol{G}&=[\boldsymbol{N}^{\mathrm{T}}][\boldsymbol{U}]\\ \boldsymbol{H}&=[\boldsymbol{Q}^{\mathrm{T}}][\boldsymbol{U}]\end{aligned}\right\} \tag{2.29}$$

式中，$\boldsymbol{G}$ 为 $(n-t)\times t\times t$ 立体矩阵，$\boldsymbol{H}$ 为 $t\times t\times t$ 立体矩阵(n 为方程数、t 为独立未知参数)，它们仅与模型及参数有关，与方向 $\boldsymbol{d}$ 无关。它们是刻画模型非线性强度的主要指标，$\boldsymbol{G}$ 是模型固有的数量特征，与参数的选择无关，而 $\boldsymbol{H}$ 则依赖于参数。

2.3.3　非线性模型的非线性强度诊断

不同的非线性模型有着不同的曲率值及非线性强度，决定着非线性模型能否线性近似化。下文将利用非线性强度诊断来判断一个非线性模型能否线性近似。

将非线性模型式(2.1)在 $\boldsymbol{X}_0$ 处线性近似，得

$$\boldsymbol{Y} \approx \boldsymbol{f}(\boldsymbol{X}_0) + \boldsymbol{B}(\boldsymbol{X} - \boldsymbol{X}_0) \tag{2.30}$$

进一步假定参数估值为 $\hat{\boldsymbol{X}}$，而且满足

$$\boldsymbol{f}(\hat{\boldsymbol{X}}) \approx \boldsymbol{f}(\boldsymbol{X}_0) + \boldsymbol{B}(\hat{\boldsymbol{X}} - \boldsymbol{X}_0) \tag{2.31}$$

若用式(2.31)代替原非线性模型，置信水平为 $1-\alpha$，其模型参数置信域为

$$\| \boldsymbol{f}(\boldsymbol{X}) - \boldsymbol{f}(\hat{\boldsymbol{X}})) \|^2 \approx (\boldsymbol{X} - \hat{\boldsymbol{X}})^{\mathrm{T}} \boldsymbol{B}^{\mathrm{T}}(\hat{\boldsymbol{X}}) \boldsymbol{B}(\hat{\boldsymbol{X}})(\boldsymbol{X} - \hat{\boldsymbol{X}}) \leqslant t\sigma_0^2 F(t, n-t) \tag{2.32}$$

式中，t 为未知参数 $\boldsymbol{X}$ 的个数，$\sigma_0^2 = \boldsymbol{V}^{\mathrm{T}}\boldsymbol{V}/(n-t)$ 为方差估值。

置信域，即式(2.32)的边界可以看成一个以 $\boldsymbol{f}(\hat{\boldsymbol{X}})$ 为球心、以 $r=\rho\sqrt{F}$ 为半径的球面。其中，$\rho = \sigma_0\sqrt{t}$。显然，这个球面上任一点的曲率为

$$K_F = 1/(\rho\sqrt{F}) \tag{2.33}$$

式(2.33)是线性近似后，在置信水平 $1-\alpha$ 下，置信域的曲率。当非线性模型式(2.1)的解轨迹 $\boldsymbol{\eta} = \boldsymbol{f}(\boldsymbol{X})$ 上 $\boldsymbol{X}_0$ 处的最大固有曲率 K^N 和最大参数效应曲率 K^T 均小于 K_F 时，说明解轨迹接近于线性，即

$$\left.\begin{aligned} K^N < K_F = 1/(\rho\sqrt{F}) \\ K^T < K_F = 1/(\rho\sqrt{F}) \end{aligned}\right\} \tag{2.34}$$

式(2.34)成立时，就认为解轨迹接近于线性。令

$$\left.\begin{aligned} \gamma^N = \rho K^N \\ \gamma^T = \rho K^T \end{aligned}\right\} \tag{2.35}$$

式中，γ^N 和 γ^T 分别为相对固有曲率和相对参数效应曲率。此时，非线性模型的最大相对曲率为

$$\left.\begin{aligned} \Gamma^N = \rho K^N \\ \Gamma^T = \rho K^T \end{aligned}\right\} \tag{2.36}$$

式中，$K^N = \max\limits_h(K_h^N)$、$K^T = \max\limits_h(K_h^T)$。如果

$$\left.\begin{aligned} \Gamma^N < 1/\sqrt{F} \\ \Gamma^T < 1/\sqrt{F} \end{aligned}\right\} \tag{2.37}$$

成立，则式(2.34)必成立，即非线性模型接近线性，可将其线性近似化，否则将不能线性近似。因此，可将

$$\Gamma_{容} = 1/\sqrt{F} \tag{2.38}$$

定义为非线性模型线性近似的容许曲率。

在定义了非线性模型线性近似的容许曲率后，就可以利用上述分析方法判断任一非线性模型能否进行线性近似。首先，计算非线性模型的最大相对固有曲率 Γ^N 和最大相对参数效应曲率 Γ^T。其次，根据分子自由度 t、分母自由度 $n-t$ 和显著水平 α 查 F 分布表，得临界值 F，并由式(2.38)求得容许曲率 $\Gamma_{容}$。再次，检查式(2.37)是否成立：若式(2.37)成立，即 Γ^N 和 Γ^T 都小于 $\Gamma_{容}$，则该非线性模型可以进行线性近似；如果式(2.37)不成立，且 Γ^N 和 Γ^T 都大于 $\Gamma_{容}$，说明非线性模型的非线性强度很强，不能进行线性近似；如果 $\Gamma^N < \Gamma_{容}$、$\Gamma^T > \Gamma_{容}$，表明非线性模型的非线性强度较弱，可以设法进行参数变换，使在新参数下的参数效应曲率小于容许曲率，即可在新参数下对模型进行线性近似；如果 $\Gamma^N > \Gamma_{容}$、$\Gamma^T < \Gamma_{容}$，说明非线性模型的固有曲率很大，非线性模型的非线性强度很强，所以不能进行线性近似，要用非线性数据处理的方法进行处理。

式(2.20)为非线性模型非线性强度的曲率度量，揭示了非线性模型的本质。用式(2.37)判断非线性模型能否进行线性近似比较全面。通过判断，不但能得出非线性模型能否进行线性近似，还能回答非线性模型不能进行线性近似的原因，即是由非线性模型的固有特性所致，还是由参数选择不当所致。若非线性模型的参数效应曲率较大，而固有曲率不大，则可通过参数变换，使新参数的参数效应曲率很小或为零，并对参数变换后的非线性模型进行线性近似。曲率度量公式还为研究非线性模型置信域问题及非线性最小二乘估计的统计性质等提供了有利工具。

§2.4　解非线性模型的牛顿迭代法

对于非线性强度很强的非线性模型，即 $\Gamma^N > 1/\sqrt{F}$，$\Gamma^T > 1/\sqrt{F}$，由于线性近似将产生较大的模型误差，故应采用非线性的参数估计方法，其中迭代求解是应用最广泛的方法。

非线性的迭代求解法基本上采用最小二乘估计准则，其中包括顾及一阶偏导数的小余量方法，如高斯-牛顿法、修正的高斯-牛顿法、阻尼最小二乘法、松弛搜索法、连续极小化法等，以及顾及二阶偏导数的大余量方法，如牛顿法、拟牛顿法、信赖域法等。不同的迭代方法，具有不同的收敛性能、收敛速率和迭代精度，因而也具有不同的适用范围和效果。

由式(2.5)可知，求非线性模型式(2.1)的最小二乘估计量，就是求参数 $\boldsymbol{X}$ 的估值 $\hat{\boldsymbol{X}}$，方程为

$$\begin{aligned}\boldsymbol{V}^{\mathrm{T}}\boldsymbol{V} &= (\boldsymbol{f}(\hat{\boldsymbol{X}})-\boldsymbol{Y})^{\mathrm{T}}(\boldsymbol{f}(\hat{\boldsymbol{X}})-\boldsymbol{Y}) \\ &= \boldsymbol{f}^{\mathrm{T}}(\hat{\boldsymbol{X}})\boldsymbol{f}(\hat{\boldsymbol{X}})-2\boldsymbol{f}^{\mathrm{T}}(\hat{\boldsymbol{X}})\boldsymbol{Y}+\boldsymbol{Y}^{\mathrm{T}}\boldsymbol{Y}=\min\end{aligned} \tag{2.39}$$

由于$\boldsymbol{Y}^{\mathrm{T}}\boldsymbol{Y}$是常量，所以式(2.39)的等价目标函数为

$$R(\hat{\boldsymbol{X}})=\boldsymbol{f}^{\mathrm{T}}(\hat{\boldsymbol{X}})\boldsymbol{f}(\hat{\boldsymbol{X}})-2\boldsymbol{f}^{\mathrm{T}}(\hat{\boldsymbol{X}})\boldsymbol{Y}=\min \tag{2.40}$$

即非线性无约束最优化问题。

因为$\boldsymbol{f}(\hat{\boldsymbol{X}})$是$\hat{\boldsymbol{X}}$的非线性函数，所以对式(2.40)求一阶偏导数并令其为零，得不到$\hat{\boldsymbol{X}}$的显表达式，不能求出$\hat{\boldsymbol{X}}$的解析解。因此，只能设法寻找某一近似解$\boldsymbol{X}^*$，使

$$R(\boldsymbol{X}^*)\leqslant R(\hat{\boldsymbol{X}}) \tag{2.41}$$

成立。一般采用迭代的方法，寻找使式(2.41)成立的近似解$\boldsymbol{X}^*$。牛顿法是一种重要的迭代法，目前使用的很多迭代法均以牛顿法为基础，是牛顿法的改正与变形。

2.4.1 牛顿法

设$R(\hat{\boldsymbol{X}})$存在二阶连续偏导数，那么在$R(\hat{\boldsymbol{X}})$极小值$\boldsymbol{X}^*$附近的一个近似值为$\boldsymbol{X}^{(k)}$，将$R(\boldsymbol{X}^*)$在$\boldsymbol{X}^{(k)}$附近用二次泰勒级数展开，得

$$\begin{aligned}R(\boldsymbol{X}^*)&=R(\boldsymbol{X}^{(k)}+\delta\boldsymbol{X}^{(k)})\\&=R(\boldsymbol{X}^{(k)})+\boldsymbol{g}^{(k)}\delta\boldsymbol{X}^{(k)}+\frac{1}{2}(\delta\boldsymbol{X}^{(k)})^{\mathrm{T}}\boldsymbol{G}^{(k)}\delta\boldsymbol{X}^{(k)}=\min\end{aligned} \tag{2.42}$$

式中

$$\begin{aligned}\boldsymbol{g}^{(k)}&=\begin{bmatrix}g_1^{(k)} & g_2^{(k)} & \cdots & g_t^{(k)}\end{bmatrix}\\&=\begin{bmatrix}\dfrac{\partial R}{\partial x_1} & \dfrac{\partial R}{\partial x_2} & \cdots & \dfrac{\partial R}{\partial x_t}\end{bmatrix}\Bigg|_{\boldsymbol{X}=\boldsymbol{X}^{(k)}}\end{aligned} \tag{2.43}$$

$$\boldsymbol{G}^{(k)}=\begin{bmatrix}\dfrac{\partial^2 R}{\partial x_1^2} & \dfrac{\partial^2 R}{\partial x_1\partial x_2} & \cdots & \dfrac{\partial^2 R}{\partial x_1\partial x_t}\\ \dfrac{\partial^2 R}{\partial x_2\partial x_1} & \dfrac{\partial^2 R}{\partial x_2^2} & \cdots & \dfrac{\partial^2 R}{\partial x_2\partial x_t}\\ \vdots & \vdots & & \vdots\\ \dfrac{\partial^2 R}{\partial x_t\partial x_1} & \dfrac{\partial^2 R}{\partial x_t\partial x_2} & \cdots & \dfrac{\partial^2 R}{\partial x_t^2}\end{bmatrix}\Bigg|_{\boldsymbol{X}=\boldsymbol{X}^{(k)}} \tag{2.44}$$

其中，$\boldsymbol{g}^{(k)}$为$\boldsymbol{X}^{(k)}$处的一阶偏导数矩阵，称为雅可比(Jacobi)矩阵，是$R(\boldsymbol{X})$在$\boldsymbol{X}^{(k)}$处的梯度方向；$\boldsymbol{G}^{(k)}$为$\boldsymbol{X}^{(k)}$处的二阶偏导数矩阵，称为黑塞(Hessian)矩阵。

$$\delta\boldsymbol{X}^{(k)}=\boldsymbol{X}^*-\boldsymbol{X}^{(k)} \tag{2.45}$$

由于$\boldsymbol{X}^{(k)}$是$\boldsymbol{X}^*$的一个已知的近似值，故式(2.42)只是$\delta\boldsymbol{X}^{(k)}$的函数，为了求得使式(2.42)成立的$\delta\boldsymbol{X}^{(k)}$，将式(2.42)对$\delta\boldsymbol{X}^{(k)}$求偏导，并令其为零，得

$$\boldsymbol{g}^{(k)}+(\delta\boldsymbol{X}^{(k)})^{\mathrm{T}}\boldsymbol{G}^{(k)}=0$$

移项后两边转置，顾及式(2.44)的对称性，得

$$\boldsymbol{G}^{(k)}\delta\boldsymbol{X}^{(k)}=-(\boldsymbol{g}^{(k)})^{\mathrm{T}} \tag{2.46}$$

当$\boldsymbol{G}^{(k)}$非奇异时，由式(2.46)可解得使式(2.42)成立的$\delta\boldsymbol{X}^{(k)}$，即

$$\delta\boldsymbol{X}^{(k)}=-(\boldsymbol{G}^{(k)})^{-1}(\boldsymbol{g}^{(k)})^{\mathrm{T}} \tag{2.47}$$

为使 $R(\boldsymbol{X}^*)\approx R(\boldsymbol{X}^{(k)})$ 以足够的精度成立，$\delta\boldsymbol{X}^{(k)}$ 必须充分小，但是由于 $\boldsymbol{X}^*$ 未知，需进行迭代，使 $\delta\boldsymbol{X}^{(k)}$ 达到充分小。其迭代公式为

$$\begin{aligned}\boldsymbol{X}^{(k+1)}&=\boldsymbol{X}^{(k)}+\delta\boldsymbol{X}^{(k)}\\&=\boldsymbol{X}^{(k)}-(\boldsymbol{G}^{(k)})^{-1}(\boldsymbol{g}^{(k)})^{\mathrm{T}}\end{aligned}\tag{2.48}$$

式(2.48)是牛顿迭代的基本公式，迭代终止条件为

$$R(\boldsymbol{X}^{(k+1)})=R(\boldsymbol{X}^{(k)})\tag{2.49}$$

例 2.2　设 $\boldsymbol{X}^{(0)}=[5.4\quad -0.3]^{\mathrm{T}}$，用牛顿法求例 2.1 中的非线性模型的最小二乘估计量。

牛顿迭代法的目标函数为

$$\begin{aligned}R(\boldsymbol{X})&=\boldsymbol{f}^{\mathrm{T}}(\boldsymbol{X})\boldsymbol{f}(\boldsymbol{X})-2\boldsymbol{f}^{\mathrm{T}}(\boldsymbol{X})\boldsymbol{L}\\&=x_1^2\sum_{i=1}^{5}\mathrm{e}^{2ix_2}-2x_1\sum_{i=1}^{5}L_i\mathrm{e}^{ix_2}\end{aligned}$$

$$\boldsymbol{g}=\begin{bmatrix}\dfrac{\partial R}{\partial x_1}\\[2mm]\dfrac{\partial R}{\partial x_2}\end{bmatrix}=\begin{bmatrix}2(x_1\sum\limits_{i=1}^{5}\mathrm{e}^{2ix_2}-\sum\limits_{i=1}^{5}L_i\mathrm{e}^{ix_2})\\2x_1(x_1\sum\limits_{i=1}^{5}i\mathrm{e}^{2ix_2}-\sum\limits_{i=1}^{5}iL_i\mathrm{e}^{ix_2})\end{bmatrix}$$

$$\boldsymbol{G}=\begin{bmatrix}\dfrac{\partial^2 R}{\partial x_1^2}&\dfrac{\partial^2 R}{\partial x_1\partial x_2}\\[2mm]\dfrac{\partial^2 R}{\partial x_2\partial x_1}&\dfrac{\partial^2 R}{\partial x_2^2}\end{bmatrix}$$

$$=\begin{bmatrix}2\sum\limits_{i=1}^{5}\mathrm{e}^{2ix_2}&2(2x_1\sum\limits_{i=1}^{5}L_i\mathrm{e}^{ix_2}-\sum\limits_{i=1}^{5}iL_i\mathrm{e}^{ix_2})\\2(2x_1\sum\limits_{i=1}^{5}i\mathrm{e}^{2ix_2}-\sum\limits_{i=1}^{5}iL_i\mathrm{e}^{ix_2})&2x_1(2x_1\sum\limits_{i=1}^{5}i\mathrm{e}^{2ix_2}-\sum\limits_{i=1}^{5}i^2L_i\mathrm{e}^{ix_2})\end{bmatrix}$$

将 $\boldsymbol{X}^{(0)}$ 代入计算 $\boldsymbol{g}^{(0)}$、$\boldsymbol{G}^{(0)}$ 后，按式(2.49)进行迭代，结果如表 2.2 所示。

表 2.2　牛顿迭代求参数估值

k	$\boldsymbol{g}^{(k)}$		$\boldsymbol{X}^{(k)}$		$R(\boldsymbol{X}^{(k)})$
	$g_1^{(k)}$	$g_2^{(k)}$	$x_1^{(k)}$	$x_2^{(k)}$	
1	−1.205 024 908	−17.153 050 3	5.333 013 265	−0.253 914 522 5	−40.210 547 02
2	0.399 183 338 2	7.037 242 713	5.417 198 09	−0.254 257 337 5	−40.585 246 86
3	0.028 893 980 18	0.494 840 742 4	5.422 708 003	−0.255 663 407 8	−40.635 223 42
4	0.000 169 162 412 2	0.002 938 012 264	5.442 744 565	−0.255 672 085 3	−40.635 492 78
5	$-3.949\,2\times10^{-9}$	$2.403\,9\times10^{-7}$	5.422 744 593	−0.255 672 087 7	−40.635 492 81
6	$-2.401\,2\times10^{-9}$	$-1.556\,9\times10^{-7}$	5.422 744 582	−0.255 672 086 6	−40.635 492 81

迭代 6 次后，有 $R(\boldsymbol{X}^{(6)})=R(\boldsymbol{X}^{(5)})=-40.635\,492\,81$，停止迭代，得到 $\boldsymbol{X}$ 的非

线性最小二乘解为

$$\boldsymbol{X}^* = \begin{bmatrix} 5.422\,744\,582 \\ -0.255\,672\,087 \end{bmatrix}$$

$$\Delta\boldsymbol{X} = \boldsymbol{X}^* - \boldsymbol{X} = \begin{bmatrix} 0.002\,608\,395 \\ -0.001\,310\,197 \end{bmatrix}$$

$$\|\Delta\boldsymbol{X}\| = 0.002\,9$$

由例2.1可知，本迭代解与其真值的距离比线性近似解与其真值的距离要小一个数量级。当初值取 $\boldsymbol{X}^{(0)}=[5.4 \quad -0.5]^{\mathrm{T}}$ 时，迭代发散，这说明牛顿法对初值很敏感。

2.4.2 拟牛顿法

由于牛顿法是基于二次函数的，因此在局部范围内具有超线性收敛，对大残差或非线性较强的模型具有收敛快的特点。但是该方法必须求 R 的二阶偏导数黑塞矩阵 $\boldsymbol{G}^{(k)}$。当 R 的形式很复杂时，求 R 的二阶偏导数矩阵 $\boldsymbol{G}^{(k)}$ 将非常困难，这时就希望能用一阶偏导数的信息构造某种对称矩阵 $\boldsymbol{H}^{(k)}$ 去逼近 $\boldsymbol{G}^{(k)}$，而拟牛顿法就是基于这一思想提出的。近30年来，拟牛顿法的研究十分活跃，已获得大量的成果，形成了系统的理论。

拟牛顿法的关键是寻找一个只包含一阶偏导数信息的矩阵 $\boldsymbol{H}^{(k)}$，常采用校正法确定矩阵 $\boldsymbol{H}^{(k)}$，如布罗伊登(Broyden)族校正法、Huang族校正法等(徐成贤等，1991；王松桂 等，1996)。本书介绍一种确定矩阵 $\boldsymbol{H}^{(k)}$ 的数值法。

由式(2.44)并顾及式(2.43)有

$$\boldsymbol{G}^k = \begin{bmatrix} \dfrac{\partial^2 R}{\partial x_1^2} & \dfrac{\partial^2 R}{\partial x_1 \partial x_2} & \cdots & \dfrac{\partial^2 R}{\partial x_1 \partial x_t} \\ \dfrac{\partial^2 R}{\partial x_2 \partial x_1} & \dfrac{\partial^2 R}{\partial x_2^2} & \cdots & \dfrac{\partial^2 R}{\partial x_2 \partial x_t} \\ \vdots & \vdots & & \vdots \\ \dfrac{\partial^2 R}{\partial x_t \partial x_1} & \dfrac{\partial^2 R}{\partial x_t \partial x_2} & \cdots & \dfrac{\partial^2 R}{\partial x_t^2} \end{bmatrix} = \begin{bmatrix} \dfrac{\partial g_1}{\partial x_1} & \dfrac{\partial g_1}{\partial x_2} & \cdots & \dfrac{\partial g_1}{\partial x_t} \\ \dfrac{\partial g_2}{\partial x_1} & \dfrac{\partial g_2}{\partial x_2} & \cdots & \dfrac{\partial g_2}{\partial x_t} \\ \vdots & \vdots & & \vdots \\ \dfrac{\partial g_t}{\partial x_1} & \dfrac{\partial g_t}{\partial x_2} & \cdots & \dfrac{\partial g_t}{\partial x_t} \end{bmatrix} \tag{2.50}$$

根据多元函数偏导数的定义

$$\frac{\partial f(x_1, x_2, \cdots, x_t)}{\partial x_i} = \lim_{\Delta x_i \to 0} \frac{f(x_1, \cdots, x_i + \Delta x_i, \cdots, x_t) - f(x_1, \cdots, x_t)}{\Delta x_i}$$

已知

$$
G^{(k)}=\begin{bmatrix}
\lim\limits_{\delta x_1\to 0}\dfrac{g_1(x_1+\delta x_1,x_2,\cdots,x_t)-g_1(x)}{\delta x_1} & \cdots & \lim\limits_{\delta x_t\to 0}\dfrac{g_1(x_1,\cdots,x_t+\delta x_t)-g_1(x)}{\delta x_t}\\
\lim\limits_{\delta x_1\to 0}\dfrac{g_2(x_1+\delta x_1,x_2,\cdots,x_t)-g_2(x)}{\delta x_1} & \cdots & \lim\limits_{\delta x_t\to 0}\dfrac{g_2(x_1,\cdots,x_t+\delta x_t)-g_2(x)}{\delta x_t}\\
\vdots & & \vdots\\
\lim\limits_{\delta x_1\to 0}\dfrac{g_t(x_1+\delta x_1,x_2,\cdots,x_t)-g_t(x)}{\delta x_1} & \cdots & \lim\limits_{\delta x_t\to 0}\dfrac{g_t(x_1,\cdots,x_t+\delta x_t)-g_t(x)}{\delta x_t}
\end{bmatrix}
\tag{2.51}
$$

令

$$
\bar{g}^{(k)}=\begin{bmatrix}\bar{g}_1^{(k)}\\ \bar{g}_2^{(k)}\\ \vdots\\ \bar{g}_t^{(k)}\end{bmatrix}=\begin{bmatrix}\bar{g}_1^{(k)}(x_1^{(k+1)},x_2^{(k)},\cdots,x_t^{(k)})\\ \bar{g}_2^{(k)}(x_1^{(k)},x_2^{(k+1)},x_3^{(k)},\cdots,x_t^{(k)})\\ \vdots\\ \bar{g}_t^{(k)}(x_1^{(k)},x_2^{(k)},\cdots,x_t^{(k+1)})\end{bmatrix}
\tag{2.52}
$$

去掉式(2.51)极限后,将式(2.52)代入,得到 $G^{(k)}$ 的近似矩阵为

$$
G^{(k)}\approx H^{(k)}=\begin{bmatrix}
\dfrac{\bar{g}_1^{(k)}-g_1^{(k)}}{\delta x_1^{(k)}} & \dfrac{1}{2}\left(\dfrac{\bar{g}_1^{(k)}-g_1^{(k)}}{\delta x_2^{(k)}}+\dfrac{\bar{g}_2^{(k)}-g_2^{(k)}}{\delta x_1^{(k)}}\right) & \cdots & \dfrac{1}{2}\left(\dfrac{\bar{g}_1^{(k)}-g_1^{(k)}}{\delta x_t^{(k)}}+\dfrac{\bar{g}_t^{(k)}-g_t^{(k)}}{\delta x_1^{(k)}}\right)\\
 & \dfrac{\bar{g}_2^{(k)}-g_2^{(k)}}{\delta x_2^{(k)}} & \cdots & \dfrac{1}{2}\left(\dfrac{\bar{g}_2^{(k)}-g_2^{(k)}}{\delta x_t^{(k)}}+\dfrac{\bar{g}_t^{(k)}-g_t^{(k)}}{\delta x_2^{(k)}}\right)\\
\text{对称} & & \ddots & \vdots\\
 & & & \dfrac{\bar{g}_t^{(k)}-g_t^{(k)}}{\delta x_t^{(k)}}
\end{bmatrix}
\tag{2.53}
$$

用式(2.53)定义的对称矩阵 $H^{(k)}$ 能较准确地逼近 $G^{(k)}$,该式中只包含 R 的一阶偏导数信息,不需要求二阶偏导数。将 $G^{(k)}$ 的近似 $H^{(k)}$ 代入式(2.46),按牛顿法进行迭代。

2.4.3　高斯-牛顿法

拟牛顿法逼近二阶偏导数黑塞矩阵 $G^{(k)}$ 的矩阵 $H^{(k)}$ 有多种构造方法,不同的构造方法构成了不同的拟牛顿法,其中分裂型布罗伊登类是最著名的拟牛顿法。该方法的基本思想是将二阶偏导数黑塞矩阵分裂成高斯-牛顿(Gauss-Newton)矩阵 $N^{(k)}$ 与非线性二阶项 $M^{(k)}$ 之和,即

$$
G^{(k)}=N^{(k)}+M^{(k)}
\tag{2.54}
$$

式中,高斯-牛顿矩阵 $N^{(k)}$ 为式(2.3)$V(X)$ 在 $X^{(k)}$ 处的一阶偏导数雅可比矩阵的乘积,即

$$\boldsymbol{N}^{(k)} = \left(\frac{\partial \boldsymbol{V}}{\partial \boldsymbol{X}}\bigg|_{\boldsymbol{X}=\boldsymbol{X}^{(k)}}\right)^{\mathrm{T}} \frac{\partial \boldsymbol{V}}{\partial \boldsymbol{X}}\bigg|_{\boldsymbol{X}=\boldsymbol{X}^{(k)}} = \left(\frac{\partial \boldsymbol{f}(\boldsymbol{X})}{\partial \boldsymbol{X}}\bigg|_{\boldsymbol{X}=\boldsymbol{X}^{(k)}}\right)^{\mathrm{T}} \frac{\partial \boldsymbol{f}(\boldsymbol{X})}{\partial \boldsymbol{X}}\bigg|_{\boldsymbol{X}=\boldsymbol{X}^{(k)}}$$
$$= \boldsymbol{B}^{\mathrm{T}}(\boldsymbol{X}^{(k)})\boldsymbol{B}(\boldsymbol{X}^{(k)}) \tag{2.55}$$

式中，$\boldsymbol{B}(\boldsymbol{X}^{(k)})$ 为式(2.6)的一阶偏导数矩阵。当非线性模型具有大残差时，采用一定的方法获得二阶项 $\boldsymbol{M}^{(k)}$ 的近似矩阵，且该矩阵应具有对称正定性并满足拟牛顿条件。而当非线性模型为零残差或小残差时，二阶项 $\boldsymbol{M}^{(k)}$ 取零。

在零残差和小残差的条件下，顾及式(2.3)和式(2.40)，则 $R(\boldsymbol{X})$ 的一阶偏导数矩阵 $\boldsymbol{g}^{(k)}$ 可表示为

$$\boldsymbol{g}^{(k)} = \left(\frac{\partial \boldsymbol{f}(\boldsymbol{X})}{\partial \boldsymbol{X}}\bigg|_{\boldsymbol{X}=\boldsymbol{X}^{(k)}}\right)^{\mathrm{T}}(\boldsymbol{f}(\boldsymbol{X}^{(k)}) - \boldsymbol{Y}) = \boldsymbol{B}^{\mathrm{T}}(\boldsymbol{X}^{(k)})(\boldsymbol{f}(\boldsymbol{X}^{(k)}) - \boldsymbol{Y}) \tag{2.56}$$

此时，根据拟牛顿法的式(2.46)有

$$\boldsymbol{B}^{\mathrm{T}}(\boldsymbol{X}^{(k)})\boldsymbol{B}(\boldsymbol{X}^{(k)})\delta\boldsymbol{X}^{(k)} + \boldsymbol{B}^{\mathrm{T}}(\boldsymbol{X}^{(k)})(\boldsymbol{f}(\boldsymbol{X}^{(k)}) - \boldsymbol{Y}) = 0 \tag{2.57}$$

由式(2.57)可得

$$\boldsymbol{X}^{(k+1)} = \boldsymbol{X}^{(k)} + (\boldsymbol{B}^{\mathrm{T}}(\boldsymbol{X}^{(k)})\boldsymbol{B}(\boldsymbol{X}^{(k)}))^{-1}\boldsymbol{B}^{\mathrm{T}}(\boldsymbol{X}^{(k)})(\boldsymbol{Y} - \boldsymbol{f}(\boldsymbol{X}^{(k)})) \tag{2.58}$$

由于在零残差和小残差时的布罗伊登分裂型拟牛顿法的二阶矩阵是由高斯-牛顿矩阵近似得到的，因此将由式(2.58)构成的拟牛顿迭代称为高斯-牛顿法。

将式(2.57)与式(2.10)比较，高斯-牛顿迭代法实际上是将每次迭代得到的参数作为下次迭代近似值的近似线性最小二乘法。因此，高斯-牛顿法在实际应用中是将 $\boldsymbol{f}(\boldsymbol{X})$ 在初值 $\boldsymbol{X}^{(0)}$ 处用泰勒级数线性化，然后用线性最小二乘迭代求得新的近似参数 $\boldsymbol{X}^{(k)}$，直到在给定的计算精度下 $\boldsymbol{V}^{\mathrm{T}}\boldsymbol{V}$ 不再下降为止。

高斯-牛顿迭代法的最大特点在于它克服了当模型非线性强度较强时，利用线性化近似进行参数估计，将产生较大的模型误差的问题。同时，它又与线性最小二乘非常接近，因此应用非常方便简单，几乎可以不改变原测量平差程序。但是，高斯-牛顿法在实际应用中对初值 $\boldsymbol{X}^{(0)}$ 有较严格的要求，下面例2.3可以说明这个问题。

例2.3 设 $\boldsymbol{X}^{(0)} = [5.4 \quad -0.3]^{\mathrm{T}}$，用高斯-牛顿法按式(2.58)迭代求解例2.1中的非线性模型最小二乘估计值，结果如表2.3所示。

表2.3 高斯-牛顿迭代法参数估值

k		1	2	3	4	5
$\boldsymbol{X}^{(k)}$	$x_1^{(k)}$	5.394 141 331	5.422 298 989	5.422 744 502	5.422 744 573	5.422 744 573
	$x_2^{(k)}$	−0.250 050	−0.255 618	−0.255 672	−0.255 672 086	−0.255 672 086
$R(\boldsymbol{X}^{(k)})$		−39.785 686 64	−40.628 297 61	−40.635 492 38	−40.635 492 8	−40.635 492 8

经计算，得

$$\boldsymbol{X}^{*} = \begin{bmatrix} 5.422\,744\,573 \\ -0.255\,672\,086 \end{bmatrix}$$

由例2.1知

$$\Delta \boldsymbol{X} = \boldsymbol{X}^{*} - \boldsymbol{X} = \begin{bmatrix} 0.002\,608\,396 \\ -0.001\,310\,196 \end{bmatrix}$$

$$\|\Delta \boldsymbol{X}\| = 0.002\,9$$

由例 2.3 知，高斯-牛顿迭代具有与牛顿迭代法完全相同的解和精度，且比线性近似解的精度高一个数量级。

但当 $\boldsymbol{X}^{(0)} = [3.4 \quad -0.8]^{\mathrm{T}}$ 时，迭代发散，不能取得满足精度要求的参数解。因此，虽然高斯-牛顿法具有简单方便的特点，但是对初值的依赖性较大。当初值较差时，会出现迭代发散现象，使迭代无法继续进行。

§2.5　非线性模型迭代法的搜索下降法与信赖域法

§2.4 介绍的牛顿迭代法具有较快的收敛速度，牛顿法的基本思想是在迭代点 $\boldsymbol{X}^{(k)}$ 附近用二次函数

$$Q(\boldsymbol{X}^{(k)}) = R(\boldsymbol{X}^{(k)}) + \boldsymbol{g}^{(k)} \delta \boldsymbol{X}^{(k)} + \frac{1}{2} (\delta \boldsymbol{X}^{(k)})^{\mathrm{T}} \boldsymbol{G}^{(k)} \delta \boldsymbol{X}^{(k)}$$

逼近 $R(\boldsymbol{X}^{*})$。但是，牛顿法是一种具有局部收敛的方法，它要求所选初值 $\boldsymbol{X}^{(0)}$ 应接近解 $\boldsymbol{X}^{*}$。也就是说只有当 $\delta \boldsymbol{X}^{(k)}$ 充分小时，$Q(\boldsymbol{X}^{(k)})$ 才能很好地逼近 $R(\boldsymbol{X}^{(k)})$，因此使牛顿法不便应用。为解决牛顿法的收敛问题，近年来，人们提出了一些具有较大范围收敛的迭代方法，这些方法大致可分为两类：一类为信赖域型迭代方法，另一类为线性搜索型下降方法。一般而言，信赖域型迭代方法不仅全局收敛性较好，还可以解决黑塞矩阵不正定和 $\boldsymbol{X}^{(k)}$ 为单点等困难，但方法程序比较复杂；而线性搜索型下降方法虽然全局收敛性要求的条件较强，但局部收敛性较好，且方法程序相对简单。因此，两种方法都有广泛的应用。

2.5.1　最速下降法

最速下降法是线性搜索型下降方法的起源，因此，首先介绍最速下降法的基本思想和方法。最速下降法是求极小非线性方程的一种最简单且直观的方法。其基本思想为：既然目标函数 $R(\hat{\boldsymbol{X}})$ 在沿 $\boldsymbol{X}^{(k)}$ 处的梯度方向 $\boldsymbol{g}^{(k)}$ 上数值增加最快，那么不难证明目标函数的负梯度方向 $-\boldsymbol{g}^{(k)}$ 是函数下降最快的方向，因此在寻找 $R(\hat{\boldsymbol{X}})$ 的最小值点 $\boldsymbol{X}^{*}$ 的过程中，应沿 $R(\hat{\boldsymbol{X}})$ 在 $\boldsymbol{X}^{(k)}$ 处的负梯度方向上寻找。这种按负梯度方向搜寻 $\boldsymbol{X}^{*}$ 的方法即为最速下降法，也称为梯度法。

在每次迭代中，最速下降法取 $\boldsymbol{r}^{(k)} = -\boldsymbol{g}^{(k)}$ 为搜索方向，相应的迭代公式为

$$\boldsymbol{X}^{(k+1)} = \boldsymbol{X}^{(k)} + \delta \boldsymbol{X}^{(k)} = \boldsymbol{X}^{(k)} + \alpha^{(k)} \boldsymbol{r}^{(k)} \tag{2.59}$$

式中，$\alpha^{(k)}$ 为实数，称为步长；梯度方向 $\boldsymbol{g}^{(k)}$ 按式(2.43)计算。而式(2.59)应满足的条件为

$$R(\boldsymbol{X}^{(k+1)}) = R(\boldsymbol{X}^{(k)} + \alpha^{(k)}\boldsymbol{r}^{(k)}) = \min \tag{2.60}$$

即沿 $\boldsymbol{X}^{(k)}$ 处的负梯度方向进行一维搜索，寻求 $\alpha^{(k)}$ 使式(2.60)成立，即通过式(2.60)对 α 求一阶导数，并令其值为0，从而解得 α 为

$$\frac{\mathrm{d}R(\boldsymbol{X}^{(k)} + \alpha^{(k)}\boldsymbol{r}^{(k)})}{\mathrm{d}\alpha} = 0 \tag{2.61}$$

因此，最速下降法的迭代步骤可概括为：①取初值 $\boldsymbol{X}^{(0)}$；② 按式(2.43)计算目标函数 $R(\boldsymbol{X})$ 在 $\boldsymbol{X}^{(k)}$ 处梯度方向 $\boldsymbol{g}^{(k)}$；③ 沿 $\boldsymbol{r}^{(k)} = -\boldsymbol{g}^{(k)}$ 进行一维搜索，求步长 $\alpha^{(k)}$，使式(2.61)成立；④ 按式(2.59)计算下一个近似值 $\boldsymbol{X}^{(k+1)}$；⑤ 计算 $R(\boldsymbol{X}^{(k+1)})$，若 $R(\boldsymbol{X}^{(k)}) \neq R(\boldsymbol{X}^{(k+1)})$，则以 $\boldsymbol{X}^{(k+1)}$ 为起始点，重复上述计算过程，直到得到满意的结果为止。

利用最速下降法求解非线性方程，只需假定 $R(\boldsymbol{X})$ 在解 $\hat{\boldsymbol{X}}$ 附近具有二阶连续偏导数，且此二阶偏导数矩阵的行列式大于等于0，并不需要具体计算二阶偏导数矩阵，因此计算简单。同时，最速下降法具有较好的收敛性，即使初始值不甚理想时也能收敛到极小值。但是，最速下降法不是“最速下降”，而是下降得非常缓慢。实际上梯度仅是函数的局部性质，即从局部看是“最速下降”，而从全局看可能并非是“最速”的，其原因是最速下降法在相邻两个迭代点上的梯度方向是彼此正交的，即

$$(\boldsymbol{r}^{(k+1)})^{\mathrm{T}}\boldsymbol{r}^{(k)} = 0 \tag{2.62}$$

因此，在接近最小值点时，最速下降法逼近最小值点的速度越来越慢，产生拉锯现象。

用初值 $\boldsymbol{X}^{(0)} = [5.4 \quad -0.3]^{\mathrm{T}}$，按最速下降法求解例2.1中非线性模型的最小二乘估计量。经452次迭代，得 $\boldsymbol{X}^{*} = [5.418\,092\,476 \quad -0.255\,371\,788]^{\mathrm{T}}$（牛顿法只要迭代6次）。而当 $\boldsymbol{X}^{(0)} = [5.0 \quad -0.5]^{\mathrm{T}}$ 时，牛顿法（高斯-牛顿法）发散，而最速下降法经1 480次迭代，收敛至 $\boldsymbol{X}^{*} = [5.418\,337\,589 \quad -0.255\,372\,150\,3]^{\mathrm{T}}$。

2.5.2 线性搜索下降方法

最速下降法收敛性较好，但收敛速度非常缓慢，而牛顿法具有较快的收敛速度，但仅为局部收敛，且对初值敏感。因此，将下降法的思想引入牛顿迭代法，称为线性搜索下降方法，即牛顿下降法。在保证不过分降低收敛速度的条件下，可改善牛顿迭代的收敛性。

线性搜索下降方法的基本步骤为：①给定初始值 $\boldsymbol{X}^{(0)}$ 及初始近似偏导数矩阵 $\boldsymbol{g}^{(0)}$、$\boldsymbol{G}^{(0)}(\boldsymbol{H}^{(0)})$；② 由方程组 $\boldsymbol{G}^{(k)}\delta\boldsymbol{X}^{(k)} = -(\boldsymbol{g}^{(k)})^{\mathrm{T}}$ 计算在 $\boldsymbol{X}^{(k)}$ 处的下降方向 $\delta\boldsymbol{X}^{(k)}$；③进行线性搜索确定步长 $\alpha^{(k)}$；④产生新的迭代值 $\boldsymbol{X}^{(k+1)} = \boldsymbol{X}^{(k)} + \alpha^{(k)}\delta\boldsymbol{X}^{(k)}$；⑤ 若满足终止条件则结束，否则修正产生 $\boldsymbol{g}^{(k)}$、$\boldsymbol{G}^{(k)}(\boldsymbol{H}^{(k)})$，转到步骤②。

计算步长 $\alpha^{(k)}$ 有多种方法，可构成不同的牛顿下降法。在线性搜索型下降法

中，最著名且应用最广泛的是修正高斯-牛顿法，该方法是由哈特利(Hartley)提出的，它针对高斯-牛顿法易发散的缺点，提出了一种对高斯-牛顿法进行改进的思路。其基本思想基于的定理如下：

定理 2.2　设 $\boldsymbol{X}^{(k)}$ 是 $\boldsymbol{X}^*$ 的近似值，则 $R(\boldsymbol{X}^{(k)})$ 不能达到最小，于是有

$$\left.\frac{\partial R(\boldsymbol{X})}{\partial \boldsymbol{X}}\right|_{\boldsymbol{X}=\boldsymbol{X}^{(k)}} \neq 0$$

设 $\delta\boldsymbol{X}^{(k)}=(\boldsymbol{B}^{\mathrm{T}}(\boldsymbol{X}^{(k)})\boldsymbol{B}(\boldsymbol{X}^{(k)}))^{-1}\boldsymbol{B}^{\mathrm{T}}(\boldsymbol{X}^{(k)})(\boldsymbol{Y}-\boldsymbol{f}(\boldsymbol{X}^{(k)}))$，那么必存在 $\alpha^*>0$，使 $\alpha\in[0\quad \alpha^*]$ 时，有

$$R(\boldsymbol{X}^{(k)}+\alpha\delta\boldsymbol{X}^{(k)})<R(\boldsymbol{X}^{(k)}) \tag{2.63}$$

此定理说明，在高斯-牛顿迭代过程中，求出 $\boldsymbol{X}^{(k)}$ 后，若适当选取 $\alpha^{(k)}$，使

$$\boldsymbol{X}^{(k+1)}=\boldsymbol{X}^{(k)}+\alpha^{(k)}\delta\boldsymbol{X}^{(k)} \tag{2.64}$$

则式(2.63)成立。这样就可保证 $R(\boldsymbol{X}^{(k)})$ 逐步向 $\boldsymbol{V}^{\mathrm{T}}\boldsymbol{V}$ 的极小值靠近，避免了迭代过程的波动性，从而保证最小二乘估计量的收敛性。

根据这个思想构成的修正高斯-牛顿迭代方法为一种线性搜索下降方法，该方法的关键是要计算 $\alpha^{(k)}$。韦博成(1989) 建议对 $R(\boldsymbol{X})$ 采用三点抛物线近似，即分别求出 $\alpha=0$、$\alpha=0.5$ 和 $\alpha=1$ 时的值，即 $R(\boldsymbol{X}^{(k)})$、$R\left(\boldsymbol{X}^{(k)}+\frac{1}{2}\delta\boldsymbol{X}^{(k)}\right)$、$R(\boldsymbol{X}^{(k)}+\delta\boldsymbol{X}^{(k)})$，则 $\alpha^{(k)}$ 为

$$\alpha^{(k)}=\frac{1}{2}+\frac{1}{4}(R(\boldsymbol{X}^{(k)})-R(\boldsymbol{X}^{(k)}+\delta\boldsymbol{X}^{(k)}))/(R(\boldsymbol{X}^{(k)})-2R\left(\boldsymbol{X}^{(k)}+\frac{1}{2}\delta\boldsymbol{X}^{(k)}\right)+R(\boldsymbol{X}^{(k)}+\delta\boldsymbol{X}^{(k)})) \tag{2.65}$$

例 2.4　取初值 $\boldsymbol{X}^{(0)}=[5.4\quad -0.3]^{\mathrm{T}}$，用修正的高斯-牛顿法求解例 2.1 中非线性模型的最小二乘估计量。迭代结果如表 2.4 所示。

表 2.4　修正的高斯-牛顿法参数估值

k		1	2	3	4
$\boldsymbol{X}^{(k)}$	$x_1^{(k)}$	5.394 427 485	5.422 635 68	5.422 699 198	5.422 733 28
	$x_2^{(k)}$	−0.252 490	−0.255 665	−0.255 669	−0.255 671
$R(\boldsymbol{X}^{(k)})$		−39.785 686 64	−40.634 125 8	−40.635 492 79	−40.635 492 79
$\alpha^{(k)}$		0.951 157 091 6	1.001 239 33	0.583 333 333	0.75

经计算，得

$$\boldsymbol{X}^*=[5.422\,733\,28\quad -0.255\,671\,00]$$

$$\|\Delta\boldsymbol{X}\|=0.002\,9$$

当 $\boldsymbol{X}^{(0)}=[3.4\quad -0.8]^{\mathrm{T}}$ 时，高斯-牛顿法发散，而修正的高斯-牛顿法迭代 7 次收敛到

$$\boldsymbol{X}^*=[5.422\,744\,573\quad -0.255\,672]^{\mathrm{T}}$$

$$R(\boldsymbol{X}) = -40.6354928$$

结果说明，修正的高斯-牛顿法能够保证计算过程不发散，避免了迭代过程的波动性。因此，修正的高斯-牛顿法除具备高斯-牛顿法的优点外，还在很大程度上改进了高斯-牛顿法易发散的缺点。

2.5.3　信赖域法

对牛顿法的另一类重要改进方法是信赖域法，下面介绍该方法的基本思想。

针对牛顿法要求所选初值 $\boldsymbol{X}^{(0)}$ 应靠近解 $\boldsymbol{X}^*$，即只有当 $\delta\boldsymbol{X}^{(k)}$ 充分小时，$Q(\boldsymbol{X}^{(k)})$ 才能逼近 $R(\boldsymbol{X}^{(k)})$，否则，迭代易发散。针对这个问题，提出了一种在迭代过程中对 $\delta\boldsymbol{X}$ 加以限制的方法，被称为信赖域法。该方法通过对 $\delta\boldsymbol{X}$ 加以限制，并在限制条件下寻求 $R(\boldsymbol{X}^*)$ 的极小值，因此具有较大范围收敛的特点。基于这个思想的信赖域法模型为

$$\left.\begin{aligned}&Q(\boldsymbol{X}^{(k+1)}) = R(\boldsymbol{X}^{(k)}) + \boldsymbol{g}^{(k)}\delta\boldsymbol{X}^{(k)} + \frac{1}{2}(\delta\boldsymbol{X}^{(k)})^{\mathrm{T}}\boldsymbol{G}^{\mathrm{T}}\delta\boldsymbol{X}^{(k)} = \min\\&\text{s.t. } \|\delta\boldsymbol{X}^{(k)}\| \leqslant h_k\end{aligned}\right\} \tag{2.66}$$

式中，h_k 为一正数，它随迭代变化。

对 $\delta\boldsymbol{X}$ 的限制条件 $\|\delta\boldsymbol{X}^{(k)}\| \leqslant h_k$，限制了 $\delta\boldsymbol{X}^{(k)}$，使 $\delta\boldsymbol{X}^{(k)}$ 的长度不大于 h_k，这样使 $\|\delta\boldsymbol{X}^{(k)}\|$ 总在一个给定的小区域中活动。由于这个区域是可信赖的，所以称该方法为信赖域法。

常数 h_k 取决于 $Q(\boldsymbol{X}^{(k+1)})$ 对 $R(\boldsymbol{X}^{(k+1)})$ 的逼近程度，这个逼近程度可描述为

$$r_k = \frac{R(\boldsymbol{X}^{(k+1)})}{Q(\boldsymbol{X}^{(k+1)})} \tag{2.67}$$

r_k 越接近于1，$Q(\boldsymbol{X}^{(k+1)})$ 对 $R(\boldsymbol{X}^{(k+1)})$ 的逼近程度越好，在满足近似要求时，还应选取尽可能大的 h_k。因此，迭代的收敛性和收敛速度主要取决于 h_k，其选取方法有多种，这里给出一种简单的模式方法，自适应地改变 h_k。具体方法如下：

(1)初始步：选取初值 $\boldsymbol{X}^{(0)}$，令 $h_0 = \|\boldsymbol{g}^{(0)}\|$。

(2) 第 k 步：① 由求出的 $\boldsymbol{X}^{(k)}$ 和 h_k，计算梯度方向 $\boldsymbol{g}^{(k)}$ 和矩阵 $\boldsymbol{G}^{(k)}$；② 解算式(2.66)，求出 $\delta\boldsymbol{X}^{(k)}$；③ 求 $Q(\boldsymbol{X}^{(k+1)})$、$R(\boldsymbol{X}^{(k+1)})$ 和 r_k 的值；④ 如果 $r_k < 0.25$ 令 $h_{k+1} = \|\delta\boldsymbol{X}^{(k)}\|/4$，如果 $r_k > 0.75$ 且 $h_k = \|\delta\boldsymbol{X}^{(k)}\|$，令 $h_{k+1} = 2h_k$，否则令 $h_{k+1} = h_k$；⑤ 若 $r_k \leqslant 0$，令 $\boldsymbol{X}^{(k+1)} = \boldsymbol{X}^{(k)}$，否则令 $\boldsymbol{X}^{(k+1)} = \boldsymbol{X}^{(k)} + \delta\boldsymbol{X}^{(k)}$。

在例2.4中，当初值为 $\boldsymbol{X}^{(0)} = [5.0\quad -0.4]^{\mathrm{T}}$ 时，牛顿法发散。而信赖域法经过18次迭代后收敛到 $\boldsymbol{X}^* = [5.4227436\quad -0.2556720336]$，但当初值为 $\boldsymbol{X}^{(0)} = [5.0\quad -0.5]^{\mathrm{T}}$ 时发散。这说明信赖域法也与初值有关，仍然是局部收敛，并非全局收敛。

2.5.4 阻尼最小二乘法

阻尼最小二乘法是信赖域法的起源，它主要用于解决高斯-牛顿法中一阶偏导数矩阵奇异或病态的问题。

高斯-牛顿法要求 $\boldsymbol{B}(\boldsymbol{X}^{(k)})$ 为满秩矩阵，但在非线性模型的求解中，$\boldsymbol{B}(\boldsymbol{X}^{(k)})$ 矩阵奇异的情况经常发生。另外，当非线性模型式(2.1)中存在复共线关系时，尽管矩阵 $\boldsymbol{B}(\boldsymbol{X}^{(k)})$ 满秩，但 $\boldsymbol{B}^{\mathrm{T}}(\boldsymbol{X}^{(k)})\boldsymbol{B}(\boldsymbol{X}^{(k)})$ 的条件数很大，使 $\boldsymbol{B}^{\mathrm{T}}(\boldsymbol{X}^{(k)})\boldsymbol{B}(\boldsymbol{X}^{(k)})$ 呈病态。这时采用高斯-牛顿法，则在距离解点的某处，$\delta\boldsymbol{X}^{(k)}$ 与 $\boldsymbol{g}^{(k)}$ 会数值正交，这使线性搜索不能进一步下降，只能得到极小点的一个差的估计。为了克服高斯-牛顿法存在的这些问题，可采用信赖域模型，即

$$\left.\begin{array}{l}\|(\boldsymbol{Y}-\boldsymbol{f}(\boldsymbol{X}^{(k)}))-\boldsymbol{B}(\boldsymbol{X}^{(k)})\delta\boldsymbol{X}^{(k)}\|^2=\min \\ \text{s. t. } \|\delta\boldsymbol{X}^{(k)}\|\leqslant h_k\end{array}\right\} \tag{2.68}$$

根据库恩(Kuhn)-塔克(Tucker)给出的约束最优化条件，可将式(2.68)用解方程组的方法确定 $\delta\boldsymbol{X}^{(k)}$，即

$$(\boldsymbol{B}^{\mathrm{T}}(\boldsymbol{X}^{(k)})\boldsymbol{B}(\boldsymbol{X}^{(k)})+\mu^{(k)}\boldsymbol{I})\delta\boldsymbol{X}^{(k)}=-\boldsymbol{B}^{\mathrm{T}}(\boldsymbol{X}^{(k)})(\boldsymbol{Y}-\boldsymbol{f}(\boldsymbol{X}^{(k)})) \tag{2.69}$$

从而

$$\boldsymbol{X}^{(k+1)}=\boldsymbol{X}^{(k)}-(\boldsymbol{B}^{\mathrm{T}}(\boldsymbol{X}^{(k)})\boldsymbol{B}(\boldsymbol{X}^{(k)})+\mu^{(k)}\boldsymbol{I})^{-1}\boldsymbol{B}^{\mathrm{T}}(\boldsymbol{X}^{(k)})(\boldsymbol{Y}-\boldsymbol{f}(\boldsymbol{X}^{(k)})) \tag{2.70}$$

由式(2.68)、式(2.69)可知，如果 $\boldsymbol{B}^{\mathrm{T}}(\boldsymbol{X}^{(k)})\boldsymbol{B}(\boldsymbol{X}^{(k)})$ 正定，满足 $\|\delta\boldsymbol{X}^{(k)}\|\leqslant h_k$，则 $\mu^{(k)}=0$，否则 $\mu^{(k)}>0$。显然，$\boldsymbol{B}^{\mathrm{T}}(\boldsymbol{X}^{(k)})\boldsymbol{B}(\boldsymbol{X}^{(k)})+\mu^{(k)}\boldsymbol{I}$ 对任何正数 μ 总具有对称正定，可由式(2.69)解出满足式(2.68)的解。这种方法是 Levenberg 和 Marquardt 提出的，并进行了理论上的探讨，称按式(2.70)迭代的方法为阻尼最小二乘方法。在式(2.69)中，$\mu^{(k)}$ 起着使 $\|\delta\boldsymbol{X}^{(k)}\|$ 缩短的作用，或者说起着"阻尼"的作用，所以称 $\mu^{(k)}$ 为阻尼因子。

在阻尼最小二乘法的迭代中存在选择适当阻尼因子的问题，而阻尼因子的每一种选法对应一种阻尼最小二乘法。因此，阻尼最小二乘法存在许多种不同的方法，如由 Fletcher 提出的 LMF 方法、Moré 给出的 Moré 方法等。同时，由式(2.69)可以看出：当 $\mu^{(k)}=0$ 时，该式就是式(2.58)，即高斯-牛顿法的公式；而当 $\mu^{(k)}$ 从零增大到无穷大时，$\delta\boldsymbol{X}^{(k)}$ 就转向目标函数的负梯度方向，此时它满足最速下降法。另外，如果对式(2.70)引入步长 $\alpha^{(k)}$，则式(2.70)可写为

$$\boldsymbol{X}^{(k+1)}=\boldsymbol{X}^{(k)}-\alpha^{(k)}(\boldsymbol{B}^{\mathrm{T}}(\boldsymbol{X}^{(k)})\boldsymbol{B}(\boldsymbol{X}^{(k)})+\mu^{(k)}\boldsymbol{I})^{-1}\boldsymbol{B}^{\mathrm{T}}(\boldsymbol{X}^{(k)})(\boldsymbol{Y}-\boldsymbol{f}(\boldsymbol{X}^{(k)})) \tag{2.71}$$

称修正的阻尼最小二乘法。

§2.6 非线性最小二乘的高阶偏导直接解法

对于非线性模型，除了用泰勒级数展开成一次项线性化求其近似参数估值，以及用迭代法逼近其实际的参数估计外，一些学者还研究了将其展开至高次项的直接解法。

2.6.1 顾及二次项的非线性模型解

刘国林等(1997b)、王新洲(1999a)提出一种顾及二次项的非线性最小二乘近似直接解法。对如式(2.1)的非线性模型，按非线性最小二乘估计准测，寻求满足式(2.39)的极小点，即求满足非线性方程组

$$\left(\frac{\partial \boldsymbol{f}(\boldsymbol{X})}{\partial \boldsymbol{X}}\bigg|_{\boldsymbol{X}=\hat{\boldsymbol{X}}}\right)^{\mathrm{T}}(\boldsymbol{f}(\boldsymbol{X})-\boldsymbol{Y})=\boldsymbol{B}^{\mathrm{T}}(\hat{\boldsymbol{X}})(\boldsymbol{f}(\hat{\boldsymbol{X}})-\boldsymbol{Y})=0 \tag{2.72}$$

的参数估计值 $\hat{\boldsymbol{X}}$。

顾及二次项的非线性最小二乘直接解法就是通过将式(2.72)的非线性方程组在近似值 $\boldsymbol{X}^{(0)}$ 处以泰勒级数展开取至二次项，并忽略三阶导数矩阵项，得

$$\boldsymbol{B}^{\mathrm{T}}(\boldsymbol{X}^{(0)})(\boldsymbol{f}(\boldsymbol{X}^{(0)})-\boldsymbol{Y})+\left[\boldsymbol{B}^{\mathrm{T}}(\boldsymbol{X}^{(0)})\boldsymbol{B}(\boldsymbol{X}^{(0)})+\left(\frac{\partial^2 \boldsymbol{f}(\boldsymbol{X})}{\partial \boldsymbol{X}^2}\bigg|_{\boldsymbol{X}=\boldsymbol{X}^{(0)}}\right)^{\mathrm{T}}(\boldsymbol{f}(\boldsymbol{X}^{(0)})-\boldsymbol{Y})\right]\delta\boldsymbol{X}+\frac{1}{2}\delta\boldsymbol{X}^{\mathrm{T}}\left(\boldsymbol{B}^{\mathrm{T}}(\boldsymbol{X}^{(0)})\frac{\partial^2 \boldsymbol{f}(\boldsymbol{X})}{\partial \boldsymbol{X}^2}\bigg|_{\boldsymbol{X}=\boldsymbol{X}^{(0)}}+\frac{\partial^2 \boldsymbol{f}(\boldsymbol{X})}{\partial \boldsymbol{X}^2}\bigg|_{\boldsymbol{X}=\boldsymbol{X}^{(0)}}\boldsymbol{B}^{\mathrm{T}}(\boldsymbol{X}^{(0)})\right)\delta\boldsymbol{X}=0 \tag{2.73}$$

式中，令 $\boldsymbol{W}(\boldsymbol{X}^{(0)})=\frac{\partial^2 \boldsymbol{f}(\boldsymbol{X})}{\partial \boldsymbol{X}^2}\bigg|_{\boldsymbol{X}=\boldsymbol{X}^{(0)}}$，$\boldsymbol{l}=\boldsymbol{f}(\boldsymbol{X}^{(0)})-\boldsymbol{Y}$，则式(2.73)为

$$\boldsymbol{B}^{\mathrm{T}}(\boldsymbol{X}^{(0)})\boldsymbol{B}(\boldsymbol{X}^{(0)})\delta\boldsymbol{X}+\boldsymbol{B}^{\mathrm{T}}(\boldsymbol{X}^{(0)})\boldsymbol{l}+\boldsymbol{W}^{\mathrm{T}}(\boldsymbol{X}^{(0)})\boldsymbol{l}\delta\boldsymbol{X}+\frac{3}{2}\delta\boldsymbol{X}^{\mathrm{T}}\boldsymbol{B}^{\mathrm{T}}(\boldsymbol{X}^{(0)})\boldsymbol{W}(\boldsymbol{X}^{(0)})\delta\boldsymbol{X}=0 \tag{2.74}$$

或

$$\boldsymbol{B}^{\mathrm{T}}(\boldsymbol{X}^{(0)})\boldsymbol{B}(\boldsymbol{X}^{(0)})\delta\boldsymbol{X}=-\left(\boldsymbol{B}^{\mathrm{T}}(\boldsymbol{X}^{(0)})\boldsymbol{l}+\boldsymbol{W}^{\mathrm{T}}(\boldsymbol{X}^{(0)})\boldsymbol{l}\delta\boldsymbol{X}+\frac{3}{2}\delta\boldsymbol{X}^{\mathrm{T}}\boldsymbol{B}^{\mathrm{T}}(\boldsymbol{X}^{(0)})\boldsymbol{W}(\boldsymbol{X}^{(0)})\delta\boldsymbol{X}\right)$$

对上式两端同乘 $(\boldsymbol{B}^{\mathrm{T}}(\boldsymbol{X}^{(0)})\boldsymbol{B}(\boldsymbol{X}^{(0)}))^{-1}$，得

$$\delta\boldsymbol{X}=-(\boldsymbol{B}^{\mathrm{T}}(\boldsymbol{X}^{(0)})\boldsymbol{B}(\boldsymbol{X}^{(0)}))^{-1}\left(\boldsymbol{B}^{\mathrm{T}}(\boldsymbol{X}^{(0)})\boldsymbol{l}+\boldsymbol{W}^{\mathrm{T}}(\boldsymbol{X}^{(0)})\boldsymbol{l}\delta\boldsymbol{X}+\frac{3}{2}\delta\boldsymbol{X}^{\mathrm{T}}\boldsymbol{B}^{\mathrm{T}}(\boldsymbol{X}^{(0)})\boldsymbol{W}(\boldsymbol{X}^{(0)})\delta\boldsymbol{X}\right) \tag{2.75}$$

由于式(2.75)的右端含有 $\delta\boldsymbol{X}$，为了能显式直接求解，取 $\delta\boldsymbol{X}=$

$(\boldsymbol{B}^{\mathrm{T}}(\boldsymbol{X}^{(0)})\boldsymbol{B}(\boldsymbol{X}^{(0)}))^{-1}\boldsymbol{B}^{\mathrm{T}}(\boldsymbol{X}^{(0)})\boldsymbol{l}$ 的近似值代入右端，因此式(2.75)为

$$\begin{aligned}\delta\boldsymbol{X} = &-(\boldsymbol{B}^{\mathrm{T}}(\boldsymbol{X}^{(0)})\boldsymbol{B}(\boldsymbol{X}^{(0)}))^{-1}\Big\{\boldsymbol{B}^{\mathrm{T}}(\boldsymbol{X}^{(0)})\boldsymbol{l} + \\ &\boldsymbol{W}^{\mathrm{T}}(\boldsymbol{X}^{(0)})\boldsymbol{l}(\boldsymbol{B}^{\mathrm{T}}(\boldsymbol{X}^{(0)})\boldsymbol{B}(\boldsymbol{X}^{(0)}))^{-1}\boldsymbol{B}^{\mathrm{T}}(\boldsymbol{X}^{(0)})\boldsymbol{l} + \\ &\frac{3}{2}[(\boldsymbol{B}^{\mathrm{T}}(\boldsymbol{X}^{(0)})\boldsymbol{B}(\boldsymbol{X}^{(0)}))^{-1}\boldsymbol{B}^{\mathrm{T}}(\boldsymbol{X}^{(0)})\boldsymbol{l}]^{\mathrm{T}}\boldsymbol{B}^{\mathrm{T}}(\boldsymbol{X}^{(0)})\boldsymbol{W}^{\mathrm{T}}(\boldsymbol{X}^{(0)})\cdot \\ &(\boldsymbol{B}^{\mathrm{T}}(\boldsymbol{X}^{(0)})\boldsymbol{B}(\boldsymbol{X}^{(0)}))^{-1}\boldsymbol{B}^{\mathrm{T}}(\boldsymbol{X}^{(0)})\boldsymbol{l}\Big\}\end{aligned} \tag{2.76}$$

或

$$\delta\boldsymbol{X} = -\boldsymbol{M}\boldsymbol{\tau} - \frac{1}{2}\boldsymbol{M}(2[\boldsymbol{G}][\boldsymbol{\lambda}] - \boldsymbol{\tau}^{\mathrm{T}}\boldsymbol{H}\boldsymbol{\tau}) \tag{2.77}$$

式中，$\boldsymbol{M}=(\boldsymbol{B}^{\mathrm{T}}(\boldsymbol{X}^{(0)})\boldsymbol{B}(\boldsymbol{X}^{(0)}))^{-1}$，$\boldsymbol{\tau}=\boldsymbol{Q}\boldsymbol{l}$，$\boldsymbol{\lambda}=\boldsymbol{R}^{\mathrm{T}}\boldsymbol{l}$，$\boldsymbol{G}=[\boldsymbol{N}][\boldsymbol{U}]$，$\boldsymbol{H}=[\boldsymbol{Q}^{\mathrm{T}}][\boldsymbol{U}]$，$\boldsymbol{U}=\boldsymbol{NWN}$。其中，$\boldsymbol{Q}$、$\boldsymbol{R}$、$\boldsymbol{N}$ 为矩阵 $\boldsymbol{B}$ 的 $\boldsymbol{QR}$ 分解，即

$$\boldsymbol{B} = [\boldsymbol{Q} \quad \boldsymbol{N}]\begin{bmatrix}\boldsymbol{R} \\ \boldsymbol{0}\end{bmatrix} = \boldsymbol{QR}$$

由式(2.76)或式(2.77)可以直接求得式(2.1)的参数估值。根据非线性模型固有曲率立体矩阵和参数效应立体矩阵的定义式(2.29)，知式(2.77)中的 $\boldsymbol{G}$、$\boldsymbol{H}$ 为非线性模型的固有曲率立体矩阵和参数效应立体矩阵。因此，该式中第二项实际为顾及模型的非线性改正项。当 $\boldsymbol{G}$、$\boldsymbol{H}$ 接近零，即模型的非线性程度很弱，可忽略该项，式(2.77) 即为线性最小二乘估计，式(2.77) 较清楚地描述了模型的非线性程度。

由式(2.76)直接估计参数，需要首先由式(2.11)进行一次线性参数估计，并将结果作为近似值代入式(2.75)右端的 $\delta\boldsymbol{X}$。由于式中忽略了三阶偏导数以上的项，因此式(2.76)是式(2.72)的近似直接解法。当式(2.1)存在大残差或模型的非线性强度很强时，仍可能存在模型估计误差。

2.6.2　顾及三次项的直接解法

王新洲(1997)提出了顾及非线性模型展开至二次项和三次项影响的直接解法。其基本方法如下：

设非线性模型式(2.3)存在三阶连续导数，则将式(2.3)，在近似值 $\boldsymbol{X}^{(0)}$ 处以泰勒级数展开至二次项，得

$$\boldsymbol{V} = \boldsymbol{B}(\boldsymbol{X}^{(0)})\delta\boldsymbol{X} + \frac{1}{2}\boldsymbol{C}(\boldsymbol{X}^{(0)})(\delta\boldsymbol{X})^2 + \frac{1}{6}\boldsymbol{D}(\boldsymbol{X}^{(0)})(\delta\boldsymbol{X})^3 + \boldsymbol{l} \tag{2.78}$$

式中，$\boldsymbol{B}(\boldsymbol{X}^{(0)})$、$\boldsymbol{C}(\boldsymbol{X}^{(0)})$、$\boldsymbol{D}(\boldsymbol{X}^{(0)})$ 分别为 $n\times t$ 的一阶、$n\times\alpha$ 的二阶、$n\times\beta$ 的三阶偏导数矩阵，其中 n 为观测值数、t 为独立未知参数，$\alpha=\frac{1}{2}t(t+1)$、$\beta=t^2+C_t^3$(C_t^3 为 t 中三个量的组合数)；$(\delta\boldsymbol{X})^2$ 为 $\alpha\times 1$ 的 $\delta\boldsymbol{X}$ 的二次项向量，即

$$(\delta \boldsymbol{X})^2 = [\mathrm{d}x^2 \quad \cdots \quad \mathrm{d}x_t^2 \quad \mathrm{d}x_1 \mathrm{d}x_2 \quad \cdots \quad \mathrm{d}x_{t-1}\mathrm{d}x_t]^{\mathrm{T}} \tag{2.79}$$

$(\delta \boldsymbol{X})^3$ 为 $\beta \times 1$ 的 $\delta \boldsymbol{X}$ 的三项向量，即

$$(\delta \boldsymbol{X})^3 = [\mathrm{d}x^3 \quad \cdots \quad \mathrm{d}x_t^3 \quad \mathrm{d}x_1^2 \mathrm{d}x_2 \quad \cdots \quad \mathrm{d}x_{(t-1)}^2 \mathrm{d}x_t \quad \cdots \quad \mathrm{d}x_{t-2}\mathrm{d}x_{t-1}\mathrm{d}x_t]^{\mathrm{T}} \tag{2.80}$$

在式(2.78)中的 $(\delta \boldsymbol{X})^2$、$(\delta \boldsymbol{X})^3$ 仍为非线性，应线性化。因此，令

$$\delta \boldsymbol{X} = \delta \boldsymbol{X}_0 + \boldsymbol{\varepsilon}_X \tag{2.81}$$

在对式(2.81)进行线性化之前，首先按线性近似平差求出 $\delta \boldsymbol{X}_0$，且由于 $\boldsymbol{\varepsilon}_X$ 是微小量，线性化仅取一次项即可，即

$$\left.\begin{aligned} (\delta \boldsymbol{X})^2 &= (\delta \boldsymbol{X}_0)^2 + c\boldsymbol{\varepsilon}_X \\ (\delta \boldsymbol{X})^3 &= (\delta \boldsymbol{X}_0)^3 + d\boldsymbol{\varepsilon}_X \end{aligned}\right\} \tag{2.82}$$

将式(2.82)代入式(2.78)有

$$\begin{aligned} \boldsymbol{V} = {} & \boldsymbol{B}(\boldsymbol{X}^{(0)})(\delta \boldsymbol{X}_0 + \boldsymbol{\varepsilon}_X) + \frac{1}{2}\boldsymbol{C}(\boldsymbol{X}^{(0)})((\delta \boldsymbol{X}_0)^2 + c\boldsymbol{\varepsilon}_X) + \\ & \frac{1}{6}\boldsymbol{D}(\boldsymbol{X}^{(0)})((\delta \boldsymbol{X}_0)^3 + d\boldsymbol{\varepsilon}_X) + \boldsymbol{l} \end{aligned} \tag{2.83}$$

令

$$\bar{\boldsymbol{C}} = \frac{1}{2}\boldsymbol{C}(\boldsymbol{X}^{(0)})c$$

$$\bar{\boldsymbol{D}} = \frac{1}{6}\boldsymbol{D}(\boldsymbol{X}^{(0)})d$$

$$\bar{\boldsymbol{B}} = \boldsymbol{B}(\boldsymbol{X}^{(0)}) + \bar{\boldsymbol{C}} + \bar{\boldsymbol{D}}$$

$$\bar{\boldsymbol{l}} = \boldsymbol{B}(\boldsymbol{X}^{(0)})\delta \boldsymbol{X}_0 + \frac{1}{2}\boldsymbol{C}(\boldsymbol{X}^{(0)})\delta \boldsymbol{X}_0^2 + \frac{1}{6}\boldsymbol{D}(\boldsymbol{X}^{(0)})\delta \boldsymbol{X}_0^3$$

那么，式(2.83)可写为

$$\boldsymbol{V} = \bar{\boldsymbol{B}}\boldsymbol{\varepsilon}_X + \bar{\boldsymbol{l}} \tag{2.84}$$

由最小二乘得

$$\bar{\boldsymbol{B}}^{\mathrm{T}}\bar{\boldsymbol{B}}\boldsymbol{\varepsilon}_X + \bar{\boldsymbol{B}}^{\mathrm{T}}\bar{\boldsymbol{l}} = \boldsymbol{0} \tag{2.85}$$

解式(2.85)得

$$\boldsymbol{\varepsilon}_X = -(\bar{\boldsymbol{B}}^{\mathrm{T}}\bar{\boldsymbol{B}})^{-1}\bar{\boldsymbol{B}}^{\mathrm{T}}\bar{\boldsymbol{l}} \tag{2.86}$$

而参数的估值为

$$\hat{\boldsymbol{X}} = \boldsymbol{X}_0 + \delta \boldsymbol{X}_0 + \boldsymbol{\varepsilon}_X \tag{2.87}$$

由式(2.84)至式(2.87)的参数估计是一种无须迭代的直接求解法，但是该方法仍属于线性化的近似参数估计。在参数估计过程中，两次取近似值，理论上不够严密，$\boldsymbol{V}^{\mathrm{T}}\boldsymbol{V}$ 难以达到最小。另外，该方法需要计算二阶、三阶偏导矩阵，求导工作量太大，有些情况甚至不可能求得二阶、三阶偏导矩阵，因此限制了该方法的使用。

§2.7　非线性模型随机搜索法

牛顿类解非线性方程的迭代法均需要求偏导数，但是非线性模型在某些情况下非常复杂，求导变得非常困难，有时甚至是不可导的，使求解不能进行。同时，牛顿迭代为局部收敛，所求的参数估计往往是局部极小点。一类在模型空间随机搜索直接解算的方法可以有效地克服这些问题，该类方法不需要求导，且具有全局极小值。这些方法主要包括蒙特卡罗法、模拟退火方法（simulated annealing algorithm，SAA）和遗传方法（genetic algorithm，GA）。

2.7.1　蒙特卡罗法

蒙特卡罗法又称为随机抽样法，是一种重要的随机量数学，于 20 世纪 40 年代提出。它利用随机方法确定模型参数，并用该模型参数计算观测数据，将结果与实际获得的观测数据进行比较，根据一定的准则判断并确定该模型参数。该方法已被用来解决许多典型的数学问题，如重积分计算、微分方程边值问题、非线性模型的参数估计等。

蒙特卡罗法的基本方法为：首先合理地确定模型参数的取值区间，即 $x_i \in [x_i^{\min}, x_i^{\max}]$ 且 $i=1、2、\cdots、h$，然后由[0,1]均匀分布的随机数 $r(\cdot)$ 求得模型参数的随机扰动，即

$$\Delta x_i = r(x_i^{\max} - x_i^{\min}) \tag{2.88}$$

利用式(2.88)的随机扰动产生一组新的模型参数向量，即

$$x_i^{(k)} = x_i^{\min} + \Delta x_i \tag{2.89}$$

再用新的模型参数求出理论观测值，并将理论观测值与实际观测值进行比较，根据某种准则判断参数的取舍，通过反复迭代计算，获得最优估值。

采用蒙特卡罗法解非线性模型无须求导，且可以求得目标函数极小值的全局最优解，但是需要大量的解算，这是蒙特卡罗法一个很大的缺陷。因此，需要对蒙特卡罗法进行改进，改进后的方法应能在空间中进行有效的采样，具有较高的搜索效率。

目前一类较有效的方法是有向随机搜索法，通常也被称为有向蒙特卡罗法，其中最有代表性的两种方法是模拟退火方法和遗传方法。

2.7.2　模拟退火方法

模拟退火方法的基本思想来源于统计力学中固态物质的物理退火过程。为了消除原固态系统中可能存在的非均匀状态，对固态物质进行升温。当固态物质在高温溶解时，物质的规则性被破坏，粒子成为无序的液态。然后对系统进行冷却，

随着温度的缓慢降低，液体粒子热运动逐渐减弱，粒子运动渐趋有序，系统的能量也随之降低。只要在冷却时温度下降足够慢，当粒子变得非常有序，并形成固态结晶时，物体的能量也达到最小，这一过程称为退火过程。

用物理系统降温退火至最小能量状态的过程来模拟多元目标函数的优化过程称为模拟退火方法。在对模拟退火方法的优化过程中，将目标函数视为能量函数，将模型参数视为某一状态下的粒子，温度 T 称为控制参数。模拟退火方法的流程为：① 给定一初始参数 X_0 和初始温度 T，计算相应的目标函数值 $R(X_0)$；② 对 X_0 增加小的随机扰动，得到新的参数 $X_1 = X_0 + \Delta X$ 和目标函数值 $R(X_1)$；③ 计算目标函数之差 $\Delta R = R(X_1) - R(X_0)$，当 $\Delta R \leqslant 0$ 时，则接受新参数，降低控制参数 T，而当 $\Delta R > 0$ 时，应求相应的概率密度，即

$$P = \exp\left(-\frac{\Delta R}{T}\right) \tag{2.90}$$

并与从均匀分布[0,1]上产生的随机数 r 比较，若 $P > r$，则接受新参数。通过每一次控制参数 T 的取值，方法重复“产生新参数 — 判断 — 接受 / 舍弃”的迭代过程，直至 $T = 0$ 时，求得模型参数的最优解。

模拟退火方法除了接受局部最优解外，还有一定概率接受非最优解，这意味着该方法具有以一定概率从局部最优跳出的可能性，因而有可能找得全局最优解。由式(2.90)知，接受非最优点的概率由 ΔR 和控制参数 T 决定。当控制参数 T 一定时，ΔR 越小，接受非最优点的概率越大。当 ΔR 一定时，开始搜索时控制参数 T 较大，接受非最优点的概率也较大；随着最优解的不断逼近，T 逐渐变小，接受非最优点的概率也逐渐变小；当 T 趋于零时，只能接受最优点。

局部搜索方法得到的是当前解领域的局部最优解，因此该方法不但在搜索进程方面存在单向性的缺陷，而且最优解与初始值的选择有关。模拟退火方法由于引入新的随机因素，方法搜索进程呈跳跃性，因而避免了局部最优解的“陷阱”，可找到全局最优，且对初始值依赖性低。但是由于搜索是在整个定义域中反复随机搜索，故搜索时间较长。

2.7.3　遗传方法

遗传方法是模拟自然界生物进化过程与机制求解极值问题的一类自组织、自适应的概率性方法，它模仿的机制是一切生命与智能的产生和进化过程。它模拟达尔文“优胜劣汰、适者生存”的进化论原理的结构；通过模拟孟德尔遗传变异理论在迭代过程保持已有的结构，同时寻找更好的结构。作为一种随机优化与搜索方法，遗传方法的特点如下：

(1)遗传方法的操作对象是一组可行解，有多条搜索轨道，因此具有良好的并行性。

(2)遗传方法只需利用目标的取值信息，而不需要梯度等导数信息，因此适用

于任何大规模、高度非线性的不连续多峰函数的优化及无解析表达式目标函数的优化，且有很强的通用性。

(3)遗传方法择优机制是一种“软”选择，加上其良好的并行性，使它具有良好的全局优化性和稳健性。

遗传方法的思想由来已久。早在 20 世纪 50 年代，一些生物学家就开始用计算机模拟生物遗传系统。1967 年，美国芝加哥大学霍兰(Holland)教授在研究适应系统时，进一步涉及进化演算的思考，并于 1968 年提出模式理论。1975 年，霍兰教授的专著《自然界和人工系统的适应性》问世，全面地介绍了遗传方法，为遗传方法奠定了基础。此后，遗传方法无论是在理论研究方面，还是在实际应用方面都有了长足发展。

遗传方法从本质上说是一种随机方法，它利用某种编码技术将一组模型参数离散为二进制数串，称作种群，并通过种群的更新与迭代来搜索全局最优解。种群迭代通过编码、初始群体生成、适应度评价检测、选择、交换及变异等模拟进化过程来实现。

遗传方法的基本步骤如下：

(1)模型参数编码。遗传方法一个突出特点是要在搜索之前，模型参数进行编码，将其转换成二进制的编码。二进制码每一个比特对应一个“基因”，模型参数编码代表一个个体的基因码链。由随机产生的几个个体，形成种群，该种群代表优化问题的一些可能解的集合。

(2)模型选择。选择是遗传方法中最主要的机制，也是影响遗传性方法性能最主要的因素。所谓选择，就是根据每个个体模型的适配值选择成对的个体模型。在选择模型时，适配值较高的模型要比适配值较低的模型选择概率高。选择概率由适配值函数确定，有多种选择方法，如比例选择、秩选择和杰出者选择等。

(3)交叉与变异。对选择的模型参数配对后，可利用遗传方法的交叉算子进行配对模型参数的相互交换。交叉一般可通过单点模式和多点模式进行。单点模式是通过均匀分布随机地选择二进制数串的一个位(点)，再将在该位后面的所有位与其配对的参数进行交换，得到一组新的个体参数。多点模式则是对每个个体模型交换点，并将该点(位)后面的所有位与其配对的模型进行交换，交换点后面的位是否进行交换取决于交换概率。目前，关于单点模式与多点模式的优劣是遗传方法中最具争议的问题。变异是遗传方法中另一个重要的算子。如果没有变异，遗传过程会收敛到局部极值。变异是以一定的概率对种群中随机选取的若干个体位进行取反运算。变异概率大，则搜索空间大，获全局最优值的可能性大，但收敛速度慢，因此应根据具体问题选择最优的变异概率。

通过不断重复选择、交叉和变异的过程，遗传方法逐渐接近全局最优目标。遗传方法作为一种新型方法，在理论基础等方面仍需要进行研究。

第3章　非线性同伦方法

一般而言,针对迭代求解非线性方程几乎均为局部收敛,对初值有较严格的限制,即要求初值应较接近方程的解,否则将导致解的精度降低,甚至求解不收敛的问题。本章讨论了由 Chow 等人提出的连续同伦方法,该方法是具有大范围收敛的非线性数值方法。在本章的研究中,首先介绍了构造连续同伦函数的基本思想,基于微分拓扑概念研究了同伦函数解的唯一存在性,研究了同伦数值解算方法和收敛性。最后,通过算例验证了同伦方法具有大范围的收敛性,是一种有效的解非线性方程的数值方法。

§3.1　同伦方法思想

前两章讨论的解非线性方程组的迭代法,几乎都是局部收敛的方法,即要求初始近似值 $x^{(0)}$ 与解 x^* 充分靠近,才能使迭代序列 $\{x^{(k)}\}$ 收敛于 x^*,而在实际求解非线性问题时,常常会遇到 $x^{(0)}$ 与 x^* 存在较大偏差的情况,超出解的局部收敛区域,导致迭代发散,无法求出方程的解。本章要讨论的同伦方法(homotopy method)是从任一点出发求得非线性方程的解,即

$$f(x)=0 \tag{3.1}$$

同伦方法对 $x^{(0)}$ 没有严格限制,具有大范围收敛的特点,是一种较有效的方法。其应用不仅可求解非线性方程,还在计算映射的不动点和求解互补问题、优化问题、边值问题、矩阵特征值问题等方面具有广泛的应用。

连续同伦方法是 Chow 等提出的,其基本思想是:对所考虑的问题引入参数 t,构造一族映射 $\boldsymbol{H}$,使当 t 为某一特定值(如 $t=0$)时,$\boldsymbol{H}$ 就是原问题 $\boldsymbol{f}$ 的解,当 $t=1$ 时得出方程 $\boldsymbol{g}(\boldsymbol{x})$ 的解。连续同伦方法构造了一族映射 $\boldsymbol{H}:[0,1]\times X\subset\mathbb{R}^{n+1}\rightarrow\mathbb{R}^n$ 来代替原映射 $\boldsymbol{f}$,使 $\boldsymbol{H}$ 满足条件

$$\left.\begin{aligned}\boldsymbol{H}(0,\boldsymbol{x})=\boldsymbol{f}(\boldsymbol{x})\\ \boldsymbol{H}(1,\boldsymbol{x})=\boldsymbol{g}(\boldsymbol{x})\end{aligned}\right\} \tag{3.2}$$

式中,$\forall\boldsymbol{x}\in X$,$\boldsymbol{g}(\boldsymbol{x})=\boldsymbol{0}$ 的解 $\boldsymbol{x}^{(0)}$ 为已知,而方程 $\boldsymbol{H}(0,\boldsymbol{x})=\boldsymbol{0}$ 就是式(3.1)的解,即有所谓同伦方程为

$$\boldsymbol{H}(t,\boldsymbol{x})=\boldsymbol{0}\quad(t\in[0,1],\ \boldsymbol{x}\in X) \tag{3.3}$$

原问题变为求式(3.3)的解 $\boldsymbol{x}=\boldsymbol{x}(t)$,这里 $\boldsymbol{x}:[0,1]\rightarrow\mathbb{R}^n$ 连续依赖于 t。当 $t=1$ 时,式(3.3)的解 $\boldsymbol{x}^{(0)}$ 为已知;当 $t=0$ 时,式(3.3)的解 $\boldsymbol{x}=\boldsymbol{x}^{(0)}$ 就是式(3.1)的解。

线性同伦定义为：设 X 和 Y 是 $\mathbb{R}^n$ 的非空集，$\boldsymbol{f}$、$\boldsymbol{g}:X \to Y$ 是光滑映射。如果对任意 $(t,\boldsymbol{x}) \in [0,1]\times X$ 成立，$\boldsymbol{H}(t,\boldsymbol{x})=t\boldsymbol{g}(\boldsymbol{x})+(1-t)\boldsymbol{f}(\boldsymbol{x}) \in Y$，则称光滑映射 $\boldsymbol{H}:[0,1]\times X \to Y$ 是映射 $\boldsymbol{f}$ 和映射 $\boldsymbol{g}$ 之间的一个线性同伦。

$\boldsymbol{g}:\mathbb{R}^n \to \mathbb{R}^n$ 为光滑辅助映射，且其零点已知，可取 $\boldsymbol{g}(\boldsymbol{x})=\boldsymbol{x}-\boldsymbol{a}$，其中 $\boldsymbol{a}$ 是 $\mathbb{R}^n$ 中的常向量，则 $\boldsymbol{g}(\boldsymbol{x})$ 有唯一零点 $\boldsymbol{x}^{(0)}=\boldsymbol{a}$，通常称这样的 $\boldsymbol{g}$ 为平凡映射。同伦方法即从平凡问题 $\boldsymbol{g}(\boldsymbol{x})=\boldsymbol{0}$ 开始，逐渐过渡到目标问题 $\boldsymbol{f}(\boldsymbol{x})=\boldsymbol{0}$。也就是说，若有连续映象 $\boldsymbol{x}:[0,1]\to X \subset \mathbb{R}$ 使 $\boldsymbol{H}(t,\boldsymbol{x}(t))=\boldsymbol{0}$, $\forall t \in [0,1]$，则 $\boldsymbol{x}=\boldsymbol{x}(t)$ 表示为 $\mathbb{R}^n$ 内一条空间曲线，它的一端为某个定点 $\boldsymbol{x}^{(0)}$，另一端是 $\boldsymbol{f}(\boldsymbol{x})=\boldsymbol{0}$ 的解 $\boldsymbol{x}^*=\boldsymbol{x}(0)$。

同伦定义中给出的是一种最简单的线性同伦。可构造不同的同伦方程 $\boldsymbol{H}(t,\boldsymbol{x})$。通过解式(3.3)求解式(3.1)，必须首先解决以下三个问题：

(1)映象 $\boldsymbol{H}$ 在什么条件下，式(3.3)有光滑曲线 S(表示为 $\boldsymbol{x}=\boldsymbol{x}(t)$)存在？

(2)当 t 从 1 到 0 变化时，如何保证曲线 S 不停止在任何 $t>0$ 处？

(3)如何求 $\boldsymbol{H}(t,\boldsymbol{x})$ 的解曲线 S，并由此求得式(3.1)的解？

上述问题即为同伦方程 $\boldsymbol{H}(t,\boldsymbol{x})$ 的有解性、收敛性及方法问题，本章将在下面三节中讨论、证明这些问题，§3.2 将介绍微分拓扑学中的一些基本概念。

§3.2 微分拓扑学中的若干基本概念

3.2.1 正则值

$\boldsymbol{f}:D \subset \mathbb{R}^m \to \mathbb{R}^n$ 表示 m 维欧氏空间 $\mathbb{R}^m$ 的开集 D 到 n 维欧氏空间 $\mathbb{R}^n$ 的一个映射。如果映射 $\boldsymbol{f}:D \subset \mathbb{R}^m \to \mathbb{R}^n$ 在定义域 D 中每一点都具有 r 阶连续偏导数，则称 $\boldsymbol{f}$ 为 U^r 映射；如果对任意一个正整数 r，映射 $\boldsymbol{f}$ 是 U^r 映射，则称 $\boldsymbol{f}$ 是光滑映射。光滑映射在其定义域内每一点处可微。

设 $\boldsymbol{f}:D \subset \mathbb{R}^m \to \mathbb{R}^n$ 是光滑映射，对任意 $\boldsymbol{y} \in \mathbb{R}^n$，记 $\boldsymbol{f}^{-1}(\boldsymbol{y})$ 为 $\boldsymbol{y}$ 在映射下的逆象，即

$$\boldsymbol{f}^{-1}(\boldsymbol{y})=\{\boldsymbol{x} \in D \mid \boldsymbol{f}(\boldsymbol{x})=\boldsymbol{y}\} \tag{3.4}$$

对 D 中的某一点 $\boldsymbol{x}^{(0)}$，如果 $\boldsymbol{f}(\boldsymbol{x})$ 在 $\boldsymbol{x}^{(0)}$ 处的雅可比矩阵 $\left.\dfrac{\partial \boldsymbol{f}}{\partial \boldsymbol{x}}\right|_{\boldsymbol{x}=\boldsymbol{x}^{(0)}}$ 行满秩，则称 $\boldsymbol{x}^{(0)}$ 是映射 $\boldsymbol{f}$ 的正则点。若 $\boldsymbol{x}^{(0)}$ 不是映射 $\boldsymbol{f}$ 的正则点，即映射 $\boldsymbol{f}$ 在 $\boldsymbol{x}^{(0)}$ 点处的雅可比矩阵降秩，则称 $\boldsymbol{x}^{(0)}$ 是映射 $\boldsymbol{f}$ 的临界点。设 $\boldsymbol{y}^{(0)} \in \mathbb{R}^n$，如果所有 $\boldsymbol{x}^{(0)} \in \boldsymbol{f}^{-1}(\boldsymbol{y}^{(0)})$ 都是映射 $\boldsymbol{f}$ 的正则点，则称 $\boldsymbol{y}^{(0)}$ 为映射 $\boldsymbol{f}$ 的正则值；如果 $\boldsymbol{y}^{(0)}$ 不是映射 $\boldsymbol{f}$ 的正则值，即存在 $\boldsymbol{x}^{(0)} \in \boldsymbol{f}^{-1}(\boldsymbol{y}^{(0)})$ 使得 $\boldsymbol{x}^{(0)}$ 是映射 $\boldsymbol{f}$ 的临界点，则称 $\boldsymbol{y}^{(0)}$ 是映射 $\boldsymbol{f}$ 的临界值。

设 X 和 Y 分别是两个欧氏空间中的子集，如果映射 $\boldsymbol{f}:X\rightarrow Y$ 是双射(即一一对应)，且与逆映射 $\boldsymbol{f}^{-1}$ 都是光滑映射，则称映射 $\boldsymbol{f}$ 是 X 到 Y 的一个微分同胚。如果存在这样的同胚，则称 X 与 Y 是微分同胚。

3.2.2　Sard 定理

设 X 是 $\mathbb{R}^n$ 的一个子集，如果对任意 $\boldsymbol{x}\in X$，存在 $\boldsymbol{x}$ 在 X 的一个邻域 $V\subset X$，使得 V 与 $\mathbb{R}^k$ 的一个开集微分同胚，而 V 在 $\mathbb{R}^k$ 域一一对应，且其映射与逆映射都是光滑映射，则称 X 是 k 维光滑流形。若光滑流形 X 的子集 Y 也是光滑流形，就称 Y 是 X 的子流形。逆象定理说明流形之间光滑映射的任一正则值的逆象是一个光滑流形。该定理对解决映射问题、求方程的解是非常有用的，具体如下。

定理 3.1　设 X 和 Y 分别是 m 维和 n 维的光滑流形，且 $m>n$，如果 $\boldsymbol{f}:X\rightarrow Y$ 是光滑映射，且 $\boldsymbol{y}\in Y$ 是映射 $\boldsymbol{f}$ 的正则值，则 $\boldsymbol{f}^{-1}(\boldsymbol{y})$ 或是空集，或是 X 中的 $m-n$ 维子流形。当 $m-n=1$ 时，则 $\boldsymbol{f}^{-1}(\boldsymbol{y})$ 是一维光滑流形，即 $\boldsymbol{f}^{-1}(\boldsymbol{y})$ 为简单光滑曲线。

例 3.1　$f(t,x)=t(x^2-1)+(1-t)(x-1)$ 为 $f:(0,1)\times\mathbb{R}\rightarrow\mathbb{R}$ 映象，可验证 0 是 f 的正则值，而 $f(t,x)=0$，即

$$t(x^2-1)+(1-t)(x-1)=0$$

设 t 为自变量参数，则有 $x_1=1$、$x_2=-\dfrac{1}{t}$。因此，f 的正则值对应的正则点集为

$$f^{-1}(0)=\left\{(t,1),\left(t,-\frac{1}{t}\right)\middle|\, t\in(0,1)\right\}$$

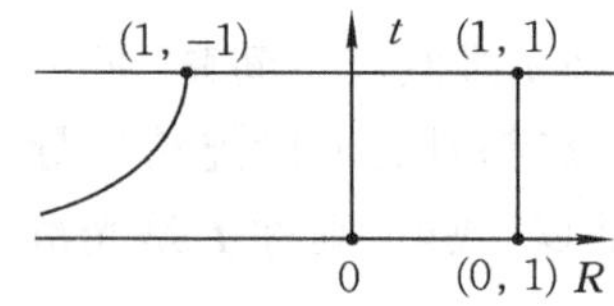

图 3.1　光滑曲线示例

有如图 3.1 所示的两条简单光滑曲线。

正则值的逆象有很好的几何结构，因此需要了解 Y 中究竟有多少个光滑映射 $f:x\rightarrow y$ 的正则值，Sard 定理解决了该问题，具体如下。

定理 3.2　设 X 和 Y 是光滑流形，$\boldsymbol{f}:X\rightarrow Y$ 是光滑映射。记 D 是 $\boldsymbol{f}$ 的临界点集，则 $\boldsymbol{f}$ 的临界值集 $\boldsymbol{f}(D)\subset Y$ 在 Y 中的测度为零。

Sard 定理中所说的测度是勒贝格(Lebesgue)测度，是实数 $V\subset X$ 的“长度”$m(V)$，满足对任何实数子集 Y 有 $m(Y)=m(Y\cap V)+m(Y\cap V^c)$($V^c$ 为 V 的补集)。当 $m(V)=0$ 时，即称为测度为零。Sard 定理回答了光滑映射是否有足够多的正则值的问题，定理指出光滑映射中除了一个测度为零的集以外都是正则值。换言之，几乎所有的 $\boldsymbol{y}=\mathbb{R}^n$ 都是映射 $\boldsymbol{f}$ 的正则值。

3.2.3　带边流形

由于光滑流形不包括边界区域，因此不能将一些重要的几何对象包括在内，

如$[0,1]$的闭区域、$\mathbb{R}^n$中的单位闭球和$[0,1]\times\mathbb{R}^n$。下面将引入带边光滑流形的概念，以解决该问题。

点$x\in V\subset H^k$，H^k为$\mathbb{R}^n$的子集，如果V包含所有内部点和它的边界点，则称V为H^k的相对开集。V边界记作∂V，当$\partial V=\varnothing$时，X即为通常的开集。设X是$\mathbb{R}^n$的子集，如果X的每一点在X中都有一邻域与H^k的一个相对开集微分同胚，则称X为R维带边光滑流形。当$Y\subset X$时，Y作为带边光滑流形的子集，本身也是一个带边光滑流形，则称Y是X的带边光滑子流形，简称为X的子流形。

对于带边光滑流形，相应的关于光滑映射的正则值逆象定理和 Sard 定理分别为：

定理 3.3(逆象定理)　设X是k维带边光滑流形，Y是l维光滑流形，且$k>l$，$\boldsymbol{f}:X\to Y$是光滑映射。如果$\boldsymbol{y}\in Y$同时是映射$\boldsymbol{f}:X\to Y$和$\partial\boldsymbol{f}:\partial X\to Y$的正则值，则$\boldsymbol{f}^{-1}(\boldsymbol{y})$或为空集，或为$k-l$维带边流形，且它的边界满足

$$\partial(\boldsymbol{f}^{-1}(\boldsymbol{y}))=\boldsymbol{f}^{-1}(\boldsymbol{y})\cap\partial X \tag{3.5}$$

定理 3.4(Sard 定理)　设X是带边光滑流形，Y是光滑流形，$\boldsymbol{f}:X\to Y$是光滑映射，则$\boldsymbol{f}$的临界值集和$\partial\boldsymbol{f}$的临界值集在Y中的测度均为零。

由定理 3.4 可知，无论是映射$\boldsymbol{f}$，还是映射$\partial\boldsymbol{f}$，$y\in\mathbb{R}^n$都是其正则值。

§3.3　同伦性质及解的存在性

3.3.1　同伦概念及有关性质

同伦的概念：设$\boldsymbol{x}\in D\subset\mathbb{R}^n$、$\boldsymbol{f}:\overline{D}\to\mathbb{R}^n$和$\boldsymbol{g}:\overline{D}\to\mathbb{R}^n$是光滑映射，如果$\boldsymbol{H}(1,\boldsymbol{x})=\boldsymbol{g}(\boldsymbol{x})$、$\boldsymbol{H}(0,\boldsymbol{x})=\boldsymbol{f}(\boldsymbol{x})$成立，则称光滑映射$\boldsymbol{H}:[0,1]\times\overline{D}\to\mathbb{R}^n$是将$\boldsymbol{g}$光滑变形到$\boldsymbol{f}$光滑的一个同伦。

同伦方程$\boldsymbol{H}(t,\boldsymbol{x})=\boldsymbol{0}$中，$t(t\in[0,1])$称为同伦参数。定义：$\dfrac{\partial\boldsymbol{H}}{\partial(t,\boldsymbol{x})}$表示映射$\boldsymbol{H}$关于变量$t$、$\boldsymbol{x}$的雅可比矩阵即式(3.6)，$\dfrac{\partial\boldsymbol{H}}{\partial\boldsymbol{x}}$表示映射$\boldsymbol{H}$关于变量$\boldsymbol{x}$的雅可比矩阵即式(3.7)，公式为

$$H^{-1}(0)=\{(t,\boldsymbol{x})\in[0,1]\times D\mid H(t,\boldsymbol{x})=0\} \tag{3.6}$$

$$H_t^{-1}(0)=\{\boldsymbol{x}\in\overline{D}\mid H(t,\boldsymbol{x})=0\} \tag{3.7}$$

光滑映射$\boldsymbol{H}:[0,1]\times\overline{D}\to\mathbb{R}^n$，如果满足：① 在所有$(t^{(0)},\boldsymbol{x}^{(0)})\in\boldsymbol{H}^{-1}(0)$处，雅可比矩阵$\left.\dfrac{\partial\boldsymbol{H}}{\partial(t,\boldsymbol{x})}\right|_{(t^{(0)},\boldsymbol{x}^{(0)})}$的秩为$n$；② 在所有$\boldsymbol{x}^{(0)}\in\boldsymbol{H}_0^{-1}(0)$和$\boldsymbol{x}'\in\boldsymbol{H}_1^{-1}(0)$处，$\left.\dfrac{\partial\boldsymbol{H}}{\partial\boldsymbol{x}}\right|_{(0,\boldsymbol{x}^{(0)})}$和$\left.\dfrac{\partial\boldsymbol{H}}{\partial\boldsymbol{x}}\right|_{(1,\boldsymbol{x}')}$满秩。则称光滑映射$\boldsymbol{H}$为正则。

$\boldsymbol{H}$ 为正则是十分重要的，因为式(3.3)主要考虑其零点集。一般说来，$\boldsymbol{H}$ 的零点集可以非常复杂，难以确定它的拓扑结构。但是由定理3.3可知，如果0同时是映射 $\boldsymbol{H}$ 和 $\partial\boldsymbol{H}$ 的正则值，则 $\boldsymbol{H}^{-1}(0)$ 是一维光滑流形，其边界（端点）都是在 $\{0,1\}\times\mathbb{R}^n$ 上。下面给出广义Sard定理（参数化的Sard定理），以保证0同时是映射 $\boldsymbol{H}$ 和 $\partial\boldsymbol{H}$ 的正则值。

定理3.5 设 $\boldsymbol{x}\in U\subset\mathbb{R}^m$，$\boldsymbol{a}\in V\subset\mathbb{R}^q$ 是开集，$\boldsymbol{F}:U\times V\to\mathbb{R}^p$ 是 C^T 映射，$r>\max(0,m-p)$。若 $0\in\mathbb{R}^p$ 是 $\boldsymbol{F}$ 的正则值，则对几乎所有 $\boldsymbol{a}\in V$，0是映射 $\boldsymbol{F}(\boldsymbol{x},\boldsymbol{a}):U\to\mathbb{R}^p$ 的正则值。

根据定理3.5，可得如下定理：

定理3.6 设 $\boldsymbol{f}:\mathbb{R}^n\to\mathbb{R}^n$ 是光滑映射，0是 $\boldsymbol{f}$ 的正则值。做同伦 $\boldsymbol{H}:[0,1]\times\mathbb{R}^n\times\mathbb{R}^n\to\mathbb{R}^n$，则对几乎所有 $\boldsymbol{a}\in\mathrm{R}^n$，0同时是映射 $\boldsymbol{H}:[0,1]\times\mathbb{R}^n\to\mathbb{R}^n$ 和 $\partial\boldsymbol{H}_a:\{0,1\}\times\mathbb{R}^n\to\mathbb{R}^n$ 的正则值。

证明：设映射 $\boldsymbol{H}_a=(t,\boldsymbol{x})=(1-t)\boldsymbol{f}(\boldsymbol{x})+t(\boldsymbol{x}-\boldsymbol{a})$

对变量 t、$\boldsymbol{x}$、$\boldsymbol{a}$ 求雅可比矩阵

$$\frac{\partial\boldsymbol{H}}{\partial(t,\boldsymbol{x},\boldsymbol{a})}=\begin{bmatrix}-\boldsymbol{f}(\boldsymbol{x})+(\boldsymbol{x}-\boldsymbol{a}) & (1-t)\dfrac{\partial\boldsymbol{f}}{\partial\boldsymbol{x}}+t\boldsymbol{I} & -t\boldsymbol{I}\end{bmatrix}$$

当 $t\neq0$ 时，矩阵 $t\boldsymbol{I}$ 的秩为 n；当 $t=0$ 时，由于0是 $\boldsymbol{f}$ 的正则值，故矩阵 $(1-t)\dfrac{\partial\boldsymbol{f}}{\partial\boldsymbol{x}}+t\boldsymbol{I}$ 在 $\boldsymbol{f}$ 的零点处的秩为 n。所以矩阵 $\dfrac{\partial\boldsymbol{H}}{\partial(t,\boldsymbol{x},\boldsymbol{a})}$ 的零点集 $\boldsymbol{H}^{-1}(0)=\{(t,\boldsymbol{x},\boldsymbol{a})\in[0,1]\times\mathbb{R}^n\times\mathbb{R}^n\mid\boldsymbol{H}(t,\boldsymbol{x},\boldsymbol{a})=\boldsymbol{0}\}$ 是满秩的，因此，0是映射 $\boldsymbol{H}$ 的正则值。那么由定理3.5知，对几乎所有 $\boldsymbol{a}\in\mathbb{R}^n$，0是映射 $\boldsymbol{H}_a:[0,1]\times\mathbb{R}^n\to\mathbb{R}^n$ 的正则值。

另外，由映射的定义知，$\partial\boldsymbol{H}_a$ 的正则值等价于同时是映射 $\boldsymbol{g}$ 和 $\boldsymbol{f}$ 的正则值，而由于0是 $\boldsymbol{g}$、$\boldsymbol{f}$ 的正则值，所以0是边界映射 $\partial\boldsymbol{H}:\{0,1\}\times\mathbb{R}^n\to\mathbb{R}^n$ 的正则值。

由定理3.6知，0是同伦映射 $\boldsymbol{H}$ 和边界 $\partial\boldsymbol{H}_a$ 的正则值，因此 $\boldsymbol{H}_a^{-1}(0)$ 是一维光滑流形曲线，该曲线被称为同伦曲线。下面的定理说明同伦曲线的数量和类型。

定理3.7 设 $D\subset\mathbb{R}^n$ 是有界开集，$\boldsymbol{H}:[0,1]\times\overline{D}\to\mathbb{R}^n$ 是光滑且正则的映射，则 $\boldsymbol{H}^{-1}(0)$ 由有限条光滑的曲线组成。每一条曲线或微分同胚于单位圆周，或微分同胚于单位区间。若曲线微分同胚于单位区间，它的端点必位于 $[0,1]\times\overline{D}$ 的边界 $(\{0,1\}\times\overline{D})\cup([0,1]\times\partial D)$ 上。$\boldsymbol{H}^{-1}(0)$ 可能的同伦曲线类型如图3.2所示。

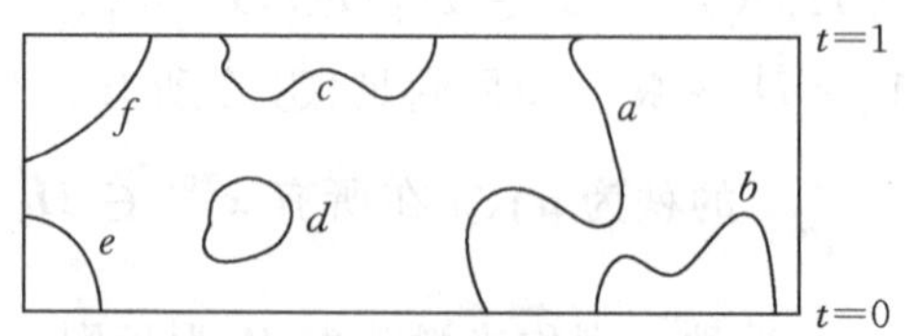

图3.2 $H^{-1}(0)$ 可能的同伦曲线类型

图 3.2 中的同伦曲线参数 t、$\boldsymbol{x}$ 可表示为弧长 s 的函数

$$\lambda(s)=(t(s),\boldsymbol{x}(s))=(x_0(s),\boldsymbol{x}(s)) \tag{3.8}$$

且由图 3.2 中的曲线 a、b、c、d 可以看到，同伦曲线 $\lambda(s)$ 在 t 方向可能出现转变，即 $t(s)$ 不一定是弧长的单调函数。

在所有的同伦曲线中，我们感兴趣的是 $\boldsymbol{H}_a^{-1}(0)$ 中从点 $(1,\boldsymbol{a})$ 出发的曲线，对式(3.8) 的曲线，弧长 s 取值为 $0 \leqslant s \leqslant s_0$。当 $s=0$ 时，有 $\lambda(0)=(t(0),\boldsymbol{x}(0))=(1,\boldsymbol{a})$，即由 $(1,\boldsymbol{a})$ 为端点发出的曲线有两种情况：以点 $(1,\boldsymbol{a})$ 和 $v_5=\sqrt{(X_C-X_D)^2+(Y_C-Y_D)^2}-s_5$ 作为它在 C、D 两个端点间的有限弧长，其中 $\boldsymbol{f}(\boldsymbol{x}^*)=\boldsymbol{0}$(图 3.3(a))；以点 $(1,a)$ 作为它的一个端点的无界曲线(图 3.3(b))。因此，只要曲线 $\lambda(s)$ 有界，由同伦曲线 $\boldsymbol{H}^{-1}(0)$ 中从 $(1,\boldsymbol{a})$ 出发的曲线 $\lambda(s)$ 的另一个端点 $(0,\boldsymbol{x}^*)$ 必是映射 $\boldsymbol{f}$ 的零点。

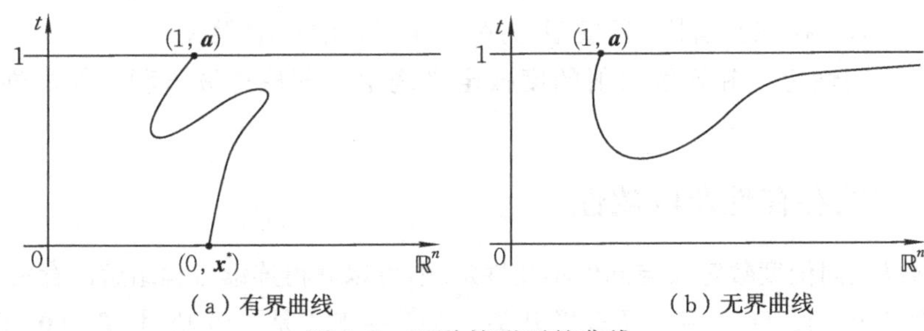

(a) 有界曲线　　(b) 无界曲线

图 3.3　两种情形下的曲线

曲线 $\lambda(s)$ 的存在性与有界性问题也就是同伦方法的有解性和收敛性问题。下面将给出有关定理及相关讨论。

3.3.2　同伦度数和同伦不变性

度数(拓扑度)是讨论解的存在性的有用工具。讨论方程 $f(x)=0$ 的解时，解的个数是一个重要问题，但这个数是不稳定的，会随 f 的小扰动而改变，因此采用“代数个数”来统计解的个数以避免小扰动对解的个数的影响。所谓“代数个数”就是依据符号函数 $\mathrm{sgn}(\boldsymbol{f}'(\boldsymbol{x}^*))$ 来统计解的个数，它具有稳定性。拓扑理论据此给每个解赋予一个度，取值有 $+1$、-1 和 0，整个度就是每个解度的代数和。

度数定义为：设 $D\subset\mathbb{R}^n$ 是有界开集，$\boldsymbol{f}:\overline{D}\to\mathbb{R}^n$ 是光滑映射，如果 $\boldsymbol{c}\in\mathbb{R}^n$ 为 $\boldsymbol{f}$ 的正则值，则称整数 $\deg(\boldsymbol{f},\overline{D},\boldsymbol{c})$ 为 $\boldsymbol{f}$ 关于 $\overline{D}$ 和 $\boldsymbol{c}$ 的度数，即

$$\deg(\boldsymbol{f},\overline{D},\boldsymbol{c})=\sum_{\boldsymbol{x}\in\boldsymbol{f}^{-1}(\boldsymbol{c})}\mathrm{sgn}\left(\det\frac{\partial\boldsymbol{f}}{\partial\boldsymbol{x}}\right) \tag{3.9}$$

式中，$\mathrm{sgn}(\cdot)$ 为符号函数，$\det(\cdot)$ 为方矩阵的行列式。

定理 3.8(同伦不变性)　设 $D\subset\mathbb{R}^n$ 是有界开集，$\boldsymbol{H}:[0,1]\times\overline{D}\to\mathbb{R}^n$ 是光滑映射，假定 $\boldsymbol{H}^{-1}(\boldsymbol{c})\cap([0,1]\times\partial D)=\varnothing$，并且 $\boldsymbol{c}$ 是 $\boldsymbol{f}$、$\boldsymbol{g}$ 的正则值，则有

$$\deg(\boldsymbol{f},\overline{D},\boldsymbol{c})=\deg(\boldsymbol{g},\overline{D},\boldsymbol{c})$$

对于连续映射，其度数定义为：设 $D\subset\mathbb{R}^n$ 是有界开集，$\boldsymbol{f}:\overline{D}\to\mathbb{R}^n$ 是连续映射，$\boldsymbol{c}\in\mathbb{R}^n$，$\boldsymbol{f}^{-1}(\boldsymbol{c})\cap\partial D=\varnothing$。设 $\boldsymbol{f}^{(k)}:\overline{D}\to\mathbb{R}^n$ 是以 $\boldsymbol{c}$ 为正则值的光滑映射，且一致收敛到映射 $\boldsymbol{f}$，即

$$\sup_{x\in\overline{D}}\|\boldsymbol{f}(\boldsymbol{x})-\boldsymbol{f}^{(k)}(\boldsymbol{x})\|<\varepsilon \tag{3.10}$$

定义连续映射 $\boldsymbol{f}$ 关于 $\overline{D}$ 和 $\boldsymbol{c}$ 的度数为

$$\deg(\boldsymbol{f},\overline{D},\boldsymbol{c})=\lim_{k\to\infty}\deg(\boldsymbol{f}^{(k)},\overline{D},\boldsymbol{c}) \tag{3.11}$$

由定义中的 $\boldsymbol{f}^{-1}(\boldsymbol{c})\cap\partial D=\varnothing$，及 ∂D 是紧集的条件，根据同伦不变性定理可证明

$$\deg(\boldsymbol{f}^{(k)},\overline{D},\boldsymbol{c})=\deg(\boldsymbol{f}^{(k+l)},\overline{D},\boldsymbol{c})$$

存在正整数 K（有界），即当 $k>K$ 时，$\deg(\boldsymbol{f}^{(k)},\overline{D},\boldsymbol{c})$ 为一个常数，从而证明极限 $\deg(\boldsymbol{f}^{(k)},\overline{D},\boldsymbol{c})$ 存在且有限，且极限与序列 $\{\boldsymbol{f}^{(k)}\}$ 的选取无关。

同伦不变性定理和连续映射的度数定义确定了同伦连续方程组解的性质和不变性。

3.3.3 解的存在性及收敛性

根据以上同伦度数定义与同伦不变性定理，可以获得连续方程组解的存在性定理。

定理 3.9　设 $D\subset\mathbb{R}^n$ 是有界开集，$\boldsymbol{f}:\overline{D}\to\mathbb{R}^n$ 是连续映射，$\boldsymbol{f}^{-1}(\boldsymbol{0})\cap\partial D=\varnothing$。如果 $\deg(\boldsymbol{f},\overline{D},\boldsymbol{0})\neq 0$，则 $\boldsymbol{f}(\boldsymbol{x})=\boldsymbol{0}$ 在 D 内必有解。

证明：取一致收敛于 $\boldsymbol{f}$ 的光滑映射序列 $\{\boldsymbol{f}^{(k)}\}$，使得 $\boldsymbol{0}$ 是所有 $\boldsymbol{f}^{(k)}(k=1,2,\cdots)$ 的正则值。由连续映射度数定义知 $\deg(\boldsymbol{f}^{(k)},\overline{D},\boldsymbol{0})=\deg(\boldsymbol{f},\overline{D},\boldsymbol{0})\neq 0$，且必有 $\boldsymbol{x}^{(k)}\in D$，使得 $\boldsymbol{f}^{(k)}(\boldsymbol{x}^{(k)})=0$。若集 $\{\boldsymbol{x}^{(k)}\}$ 为有限集，结论成立；若 $\{\boldsymbol{x}^{(k)}\}$ 为无穷集，因 $\overline{D}$ 是紧致集，$\{\boldsymbol{x}^{(k)}\}$ 必在 $\overline{D}$ 上有聚点，记其中之一为 $\boldsymbol{x}^{(\infty)}(\boldsymbol{x}^{(k)}\to\boldsymbol{x}^{(\infty)})$，则

$$\|\boldsymbol{f}(\boldsymbol{x}^{(\infty)})\|=\|\boldsymbol{f}^{(k)}(\boldsymbol{x}^{(k)})-\boldsymbol{f}(\boldsymbol{x}^{(\infty)})\|\leqslant\|\boldsymbol{f}^{(k)}(\boldsymbol{x}^{(k)})-\boldsymbol{f}(\boldsymbol{x}^{(k)})\|+\|\boldsymbol{f}(\boldsymbol{x}^{(k)})-\boldsymbol{f}(\boldsymbol{x}^{(\infty)})\|\to 0$$

即知 $\boldsymbol{f}(\boldsymbol{x}^{(\infty)})=0$。再由 $\boldsymbol{f}^{-1}(\boldsymbol{0})\cap\partial D=\varnothing$，知 $\boldsymbol{x}^{(\infty)}\in D$，可证明 $\boldsymbol{f}(\boldsymbol{x})=\boldsymbol{0}$ 在 D 内必有解。

定理 3.9 给出了判定非线性方程 $\boldsymbol{f}(\boldsymbol{x})=\boldsymbol{0}$ 是否有解的条件，那么能否由同伦方法求得 $\boldsymbol{f}$ 的解？连续同伦方法的基本思想是，跟踪 $\boldsymbol{H}_a^{-1}(\boldsymbol{0})$ 中从 $(1,\boldsymbol{a})$ 出发的曲线 $\lambda(s)=(t(s),\boldsymbol{x}(s))$，其中 s 是弧长，直至 $t=0$，此时 $\lambda(s)$ 上与 $t=0$ 对应的 $\boldsymbol{x}$ 即是映射 $\boldsymbol{f}$ 的零点。但是能由同伦曲线求得 $\boldsymbol{f}$ 的零点的关键是该曲线必须是有界曲线，否则将不能沿此曲线求得 $\boldsymbol{f}$ 的零点，即同伦方法不收敛。定理 3.10 给出了同伦方程有解和收敛的条件。

定理 3.10　设 $\boldsymbol{f}:\mathbb{R}^n\to\mathbb{R}^n$ 是光滑映射，做同伦 $\boldsymbol{H}:[0,1]\times\mathbb{R}^n\times\mathbb{R}^n\to\mathbb{R}^n$，

取 $\boldsymbol{a} \in \mathbb{R}^n$，使得 0 是映射 $\boldsymbol{H}_a$ 在区域 $(0,1] \times \mathbb{R}^n$ 上的正则值。若 $\boldsymbol{H}_a^{-1}(\boldsymbol{0})$ 中从 $(1,\boldsymbol{a})$ 发出的曲线 $\lambda(s)=(t(s),\boldsymbol{x}(s))$ 有界，则对任意 $\boldsymbol{x}^{(0)} \in \mathbb{R}^n$，同伦方程存在映射 $\boldsymbol{x}:[0,1] \times \mathbb{R}^n \to \mathbb{R}^n$，且 $t \to 0^+$ 时，相应的 $\boldsymbol{x}$ 趋向于映射 $\boldsymbol{f}$ 的一个零点。

虽然定理 3.10 给出了一种判别映射是否有零点的方法，但是由于零点集往往非常复杂，难以判断是否有界，因此还需要一些实用的零点判别法则。

定理 3.11　设 $\boldsymbol{f}:\overline{D} \to \mathbb{R}^n$ 是光滑映射，如果存在 $\boldsymbol{a} \in D$，使得对任意 $\boldsymbol{x} \in \partial D$，有 $|\boldsymbol{f}(\boldsymbol{x}) \mp \boldsymbol{x} \pm \boldsymbol{a}| < |\boldsymbol{f}(\boldsymbol{x})| + |\boldsymbol{x}-\boldsymbol{a}|$，则 $\boldsymbol{f}$ 在 D 内至少有一个零点。

证明：取映射 $\boldsymbol{g}:\overline{D} \to \mathbb{R}^n$ 为

$$\boldsymbol{g}(\boldsymbol{x}) = \boldsymbol{x} - \boldsymbol{a}$$

由同伦不变知

$$\deg(\boldsymbol{f},\overline{D},0) = \deg(\boldsymbol{g},\overline{D},0) = \deg(\boldsymbol{x}-\boldsymbol{a},\overline{D},0) = 1$$

根据定理 3.9 知，$\boldsymbol{f}$ 在区域 $\overline{D}$ 中至少存在一个零点，且由定理 3.11 的条件可知，$\boldsymbol{f}$ 在 ∂D 上的取值不为 0，因此 $\boldsymbol{f}$ 的这个零点必在 D 内。

推论　设 $\boldsymbol{f}$ 是 $\overline{D}$ 到 $\mathbb{R}^n$ 的光滑映射，若存在 $\boldsymbol{a} \in D$，使得对任意 $\boldsymbol{x} \in \partial D$，成立 $\boldsymbol{f}^{\mathrm{T}}(\boldsymbol{x})(\boldsymbol{x}-\boldsymbol{a}) > 0$，则映射 $\boldsymbol{f}$ 在 D 内至少有一个零点。

下面定理 3.12 将给出在不需已知求解范围的某个开区域，映射零点存在的充分条件。

定理 3.12　设 $\boldsymbol{f}:\mathbb{R}^n \to \mathbb{R}^n$ 是光滑映射，若 $\boldsymbol{f}$ 可表示 $\boldsymbol{f}(\boldsymbol{x})=\boldsymbol{g}(\boldsymbol{x})+\boldsymbol{x}$，且对任意 $1 \leqslant k \leqslant n$，有 $\lim\limits_{x_k \to \infty} \dfrac{g_k}{x_k} > -1$ 成立，则 $\boldsymbol{f}$ 在 $\mathbb{R}^n$ 中至少有一个零点。

证明：做同伦 $\boldsymbol{H}:[0,1] \times \mathbb{R}^n \to \mathbb{R}^n$，即

$$\boldsymbol{H}(t,\boldsymbol{x}) = t(\boldsymbol{x}-\boldsymbol{a}) + (1-t)\boldsymbol{f}(\boldsymbol{x})$$

当 $t \neq 0$ 时，矩阵 $\dfrac{\partial \boldsymbol{H}}{\partial \boldsymbol{a}} = -t\boldsymbol{I}$ 满秩，则对几乎所有 $\boldsymbol{a} \in \mathbb{R}^n$，$\boldsymbol{0}$ 是 $\boldsymbol{H}$ 在 $(0,1] \times \mathbb{R}^n$ 上的正则值。

再证明 $\boldsymbol{H}^{-1}(\boldsymbol{0})$ 有界，用反证法。如果 $\boldsymbol{H}^{-1}(\boldsymbol{0})$ 无界，可取一列 $\{t^{(i)},x^{(i)}\}(i=1,2,\cdots)$，使得当 $i \to \infty$ 时，$x^{(i)} \to \infty$，$t^{(i)} \in [0,1]$，且 $t^{(i)} \to t^{(0)}$，那么存在 $k(1 \leqslant k \leqslant n)$，使得当 $i \to \infty$ 时，$x_k^{(i)} \to \infty$，有

$$\begin{aligned}
&\lim_{x_k^{(i)} \to \infty} [t^{(i)}(x_k^{(i)} - x) + (1-t^{(i)}) f_k(x^{(i)})]/x_k^{(i)} \\
&= \lim_{x_k^{(i)} \to \infty} [x_k^{(i)} + (1-t^{(i)}) g_k(x^{(i)})]/x_k^{(i)} \\
&= 1 + (1-t^{(0)}) \lim_{x_k^{(i)} \to \infty} g_k(x^{(i)})/x_k^{(i)} \neq 0
\end{aligned}$$

引出与 $\boldsymbol{H}(t,\boldsymbol{x}) = \boldsymbol{0}$ 矛盾。因此，$\boldsymbol{H}^{-1}(\boldsymbol{0})$ 是有界集，则同伦方法收敛到 $\boldsymbol{f}$ 的零点。

§3.4 同伦方法

§3.1和§3.3从数学上提出了求解映射零点的同伦方法的基本思想,即构造线性同构函数

$$\boldsymbol{H}(t,\boldsymbol{x})=t(\boldsymbol{x}-\boldsymbol{a})+(1-t)\boldsymbol{f}(\boldsymbol{x}) \tag{3.12}$$

跟踪$\boldsymbol{H}_a^{-1}(0)$中$(1,\boldsymbol{a})$出发的曲线$\lambda(s)=(t(s),\boldsymbol{x}(s))(0\leqslant s\leqslant s_0)$,直至有界曲线的另一端点$t=0$,从而获得原方程的解$\boldsymbol{x}^*$,有$\boldsymbol{H}(0,\boldsymbol{x}^*)=\boldsymbol{f}(\boldsymbol{x}^*)=\boldsymbol{0}$。同时,还证明了映射零点存在的若干充分条件,本节将重点讨论同伦方法,即数值求解方法。设$\boldsymbol{f}:\mathbb{R}^n\to\mathbb{R}^n$是光滑映射,做同伦$\boldsymbol{H}:[0,1]\times\mathbb{R}^n\times\mathbb{R}^n\to\mathbb{R}^n$。若0是映射$\boldsymbol{f}$的正则值,则对几乎所有$\boldsymbol{a}\in\mathbb{R}^n$,0同时是映射$\boldsymbol{H}_a(0,\boldsymbol{0})$和$\partial\boldsymbol{H}_a(0,\boldsymbol{0})$在$[0,1]\times\mathbb{R}^n$和$\{0,1\}\times\mathbb{R}^n$上的正则值。对于弧长$s$、曲线$\lambda(s)$满足同伦方程

$$\boldsymbol{H}_a(\lambda(s))=\boldsymbol{H}_a(t(s),\boldsymbol{x}(s))=\boldsymbol{0}$$

为推导问题方便,令

$$\boldsymbol{H}_a=[H_1\quad H_2\quad\cdots\quad H_n]$$
$$\boldsymbol{x}=[x_1\quad x_2\quad\cdots\quad x_n]^{\mathrm{T}}$$
$$\boldsymbol{y}(s)=[t(s)\quad\boldsymbol{x}(s)]$$

方程两边同时对s求导,得

$$\begin{aligned}\frac{\partial\boldsymbol{H}_a}{\partial s}&=\frac{\partial\boldsymbol{H}_a}{\partial(t(s),\boldsymbol{x}(s))}\\&=\frac{\partial\boldsymbol{H}_a}{\partial t}\dot{t}(s)+\frac{\partial\boldsymbol{H}_a}{\partial\boldsymbol{x}}\dot{\boldsymbol{x}}(s)=\boldsymbol{0}\end{aligned} \tag{3.13}$$

式中,$\dot{\boldsymbol{x}}(s)$、$\dot{t}(s)$分别表示$\boldsymbol{x}(s)$、$t(s)$对s的导数,具体对式(3.12)求导后,可得

$$(-\boldsymbol{f}(\boldsymbol{x}(s))+\boldsymbol{x}(s)-\boldsymbol{a})\dot{t}(s)+\left[t(s)\boldsymbol{I}+(1-t(s))\frac{\partial\boldsymbol{f}}{\partial\boldsymbol{x}}\right]\dot{\boldsymbol{x}}(s)=\boldsymbol{0}$$

从而曲线$\lambda(s)$满足初值问题

$$\left.\begin{aligned}&(-\boldsymbol{f}(\boldsymbol{x}(s))+\boldsymbol{x}(s)-\boldsymbol{a})\dot{t}(s)+\left[t(s)\boldsymbol{I}+(1-t(s))\frac{\partial\boldsymbol{f}}{\partial\boldsymbol{x}}\right]\dot{\boldsymbol{x}}(s)=\boldsymbol{0}\\&(t(0),\boldsymbol{x}(0))=(1,\boldsymbol{a})\end{aligned}\right\} \tag{3.14}$$

因为0是映射$\boldsymbol{H}_a$在$[0,1]\times\mathbb{R}^n$上的正则值,故矩阵

$$\left[-\boldsymbol{f}(\boldsymbol{x}(s))+\boldsymbol{x}(s)-\boldsymbol{a}\quad t(s)\boldsymbol{I}+(1-t(s))\frac{\partial\boldsymbol{f}}{\partial\boldsymbol{x}}\right]$$

满秩。因此,式(3.14)在区域$[0,1]\times\mathbb{R}^n$内具有唯一的解。对式(3.3)的求解可通过求式(3.14)初值问题的数值解来实现,其解记为$\tilde{\lambda}(s)=(\tilde{t}(s),\tilde{\boldsymbol{x}}(s))$,当$\tilde{t}(s)=0$时,对应的$\tilde{\boldsymbol{x}}(s)$就是映射$f$的近似零点。

对式(3.14)的求解实际上就是求解微分方程的初值问题，具体为

$$\left.\begin{aligned}&\frac{\partial \boldsymbol{H}}{\partial(t,\boldsymbol{x})}=\boldsymbol{0}\\&(t(0),\boldsymbol{x}(0))=(1,\boldsymbol{a})\end{aligned}\right\}\tag{3.15}$$

令

$$\boldsymbol{a}_i^{\mathrm{T}}=\begin{bmatrix}\dfrac{\partial H_i}{\partial t} & \dfrac{\partial H_i}{\partial x_1} & \dfrac{\partial H_i}{\partial x_2} & \cdots & \dfrac{\partial H_i}{\partial x_n}\end{bmatrix}\quad(i=1,2,\cdots,n)$$

$$\boldsymbol{A}=[\boldsymbol{a}_1^{\mathrm{T}}\quad \boldsymbol{a}_2^{\mathrm{T}}\quad\cdots\quad \boldsymbol{a}_n^{\mathrm{T}}]^{\mathrm{T}}$$

$$\boldsymbol{v}=[\dot{t}(s)\quad \dot{x}_1(s)\quad\cdots\quad \dot{x}_n(s)]^{\mathrm{T}}$$

则式(3.14)可表示为

$$\left.\begin{aligned}&\boldsymbol{A}\boldsymbol{v}=\boldsymbol{0}\\&y(0)=(1,\boldsymbol{a})\end{aligned}\right\}\tag{3.16}$$

因为 0 是映射 $\boldsymbol{H}_a$ 的正则值，所以，矩阵 $\boldsymbol{A}$ 的秩为 n，而因为参数 s 是曲线 $\lambda(s)$ 的弧长，故 $\lambda(s)$ 上的切向量 $\boldsymbol{v}=[\dot{t}(s)\quad \dot{x}_1(s)\quad\cdots\quad \dot{x}_n(s)]$ 是单位向量，且满足

$$\boldsymbol{A}\boldsymbol{v}=\boldsymbol{0}\quad(\|\boldsymbol{v}\|=1)\tag{3.17}$$

由以上讨论可以看出，同伦方程求解主要包括两个关键步骤：①解式(3.17)，求出 y 处的切向量 $\boldsymbol{v}$；② 根据求出的 $\boldsymbol{v}$，利用微分方程初值问题的解法，即

$$\left.\begin{aligned}&\frac{\mathrm{d}y}{\mathrm{d}s}=\boldsymbol{v}(y)\\&y(0)=(1,\boldsymbol{a})\end{aligned}\right\}\tag{3.18}$$

由式(3.18)在 s 弧长下，求出曲线下一个点 $y(s)=(t(s),\boldsymbol{x}(s))$，连续跟踪 $\boldsymbol{H}_a^{-1}(\boldsymbol{0})$ 中的曲线，直到 $t=0$，从而求得映射 f 的一个零点。首先讨论线性方程组 $\boldsymbol{A}\boldsymbol{v}=\boldsymbol{0}$ 的解法。

因为 $\boldsymbol{A}$ 是 $n\times(n+1)$ 矩阵，且 $\boldsymbol{A}$ 的秩为 n，则线性方程组 $\boldsymbol{A}\boldsymbol{v}=\boldsymbol{0}$ 等价于 n 个线性无关的方程组，$\boldsymbol{a}_i^{\mathrm{T}}\boldsymbol{v}=\boldsymbol{0}(i=1,2,\cdots,n)$，以 P 表示 $\mathbb{R}^{n+1}$ 中 n 个线性无关的向量 $\boldsymbol{a}_1$、$\boldsymbol{a}_2$、…、$\boldsymbol{a}_n$ 产生的超平面，即

$$\begin{aligned}P&=\left\{\sum_{i=1}^{n}x_i\boldsymbol{a}_i\,\middle|\,x_i\in\mathbb{R},i=1,2,\cdots,n\right\}\\&=\{\boldsymbol{B}\boldsymbol{x}\mid\boldsymbol{x}\in\mathbb{R}^n\}\end{aligned}\tag{3.19}$$

式中，$\boldsymbol{B}=\boldsymbol{A}^{\mathrm{T}}$。

由此可知，线性方程组 $\boldsymbol{A}\boldsymbol{v}=\boldsymbol{0}$ 的解 $\boldsymbol{v}$ 垂直于超平面 P(图 3.4)。为了求垂直于超平面 P 的向量 $\boldsymbol{v}$，取 $\boldsymbol{b}\in\mathbb{R}^{n+1}$，使 $\boldsymbol{b}\notin P$。而 $\boldsymbol{b}$ 在超平面 P 上的投影为 $\boldsymbol{B}\boldsymbol{z}$，其中 $\boldsymbol{z}\in\mathbb{R}^n$，则有

$$\boldsymbol{b}=\boldsymbol{v}+\boldsymbol{B}\boldsymbol{z}\tag{3.20}$$

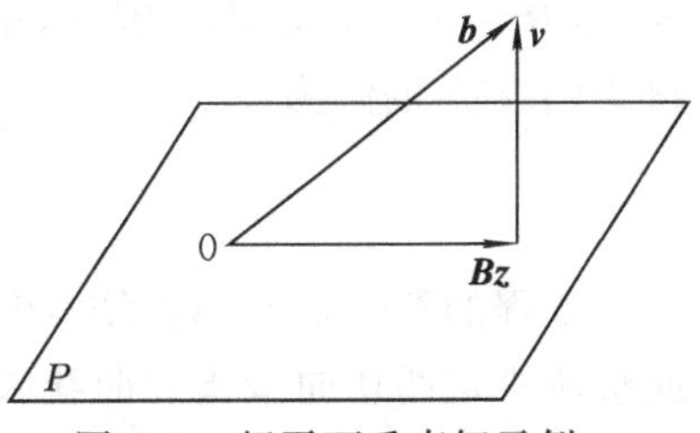

图 3.4　超平面垂直解示例

如果向量 $\boldsymbol{z}$ 已知，则利用式(3.19)就可求得向

量 $\boldsymbol{v}$。因此，线性方程组 $\boldsymbol{Av}=\boldsymbol{0}$ 求解已转化成为求 $\mathbb{R}^n$ 中的一个向量 $\boldsymbol{z}$。

对式(3.20)两边左乘矩阵 $\boldsymbol{B}^{\mathrm{T}}$，得

$$\boldsymbol{B}^{\mathrm{T}}\boldsymbol{b}=\boldsymbol{B}^{\mathrm{T}}\boldsymbol{v}+\boldsymbol{B}^{\mathrm{T}}\boldsymbol{Bz} \tag{3.21}$$

由于 $\boldsymbol{Av}=\boldsymbol{B}^{\mathrm{T}}\boldsymbol{v}=\boldsymbol{0}(\boldsymbol{v}\perp P)$，则式(3.21)可写为

$$\underset{n\times(n+1)}{\boldsymbol{B}^{\mathrm{T}}}\ \underset{(n+1)\times 1}{\boldsymbol{b}}=\underset{n\times(n+1)}{\boldsymbol{B}^{\mathrm{T}}}\ \underset{(n+1)\times 1}{\boldsymbol{Bz}} \tag{3.22}$$

$\boldsymbol{B}^{\mathrm{T}}\boldsymbol{B}$ 的秩为 n，因而可从式(3.22)中求出向量 $\boldsymbol{z}\in\mathbb{R}^n$。但是直接由式(3.22)解线性方程组较麻烦，因此本章给出另一种借助矩阵的豪斯霍尔德(Household)变换求解式(3.22)的方法。

由于向量 $\boldsymbol{b}$ 不在超平面 P 上，而 P 是 $\boldsymbol{B}$ 的列向量所生成的超平面，且 $\boldsymbol{B}$ 是秩为 n 的 $(n+1)\times n$ 矩阵，所以由 $[\boldsymbol{B}\ \ \boldsymbol{b}]$ 组成的 $n+1$ 阶方阵满秩。可用豪斯霍尔德变换对矩阵 $[\boldsymbol{B}\ \ \boldsymbol{b}]$ 做 $\boldsymbol{QR}$ 分解，即

$$[\boldsymbol{B}\ \ \boldsymbol{b}]=\boldsymbol{QR} \tag{3.23}$$

式中，$\boldsymbol{Q}$ 为 $n+1$ 阶的正交矩阵，$\boldsymbol{R}$ 为 $n+1$ 阶的上三角矩阵。

令 $\boldsymbol{R}=[\underset{(n+1)\times n}{\hat{\boldsymbol{R}}}\ \ \underset{(n+1)\times 1}{\boldsymbol{c}}]$，$\hat{\boldsymbol{R}}$ 为 $\boldsymbol{R}$ 中前 n 列组成的矩阵，则

$$[\boldsymbol{B}\ \ \boldsymbol{b}]=\boldsymbol{Q}[\hat{\boldsymbol{R}}\ \ \boldsymbol{c}]=[\boldsymbol{Q}\hat{\boldsymbol{R}}\ \ \boldsymbol{Qc}]$$

代入式(3.22)，有

$$(\boldsymbol{Q}\hat{\boldsymbol{R}})^{\mathrm{T}}\boldsymbol{Qc}=(\boldsymbol{Q}\hat{\boldsymbol{R}})^{\mathrm{T}}\boldsymbol{Q}\hat{\boldsymbol{R}}\boldsymbol{z}$$

因为 $\boldsymbol{Q}^{\mathrm{T}}=\boldsymbol{Q}^{-1}$，所以有

$$\hat{\boldsymbol{R}}^{\mathrm{T}}\boldsymbol{Q}^{-1}\boldsymbol{Qc}=\hat{\boldsymbol{R}}^{\mathrm{T}}\boldsymbol{Q}^{-1}\boldsymbol{Q}\hat{\boldsymbol{R}}\boldsymbol{z}$$

$$\hat{\boldsymbol{R}}^{\mathrm{T}}\boldsymbol{c}=\hat{\boldsymbol{R}}^{\mathrm{T}}\hat{\boldsymbol{R}}\boldsymbol{z} \tag{3.24}$$

注意，由于 $\boldsymbol{R}$ 为上三角矩阵，则其前 n 列组成的 $\hat{\boldsymbol{R}}$ 矩阵的最后一行中元素均为零，记 $\hat{\hat{\boldsymbol{R}}}$ 为矩阵 $\hat{\boldsymbol{R}}$ 前 n 行组成的矩阵，而式(3.24)等价于方程，则

$$\hat{\hat{\boldsymbol{R}}}^{\mathrm{T}}\hat{\hat{\boldsymbol{R}}}\boldsymbol{z}=\hat{\hat{\boldsymbol{R}}}^{\mathrm{T}}\hat{\boldsymbol{c}} \tag{3.25}$$

由于矩阵 $\hat{\boldsymbol{R}}$ 和 $\hat{\hat{\boldsymbol{R}}}$ 的秩均为 n，且 $\hat{\hat{\boldsymbol{R}}}$ 为 n 阶方阵，故 $\hat{\hat{\boldsymbol{R}}}$ 可逆，则式(3.25)可化简为

$$\hat{\hat{\boldsymbol{R}}}\boldsymbol{z}=\hat{\boldsymbol{c}} \tag{3.26}$$

式中，$\hat{\hat{\boldsymbol{R}}}$ 为上三角矩阵。因此，很容易从式(3.26)中求得 $\boldsymbol{z}$。将 $\boldsymbol{z}$ 代入式(3.20)可得式(3.17)的解为

$$\boldsymbol{v}=\frac{\boldsymbol{b}-\boldsymbol{Bz}}{\|\boldsymbol{b}-\boldsymbol{Bz}\|} \tag{3.27}$$

方程的两个解 $\boldsymbol{v}_1$、$\boldsymbol{v}_2$ 大小相等、方向相反，如图3.5(a)所示，$\boldsymbol{v}$ 值的选取应使此解所决定的切向量指向曲线弧长增长的方向。当计算步长充分小时，选取 $(t_k,\boldsymbol{x}_k)$ 处的切向量 $\boldsymbol{v}_k$，使得此切向量与 $\lambda(s)$ 在 $(t_{k-1},\boldsymbol{x}_{k-1})$ 处的切向量 $\boldsymbol{v}_{k-1}$ 的夹角小

于 90°，如图 3.5(b)所示。

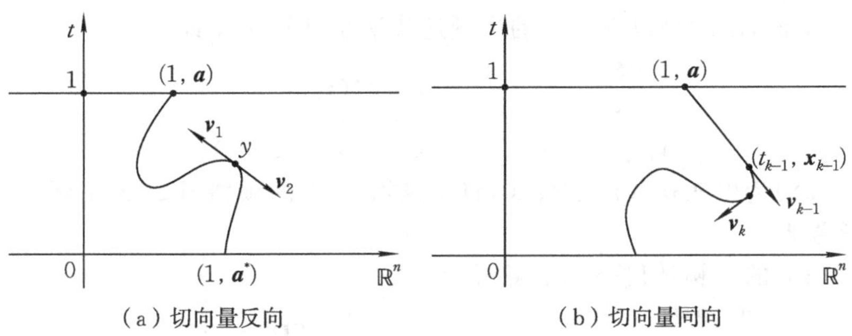

(a) 切向量反向　　(b) 切向量同向

图 3.5　方程解的特征

利用上述方法可求得切向量，下面的问题是如何通过式(3.18)求微分方程的解，即由 $\frac{\mathrm{d}y}{\mathrm{d}s}=\boldsymbol{v}_k(y)=[\dot{t}_k(s)\quad \dot{\boldsymbol{x}}_k(s)]$ 求出 $y_k(s)=(t_k(s),\boldsymbol{x}_k(s))$。可以利用解微分方程初值问题的四阶龙格-库塔(Runge-Kutta)法，公式为

$$y_k=y_{k-1}+\frac{1}{6}(h_1+2h_2+2h_3+h_4)$$

$$h_1=Sv_k$$

$$h_2=S(v_k+0.5h_1)$$

$$h_3=S(v_k+0.5h_2)$$

$$h_4=S(v_k+h_3)$$

由龙格-库塔法可以从 $\boldsymbol{y}_0=[1\quad \boldsymbol{a}]$ 开始，求出 $\boldsymbol{y}_1=[t_1\quad \boldsymbol{x}_1]$、…、$\boldsymbol{y}_k=[t_k\quad \boldsymbol{x}_k]$ $(k\geqslant 0)$，在这个求解序列中，当所采用的步长充分小时，可将 $\boldsymbol{y}_k=[t_k\quad \boldsymbol{x}_k]$ 作为新的初值，代入式(3.13) 或式(3.15) 求 $\boldsymbol{v}_{k+1}$，再由龙格-库塔法，求出曲线的下一个近似点 $\boldsymbol{y}_{k+1}=[t_{k+1}\quad \boldsymbol{x}_{k+1}]$，直到收敛于 $t_n=0$、$\boldsymbol{y}_n=[0\quad \boldsymbol{x}^*]$。

原则上，利用以上方法即可跟踪 $\boldsymbol{H}_a^{-1}(\boldsymbol{0})$ 中从$(1,\boldsymbol{a})$ 出发的曲线 $\lambda(s)$，至 $t=0$。由前面的讨论可知，$\boldsymbol{H}_a^{-1}(\boldsymbol{0})$ 由若干简单光滑曲线组成，尽管这些曲线互不相交，但某些曲线在某些区域会靠得很近。在跟踪曲线 $\lambda(s)$ 时，尽管每一步误差较小，但若干步后的积累误差可能较大，会导致从所跟踪的曲线滑向另外一条曲线，从而影响方法的收敛性和解的正确性。因此，还需要研究一种方法，使计算误差不会产生积累，即前一步误差不会影响下一步的计算精度，避免计算过程中从曲线 $\lambda(s)$ 滑向另外一条曲线。此处采用"预估—校正"法，基本思想是：由四阶龙格-库塔法，求出 y_k 的预估值；由于目的是计算映射 $\boldsymbol{f}:\mathbb{R}^n\to\mathbb{R}^n$ 的零点，而不是求解 $\boldsymbol{H}^{-1}(\boldsymbol{0})$ 中的曲线，所以不需要非常精确的初值，跟踪步长 s 可适当地大一些，获得的 $\boldsymbol{y}_k$ 作为一个近似值，记作 $\boldsymbol{z}_k$；该值可能不在曲线 $\lambda(s)$ 上，则可利用牛顿迭代法，在通过 $\boldsymbol{z}_k$ 点而垂直于曲线 $\lambda(s)$ 的超平面 P 上，以 $\boldsymbol{z}_k$ 为迭代初始点计算 $\boldsymbol{z}_{k_i}$ $(i=1,$

$2,\cdots,m)$，直到 $\boldsymbol{z}_{k_m}$ 收敛于 $\boldsymbol{y}_k$。由于 $\boldsymbol{y}_k$ 未知，故以 $\boldsymbol{y}_{k-1}$ 处的法平面 P 代替 $\lambda(s)$ 在 $\boldsymbol{y}_k$ 处的法平面，用满足以下条件的牛顿迭代法来计算 $\boldsymbol{y}_k$，即

$$\left.\begin{array}{l}\dfrac{\partial \boldsymbol{H}}{\partial(t,\boldsymbol{x})}(\boldsymbol{z}_{k_i}-\boldsymbol{z}_{k_{i+1}})=\boldsymbol{H}(\boldsymbol{z}_{k_i}) \\ \boldsymbol{v}_{k-1}(\boldsymbol{z}_{k_i}-\boldsymbol{z}_{k_{i+1}})=0 \quad (i=1,2,\cdots)\end{array}\right\} \tag{3.28}$$

式(3.28)为牛顿迭代法的公式，将由龙格-库塔的预估值 $\boldsymbol{z}_k$ 校正到 $\boldsymbol{y}_k$，限制和减小计算误差。

式(3.28)的牛顿迭代公式也可写为

$$\begin{bmatrix}\dfrac{\partial \boldsymbol{H}}{\partial(t,\boldsymbol{x})} \\ \boldsymbol{v}_k\end{bmatrix}_{(n+1)\times(n+1)}(\boldsymbol{z}_{k_i}-\boldsymbol{z}_{k_{i+1}})=\begin{bmatrix}\boldsymbol{H}(\boldsymbol{z}_{k_i}) \\ 0\end{bmatrix}_{(n+1)\times 1} \tag{3.29}$$

由于 $\dfrac{\partial \boldsymbol{H}}{\partial(t,\boldsymbol{x})}$ 的秩为 n，而 $\boldsymbol{v}_k$ 与 $\dfrac{\partial \boldsymbol{H}}{\partial(t,\boldsymbol{x})}$ 相互垂直、相互独立，因而由它们组成的矩阵为 $n+1$ 阶满秩矩阵，所以式(3.29)可表示为

$$\boldsymbol{z}_{k_{i+1}}=\boldsymbol{z}_{k_i}-\begin{bmatrix}\dfrac{\partial \boldsymbol{H}}{\partial(t,\boldsymbol{x})} \\ \boldsymbol{v}_k\end{bmatrix}^{-1}\begin{bmatrix}\boldsymbol{H}(\boldsymbol{z}_{k_i}) \\ 0\end{bmatrix} \tag{3.30}$$

式中，$\boldsymbol{z}_{k_i}=[t_{k_i}\quad \boldsymbol{x}_{k_i}]^{\mathrm{T}}$，为未知量的近似值。其中

$$\begin{bmatrix}\dfrac{\partial \boldsymbol{H}}{\partial(t,\boldsymbol{x})} \\ \boldsymbol{v}_k\end{bmatrix}=\begin{bmatrix}-\boldsymbol{f}(\boldsymbol{x}_{k_i})+\boldsymbol{x}_{k_i}-\boldsymbol{a} & t\boldsymbol{I}+(1-t_k)\dfrac{\partial \boldsymbol{f}}{\partial \boldsymbol{x}} \\ \dot{t}_{k_i} & \dot{\boldsymbol{x}}_{k_i}\end{bmatrix}$$

$$\begin{bmatrix}\boldsymbol{H}(\boldsymbol{z}_{k_i}) \\ 0\end{bmatrix}=\begin{bmatrix}t_{k_i}(\boldsymbol{x}_{k_i}-\boldsymbol{a})+(1-t_{k_i})\boldsymbol{f}(\boldsymbol{x}_{k_i}) \\ 0\end{bmatrix}$$

设 ε 为给定的精度要求，当 $\|\boldsymbol{H}(\boldsymbol{z}_{k_i})\|<\varepsilon\left\|\dfrac{\partial \boldsymbol{H}}{\partial(t,\boldsymbol{x})}\right\|$ 时，终止牛顿迭代，取 $\boldsymbol{y}_k=\boldsymbol{z}_{k_i}$。

利用对方程组 $\boldsymbol{A}\boldsymbol{v}=\boldsymbol{0}$ 的求解方法和解微分方程组初值的预估校正法，可以有效、可靠地跟踪同伦曲线，至 $t=0$。但是当方法执行到超平面 $t=0$ 附近时，可能会出现如图 3.6 所示的三种情况。图 3.6(a)中曲线与超平面 $t=0$ 相切，这种情况在 0 是映射 f 的正则值的条件下不会发生，但是不会总满足该条件，因此，有可能会出现如图 3.6(b)所示的曲线。那么，当发生了如图 3.6(a)、图 3.6(b)所示的情况时，应及时确定映射 f 的零点，避免在计算过程中发生错漏。

记 $\boldsymbol{v}_t$ 为曲线 $\lambda(s)$ 的单位切向量的 t 分量，即 $\boldsymbol{v}_t=\dfrac{\mathrm{d}t}{\mathrm{d}s}$，$\boldsymbol{y}_k=[t_k\quad \boldsymbol{x}_k]$；记 $\boldsymbol{y}_k$ 的关于超平面的 $t=0$ 的对称点为 $\boldsymbol{y}_{k^*}$。若在计算过程中出现 $\boldsymbol{v}_t(\boldsymbol{y}_k)<0$、$\boldsymbol{v}_t(\boldsymbol{y}_{k+1})>0$，且 $\|\boldsymbol{y}_{k+1}-\boldsymbol{y}_k\|\leqslant s_{k+1}$，其中 s_{k+1} 是从 $\boldsymbol{y}_k$ 计算 $\boldsymbol{y}_{k+1}$ 时所用的步长，则曲线 $\lambda(s)$ 可

能已与超平面 $t=0$ 相交，即可能发生图 3.6(a)、图 3.6(b)情况之一。此时通过由 $\boldsymbol{v}_t(\boldsymbol{y}_k)$ 和 $\boldsymbol{v}_t(\boldsymbol{y}_{k+1})$ 获得的线性插值，使 $\boldsymbol{v}_t(\boldsymbol{y})=\boldsymbol{0}$，再确定步长 $\bar{s}_{k+1}$，即

$$\boldsymbol{v}_t(\boldsymbol{y})=\frac{\boldsymbol{v}_t(\boldsymbol{y}_{k+1})-\boldsymbol{v}_t(\boldsymbol{y}_k)}{s_{k+1}}s+\boldsymbol{v}_t(\boldsymbol{y}_k)=0$$

得

$$s=s_{k+1}\frac{\boldsymbol{v}_t(\boldsymbol{y}_k)}{\boldsymbol{v}_t(\boldsymbol{y}_k)-\boldsymbol{v}_t(\boldsymbol{y}_{k+1})}=\bar{s}_{k+1} \tag{3.31}$$

以步长 $\bar{s}_{k+1}$ 和 $\boldsymbol{y}_k$ 求得 $\bar{\boldsymbol{y}}_{k+1}$，则 $\bar{\boldsymbol{y}}_{k+1}$ 比 $\boldsymbol{y}_{k+1}$ 更靠近映射 f 的零点。若 $\bar{\boldsymbol{y}}_{k+1}$ 和 $\boldsymbol{y}_k$ 还存在图 3.6(a)、图 3.6(b)的情况，则重复上述过程，就能求得满足精度要求的映射 $\boldsymbol{f}$ 的零点。

另外，当出现 $t_k>0$、$t_{k+1}<0$ 的情况，也就是说 $\boldsymbol{y}_k$ 和 $\boldsymbol{y}_{k+1}$ 位于超平面 $t=0$ 的两侧，即出现图 3.6(c)的情况时，若 $|t_{k+1}|<\varepsilon$，则可终止计算，认为 $\boldsymbol{x}_{k+1}$ 即为映射 $\boldsymbol{f}$ 的零点；若 $|t_{k+1}|>\varepsilon$，则应对 t_k 和 t_{k+1} 进行插值，求得使 $t_{k+1}=0$ 的步长 $\bar{s}_{k+1}$，即

$$\bar{s}_{k+1}=s_{k+1}\frac{t_k}{t_k-t_{k+1}} \tag{3.32}$$

以 $\bar{s}_{k+1}$ 为步长，由 $\boldsymbol{y}_k$ 求得 $\bar{\boldsymbol{y}}_{k+1}$，则 $\bar{\boldsymbol{y}}_{k+1}$ 比 $\boldsymbol{y}_{k+1}$ 更接近超平面 $t=0$。重复上述过程，至 $|t_{k+1}|<\varepsilon$。

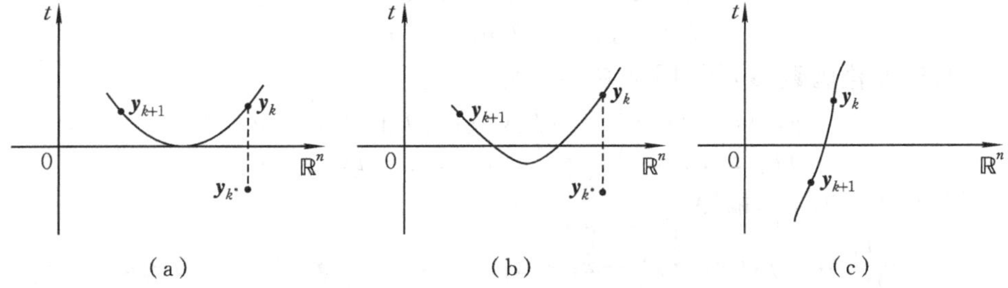

图 3.6　超平面同伦曲线结果

至此，本章已讨论了怎样简单有效且可靠地求解同伦方程，因此对某非线性方程组的零点解采用同伦方法的主要步骤如下：

(1)对非线性方程组

$$\boldsymbol{f}(\boldsymbol{x})=\boldsymbol{0} \quad (\boldsymbol{x}\in\mathbb{R}^n)$$

构造线性同伦函数

$$\boldsymbol{H}=t(\boldsymbol{x}-\boldsymbol{a})+(1-t)\boldsymbol{f}(\boldsymbol{x}) \quad (t\in[0,1])$$

式中，$\boldsymbol{a}\in\mathbb{R}^n$，为较接近 $\boldsymbol{x}$ 解值的向量。

(2)对 $\boldsymbol{H}$ 求导，得

$$\frac{\partial\boldsymbol{H}}{\partial(t,\boldsymbol{x})}=\left[-\boldsymbol{f}(\boldsymbol{x})+\boldsymbol{x}-\boldsymbol{a} \quad t\boldsymbol{I}+(1-t)\frac{\partial\boldsymbol{f}}{\partial\boldsymbol{x}}\right]=\boldsymbol{A}$$

(3)取 $t_0=1$、$\boldsymbol{x}_0=\boldsymbol{a}$，$k=0$、1、… 及相应的弧长(步长)$s$，构成微分方程，即

$$\frac{\partial \boldsymbol{H}}{\partial(t(s),\boldsymbol{x}(s))}=\boldsymbol{A}_k\boldsymbol{v}=\boldsymbol{0}$$

$$(t,\boldsymbol{x})=(t_k,\boldsymbol{x}_k)$$

(4)解线性方程组 $\boldsymbol{A}_k\boldsymbol{v}_k=\boldsymbol{0}$，因$\|\boldsymbol{v}\|=1$，故

$$\boldsymbol{B}_k^{\mathrm{T}}=\boldsymbol{A}_k$$

将方程转化为 $\boldsymbol{b}=\boldsymbol{v}+\boldsymbol{B}\boldsymbol{z}$，利用豪斯霍尔德变换由式(3.25)求得 $\boldsymbol{z}$，则 $\boldsymbol{v}=\dfrac{\boldsymbol{b}_k-\boldsymbol{B}_k\boldsymbol{z}_k}{\|\boldsymbol{b}_k-\boldsymbol{B}_k\boldsymbol{z}_k\|}$，取 $\boldsymbol{v}_k^{\mathrm{T}}\boldsymbol{v}_{k-1}\geqslant 0.95$ 的 $\boldsymbol{v}_k$ 值。

(5)根据龙格-库塔四阶微分方程初值求解法，由式(3.26)预估 $y'_k=(t'_k,\boldsymbol{x}'_k)$。

(6)用牛顿迭代法校正 y_k。

(7)校正步长。如果式(3.29)在计算中出现 $v_{t_{k-1}}<0$、$v_{t_k}>0$，且$\|\boldsymbol{y}_k-\boldsymbol{y}_{k-1}\|\leqslant s_k$，则 $\bar{s}_k=s_k\dfrac{v_{t_{k-1}}}{v_{t_{k-1}}-v_{t_k}}$，并以步长 $\bar{s}_k$ 计算 $\bar{\boldsymbol{y}}_k$，如果 $t_k<0$，且 $|t_k|>\varepsilon$，则 $\bar{s}_k=s_k\dfrac{t_{k-1}}{t_{k-1}-t_k}$，并以此步长 $\bar{s}_k$ 计算 $\bar{\boldsymbol{y}}_k$。

(8)若 $|t_k|<\varepsilon$，终止计算，否则 $k=k+1$ 返回步骤(3)。

例 3.2　已知方程为

$$f_1(x_1,x_2)=x_1^2+x_1x_2-3$$

$$f_2(x_1,x_2)=2\sin x_1+x_2-7$$

(1)做同伦函数 $\boldsymbol{H}:[0,1]\times\mathbb{R}^2\rightarrow\mathbb{R}^2$

$$H_1(t,x)=(1-t)f_1(x_1,x_2)+t(x_1-a_1)$$

$$H_2(t,x)=(1-t)f_2(x_1,x_2)+t(x_2-a_2)$$

(2)对 H_1、H_2 求偏导

$$\frac{\partial H_1}{\partial t}=-f_1(x_1,x_2)+x_1-a_1=-x_1^2-x_1x_2+x_1+3-a_1$$

$$\frac{\partial H_1}{\partial x_1}=(1-t)(2x_1+x_2)+t$$

$$\frac{\partial H_1}{\partial x_2}=(1-t)x_1$$

$$\frac{\partial H_2}{\partial t}=-f_2(x_1,x_2)+x_2-a_2=-2\sin x_1-x_2+x_2+7-a_2$$

$$=-2\sin x_1+7-a_2$$

$$\frac{\partial H_2}{\partial x_1}=2(1-t)\cos x_1$$

$$\frac{\partial H_2}{\partial x_2}=(1-t)+t=1$$

(3)分别取 $a_1=1$、$a_2=5$ 或 $a_1=2$、$a_2=1$。利用两组近似值求解非线性方程，当取 $a_1=1$、$a_2=5$ 时，方程为

$$(-x_1^2-x_1x_2+x_1+2)\dot{t}+((1-t)(2x_1+x_2)+t)\dot{x}_1+((1-t)x_1)\dot{x}_2=0$$

$$(-2\sin x_1+2)\dot{t}+(2(1-t)\cos x_1)\dot{x}_1+\dot{x}_2=0$$

$$(t_0,x_1,x_2)=(1,a_1,a_2)$$

$t=0$ 时，其解 $x_1=0.456\,269\,26$，$x_2=6.118\,795\,96$。

当取 $a_1=2$、$a_2=1$ 时，方程为

$$(-x_1^2-x_1x_2+x_1+1)\dot{t}+((1-t)(2x_1+x_2)+t)\dot{x}_1+((1-t)x_1)\dot{x}_2=0$$

$$(-2\sin x_1+9)\dot{t}+(2(1-t)\cos x_1)\dot{x}_1+\dot{x}_2=0$$

$$(t_0,x_1,x_2)=(1,a_1,a_2)$$

$t=0$ 时，其解 $x_1=0.456\,269\,25$，$x_2=6.118\,795\,80$。

通过对近似值(初值)的选取，上述算例可体现同伦方法的大面积收敛性。

§3.5　同伦方法误差估计与收敛性

前面已给出同伦方法解的存在性，并给出了相应的数值求解方法。数值解法采用的是预估—校正法，即由初值解微分方程式(3.26)、式(3.27)预估 $y'_k=(t'_k,\boldsymbol{x}'_k)$，再由式(3.29)用牛顿迭代法校正 y_k。本节讨论该方法以 $\boldsymbol{x}^{(k)}$ 近似 $\boldsymbol{x}^*$ 的误差估计及方法的收敛性问题，即讨论能否对一个满足一定条件，且处于解 $\boldsymbol{x}^*$ 的值域范围内的任何初值，使计算结果收敛于解 $\boldsymbol{x}^*$(大范围收敛)。

对同伦数 $\boldsymbol{H}:[0,1]\times\mathbb{R}^n\rightarrow\mathbb{R}^n$

$$\boldsymbol{H}_a(t,\boldsymbol{x})=t(\boldsymbol{x}-\boldsymbol{a})+(1+t)\boldsymbol{f}(\boldsymbol{x})$$

假定 0 是 $\boldsymbol{f}$ 和 $\boldsymbol{H}_a$ 的正则值，且 $\boldsymbol{H}_a^{-1}(\boldsymbol{0})$ 中从 $(1,\boldsymbol{a})$ 出发的曲线 $\lambda(s)$ 与超平面 $t=0$ 相交，则存在 $\mathbb{R}^n$ 中 $\boldsymbol{a}$ 的领域 $N(\boldsymbol{a})$ 及 $[0,1]\times\mathbb{R}^n$ 中曲线 $\lambda(s)$ 的管状邻域 $T(\lambda)$，使得对任意 $c\in N(\boldsymbol{a})$ 及任意 $(t,\boldsymbol{x})\in T(\lambda)$ 的矩阵 $\dfrac{\partial\boldsymbol{H}_c}{\partial(t,\boldsymbol{x})}$ 满秩。

该条保证在同伦方法中采用预估—校正法的可行性，因此若 0 同时是 $\boldsymbol{H}_a$ 和 $\partial\boldsymbol{H}_a$ 的正则值，只要每一步的误差充分小，就不会出现因 $\dfrac{\partial\boldsymbol{H}_a}{\partial(t,\boldsymbol{x})}$ 降秩而使方法无法执行的情况。因为预估—校正法是自适应方法，即前一步的误差不会影响后面计算的精度，所以可以使每一步的误差充分小。

定理 3.13　设满足如上条件的 $\boldsymbol{f}$、$\boldsymbol{H}_a$ 和 $\lambda(\boldsymbol{a})$，其同伦微分方程表示为

$$\dot{\boldsymbol{y}}(s)=\boldsymbol{G}_a(\boldsymbol{y},s)\tag{3.33}$$

式中，$\boldsymbol{y}=[t(s)\quad\boldsymbol{x}(s)]$，则存在 $\lambda(s)$ 的管状邻域 $T(\lambda)$，以及 $\boldsymbol{a}$ 的邻域 $N(\boldsymbol{a})$，使对

任意 $\boldsymbol{y} \in T(\lambda)$、$c \in N(\boldsymbol{a})$，$\boldsymbol{G}_c(\boldsymbol{y},s)$ 对 $\boldsymbol{y}$ 满足利普希茨(Lipschitz)条件，即

$$\|\boldsymbol{G}_c(\boldsymbol{y}^*,s)-\boldsymbol{G}_c(\boldsymbol{y},s)\| \leqslant r\|\boldsymbol{y}^*-\boldsymbol{y}\| \tag{3.34}$$

式中，r 称为利普希茨常数，且 r 与 c 无关。

该定理说明同伦方程的曲线是利普希茨连续的，并且利普希茨常数不受解的近似值 c 的影响。由此可以得到同伦求方程数值解误差估计和收敛性的定理。

定理3.14　设 0 是 $\boldsymbol{f}$ 和 $\boldsymbol{H}_a$ 的正则值，$\lambda(s)$ 是 $\boldsymbol{H}^{-1}(0)$ 中连接$(1,\ \boldsymbol{a})$和$(0,\ \boldsymbol{x}^*)$两点的曲线，$\boldsymbol{a} \subset D \in \mathbb{R}^n$，且求解初值的方程为

$$(\boldsymbol{x}(s)-\boldsymbol{a}-\boldsymbol{f}(\boldsymbol{x}(s)))\dot{t}(s)+\left[t(s)\boldsymbol{I}+(1-t(s))\frac{\partial \boldsymbol{f}}{\partial \boldsymbol{x}}\right]\dot{\boldsymbol{x}}(s)=\boldsymbol{0}$$

$$(t(0),\boldsymbol{x}(0))=(1,\boldsymbol{a})$$

方程的每一步局部误差小于 ε，以 $\bar{\boldsymbol{x}}(s^*)$ 表示数值计算所得的映射 $\boldsymbol{f}$ 的零点。对充分小的 ε，$\bar{\boldsymbol{x}}(s^*)$ 满足

$$\|\bar{\boldsymbol{x}}(s^*)-\boldsymbol{x}^*\| \leqslant \frac{\varepsilon}{r}(\mathrm{e}^{s^*}-1) \tag{4.35}$$

且由于 $\boldsymbol{y}(s)=\boldsymbol{G}_a(\boldsymbol{y},s)$ 在任何 $\boldsymbol{y} \in T(\lambda)$ 满足利普希茨条件，因此 $s=\dfrac{1}{N}$ 时，预估—校正迭代过程产生的序列$\{\boldsymbol{x}^{(k)}\}$$(k=1,2,\cdots,n)$在 D 中，且$\lim\limits_{k\to\infty}\boldsymbol{x}^{(k)}=\boldsymbol{x}^*$。

该定理说明，同伦方法对任何满足上述条件的、位于求解域 D 中的任一点 $\boldsymbol{a}$ 为初值的问题，采取预估—校正法的迭代序列$\{\boldsymbol{x}^{(k)}\}$都能以较小的误差收敛到方程的解上。因此，同伦方法为大范围收敛的方法。

第 4 章　非线性同伦最小二乘平差

最小二乘是非线性参数估计中最常用的方法之一。本章研究并提出了基于同伦方法的非线性最小二乘平差方法，推导并建立了同伦非线性最小二乘模型与相应方法，研究讨论了同伦非线性最小二乘用于改善方程病态的可能性，并将稳健估计法引入到同伦非线性最小二乘中。

§4.1　非线性同伦最小二乘平差模型

在平差中，对 n 个带有随机观测误差 $\boldsymbol{\varepsilon}$ 的观测值 $\boldsymbol{Y}$，由式(2.1)知，观测值与未知参数 $\boldsymbol{X}$ 间存在非线性关系，即

$$\underset{n\times 1}{\boldsymbol{Y}} = \boldsymbol{f}(\boldsymbol{X}) + \boldsymbol{\varepsilon} \tag{4.1}$$

随机观测值 $\boldsymbol{Y}$ 的随机模型为

$$\boldsymbol{D}_Y = \sigma_0^2 \boldsymbol{Q}_Y = \sigma_0^2 \boldsymbol{P}_Y^{-1} \tag{4.2}$$

式中，$\boldsymbol{D}_Y$ 为观测值的协方差矩阵，$\boldsymbol{Q}_Y$ 为观测值的协因数矩阵，$\boldsymbol{P}$ 为观测值的权矩阵，σ_0^2 为单位权方差因子。由于式(4.1)中的真误差 $\boldsymbol{\varepsilon}$ 无法获得，因此将用以观测值残差表示的误差方程式取代式(4.1)，即

$$\boldsymbol{V} = \boldsymbol{f}(\boldsymbol{X}) - \boldsymbol{Y} \tag{4.3}$$

该方程为矛盾方程组，是通用的求解参数的方程，对于求解具有随机性的方程，最合理的方法是最小二乘法，即利用残差加权平方和为最小的条件求解式(4.3)。

事实上，就是根据最小二乘原理，通过寻求满足函数的极小点，求得未知参数的最佳估值。该函数为

$$\Phi(\boldsymbol{X}) = \boldsymbol{V}^{\mathrm{T}} \boldsymbol{P} \boldsymbol{V} = \min \tag{4.4}$$

对如式(4.3)的非线性问题，一般采用按泰勒级数展开至一次项的方法将其线性化，利用线性最小二乘原理逐步迭代求解(如高斯-牛顿法和阻尼最小二乘法)，或先利用非线性最小二乘原理求导，再按泰勒级数展开线性化，并逐步迭代求解(如牛顿法等)。然而这些方法仍属于线性化的处理方法，当式(4.3)具有大残差或非线性度较强时，难以获得高精度的解。另外，这些方法基本为局部收敛，当初值距解较远时，往往难以使迭代求解过程收敛。因此，将解非线性问题的同伦数值方法引入非线性最小二乘，推导出非线性同伦最小二乘平差模型。该方法通常具有大范围收敛，不用泰勒级数展开，仅通过求微分方程初值的方法求解等特点。

将式(4.3)代入式(4.4)，非线性最小二乘函数为

$$\Phi(\boldsymbol{X})=(\boldsymbol{f}(\boldsymbol{X})-\boldsymbol{Y})^{\mathrm{T}}\boldsymbol{P}(\boldsymbol{f}(\boldsymbol{X})-\boldsymbol{Y})=\min \tag{4.5}$$

函数一阶导数等于零时有极小点 $\hat{\boldsymbol{X}}$，即求满足非线性方程的解，方程为

$$\frac{\partial\Phi(\boldsymbol{X})}{\partial\boldsymbol{X}}=2\left.\frac{\partial\boldsymbol{f}}{\partial\boldsymbol{X}}\right|_{\boldsymbol{X}=\hat{\boldsymbol{X}}}^{\mathrm{T}}\boldsymbol{P}(\boldsymbol{f}(\hat{\boldsymbol{X}})-\boldsymbol{Y})=\boldsymbol{0} \tag{4.6}$$

式(4.6)为最小二乘解 $\hat{\boldsymbol{X}}$ 必须满足的一个精确正交性条件方程。通常对满足非线性最小二乘条件的非线性方程组，采用泰勒级数展开至一次或二次项，获得参数 $\boldsymbol{X}$ 的线性近似方程，进而直接求解方程，获得参数 $\boldsymbol{X}$ 的解析值。当 $\boldsymbol{X}$ 初值近似度较低，或模型的非线性程度较强时，均难以获得较精确的参数解值。本书试图利用同伦方法所具有的大范围收敛性及解的稳定性，故将同伦方法引入非线性最小二乘问题的求解，即用其直接求解式(4.6) 令

$$\boldsymbol{F}(\hat{\boldsymbol{X}})=\left.\frac{\partial\boldsymbol{f}}{\partial\boldsymbol{X}}\right|_{\boldsymbol{X}=\hat{\boldsymbol{X}}}^{\mathrm{T}}\boldsymbol{P}(\boldsymbol{f}(\hat{\boldsymbol{X}})-\boldsymbol{Y})=\boldsymbol{0} \tag{4.7}$$

按照同伦思想，对 $\boldsymbol{F}(\hat{\boldsymbol{X}})$ 构成的同伦函数为

$$\boldsymbol{H}(t,\hat{\boldsymbol{X}})=t(\hat{\boldsymbol{X}}-\boldsymbol{a})+(1-t)\boldsymbol{F}(\hat{\boldsymbol{X}}) \tag{4.8}$$

对 $\boldsymbol{H}(t,\hat{\boldsymbol{X}})$ 求一阶偏导数，即

$$\frac{\partial\boldsymbol{H}}{\partial(t,\hat{\boldsymbol{X}})}=[\hat{\boldsymbol{X}}-\boldsymbol{a}-\boldsymbol{F}(\hat{\boldsymbol{X}})]\frac{\partial t}{\partial s}+\left[t\boldsymbol{I}+(1-t)\frac{\partial\boldsymbol{F}}{\partial\boldsymbol{X}}\right]\frac{\partial\boldsymbol{X}}{\partial s}=\boldsymbol{0} \tag{4.9}$$

式中

$$\frac{\partial\boldsymbol{F}}{\partial\boldsymbol{X}}=\left.\frac{\partial\boldsymbol{f}}{\partial\boldsymbol{X}}\right|_{\boldsymbol{X}=\hat{\boldsymbol{X}}}^{\mathrm{T}}\boldsymbol{P}\left.\frac{\partial\boldsymbol{f}}{\partial\boldsymbol{X}}\right|_{\boldsymbol{X}=\hat{\boldsymbol{X}}}+\left.\frac{\partial^{2}\boldsymbol{f}}{\partial\boldsymbol{X}^{2}}\right|_{\boldsymbol{X}=\hat{\boldsymbol{X}}}^{\mathrm{T}}\boldsymbol{P}(\boldsymbol{f}(\hat{\boldsymbol{X}})-\boldsymbol{Y}) \tag{4.10}$$

将式(4.7)和式(4.10)代入式(4.9)，且有微分方程初值 $(t,\hat{\boldsymbol{X}})=(1,\boldsymbol{a})$，方程为

$$\left.\begin{array}{l}\left[\hat{\boldsymbol{X}}-\boldsymbol{a}-\left.\frac{\partial\boldsymbol{f}}{\partial\boldsymbol{X}}\right|_{\boldsymbol{X}=\hat{\boldsymbol{X}}}^{\mathrm{T}}\boldsymbol{P}(\boldsymbol{f}(\boldsymbol{X})-\boldsymbol{Y})\right]\frac{\partial t}{\partial s}+\left\{t\boldsymbol{I}+(1-t)\left[\left.\frac{\partial\boldsymbol{f}}{\partial\boldsymbol{X}}\right|_{\boldsymbol{X}=\hat{\boldsymbol{X}}}^{\mathrm{T}}\boldsymbol{P}\left.\frac{\partial\boldsymbol{f}}{\partial\boldsymbol{X}}\right|_{\boldsymbol{X}=\hat{\boldsymbol{X}}}+\right.\right.\\ \quad\left.\left.\left.\frac{\partial^{2}\boldsymbol{f}}{\partial\boldsymbol{X}^{2}}\right|_{\boldsymbol{X}=\hat{\boldsymbol{X}}}^{\mathrm{T}}\boldsymbol{P}(\boldsymbol{f}(\hat{\boldsymbol{X}})-\boldsymbol{Y})\right]\right\}\frac{\partial\boldsymbol{X}}{\partial s}=\boldsymbol{0}\\ (t,\hat{\boldsymbol{X}})=(1,\boldsymbol{a})\end{array}\right\} \tag{4.11}$$

将初值代入微分方程，得

$$\left.\frac{\partial\boldsymbol{f}}{\partial\boldsymbol{X}}\right|_{\boldsymbol{X}=\boldsymbol{a}}^{\mathrm{T}}\boldsymbol{P}(\boldsymbol{f}(\boldsymbol{a})-\boldsymbol{Y})\frac{\partial t}{\partial s}+t\boldsymbol{I}\frac{\partial\boldsymbol{X}}{\partial s}=\boldsymbol{0} \tag{4.12}$$

令 $\boldsymbol{B}_0^{\mathrm{T}}=\left.\frac{\partial\boldsymbol{f}}{\partial\boldsymbol{X}}\right|_{\boldsymbol{X}=\boldsymbol{a}}^{\mathrm{T}},t'=\frac{\partial t}{\partial s},\boldsymbol{X}'=\frac{\partial\boldsymbol{X}}{\partial s},\boldsymbol{l}_0=\boldsymbol{f}(\boldsymbol{a})-\boldsymbol{Y}$，则式(4.12)可写为

$$\boldsymbol{B}_0^{\mathrm{T}}\boldsymbol{P}\boldsymbol{l}_0 t'+t_0\boldsymbol{I}\boldsymbol{X}'=\boldsymbol{0} \tag{4.13}$$

对式(4.13)采用§3.4中介绍的正交分解法，对式(3.23)至式(3.26)求解，然后再应用龙格-库塔法对式(3.18)求解，预估 $y_1'(s_0)=(t_1'(s_0),\boldsymbol{X}_1'(s_0))$，并利用牛顿迭

代法对 y_1 进行修正，获得满足精度要求的 $y_1(s)=(t_1(s),\boldsymbol{X}_1(s))$。

根据 $y_1(s)=(t_1(s),\boldsymbol{X}_1(s))$ 继续跟踪曲线 $\lambda(s)$，式(4.11)变为

$$(\boldsymbol{X}_1-\boldsymbol{a}-\boldsymbol{B}_1^{\mathrm{T}}\boldsymbol{P}\boldsymbol{l}_1)t'+[t_1\boldsymbol{I}+(1-t_1)(\boldsymbol{B}_1^{\mathrm{T}}\boldsymbol{P}\boldsymbol{B}_1+\boldsymbol{G}_1^{\mathrm{T}}\boldsymbol{P}\boldsymbol{l}_1)]\boldsymbol{X}'=0$$

$$(t,\hat{\boldsymbol{X}})=(t_1(s),\boldsymbol{X}_1(s))$$

式中，$\boldsymbol{B}_1^{\mathrm{T}}=\left.\dfrac{\partial \boldsymbol{f}}{\partial \boldsymbol{X}}\right|_{\boldsymbol{X}=\boldsymbol{X}_1}^{\mathrm{T}}$，$\boldsymbol{G}_1^{\mathrm{T}}=\left.\dfrac{\partial^2 \boldsymbol{f}}{\partial \boldsymbol{X}^2}\right|_{\boldsymbol{X}=\boldsymbol{X}_1}^{\mathrm{T}}$，$\boldsymbol{l}_1=\boldsymbol{f}(\boldsymbol{X}_1(s))-\boldsymbol{Y}$。

重复与上述相同的微分方程求解的预估—校正法，求得满足一定误差限制的曲线 $\lambda(s)$ 的点为 $y_2=(t_2,\boldsymbol{X}_2)$、…、$y_k=(t_k,\boldsymbol{X}_k)(k\geqslant 0)$，直到 $|\hat{t}_{k+1}-0|=|\hat{t}_{k+1}|<\varepsilon$，且 $|F(\boldsymbol{X}_{k+1})-0|=|F(\boldsymbol{X}_{k+1})|<\varepsilon$，则 $\hat{\boldsymbol{X}}=\boldsymbol{X}_{k+1}$，求得满足最小二乘原理的式(4.3)的解。

对于曲线 $\lambda(s)$ 上的第 k 点 $y_k=(t_k,\boldsymbol{X}_k)$ 有微分方程为

$$\left.\begin{aligned}&\left[\boldsymbol{X}_k-\boldsymbol{a}-\left.\frac{\partial \boldsymbol{f}}{\partial \boldsymbol{X}}\right|_{\boldsymbol{X}=\boldsymbol{X}_k}^{\mathrm{T}}\boldsymbol{P}(\boldsymbol{f}(\boldsymbol{X}_k)-\boldsymbol{Y})\right]t'+\left\{t_k\boldsymbol{I}+(1-t_k)\left[\left.\frac{\partial \boldsymbol{f}}{\partial \boldsymbol{X}}\right|_{\boldsymbol{X}=\boldsymbol{X}_k}^{\mathrm{T}}\boldsymbol{P}\left.\frac{\partial \boldsymbol{f}}{\partial \boldsymbol{X}}\right|_{\boldsymbol{X}=\boldsymbol{X}_k}+\right.\right.\\&\left.\left.\left.\frac{\partial^2 \boldsymbol{f}}{\partial \boldsymbol{X}^2}\right|_{\boldsymbol{X}=\boldsymbol{X}_k}^{\mathrm{T}}\boldsymbol{P}(\boldsymbol{f}(\boldsymbol{X}_k)-\boldsymbol{Y})\right]\right\}\boldsymbol{X}'=\boldsymbol{0}\\&(t,\boldsymbol{X})=(t_k,\boldsymbol{X}_k)\end{aligned}\right\}\tag{4.14}$$

式(4.14)一般表示为

$$\left.\begin{aligned}&(\boldsymbol{X}_k-\boldsymbol{a}-\boldsymbol{B}_k^{\mathrm{T}}\boldsymbol{P}\boldsymbol{l}_k)t'+[t_k\boldsymbol{I}+(1-t_k)(\boldsymbol{B}_k^{\mathrm{T}}\boldsymbol{P}\boldsymbol{B}_k+\boldsymbol{G}_k^{\mathrm{T}}\boldsymbol{P}\boldsymbol{l}_k)]\boldsymbol{X}'=0\\&(t,\boldsymbol{X})=(t_k,\boldsymbol{X}_k)\end{aligned}\right\}\tag{4.15}$$

式中，$\boldsymbol{B}_k^{\mathrm{T}}=\left.\dfrac{\partial \boldsymbol{f}}{\partial \boldsymbol{X}}\right|_{\boldsymbol{X}=\boldsymbol{X}_k}^{\mathrm{T}}$ 为 $\boldsymbol{f}(\boldsymbol{X})$ 在 $\boldsymbol{X}=\boldsymbol{X}_k$ 处的雅可比矩阵，$\boldsymbol{G}_k^{\mathrm{T}}=\left.\dfrac{\partial^2 \boldsymbol{f}}{\partial \boldsymbol{X}^2}\right|_{\boldsymbol{X}=\boldsymbol{X}_k}^{\mathrm{T}}$ 为 $\boldsymbol{f}(\boldsymbol{X})$ 在 $\boldsymbol{X}=\boldsymbol{X}_k$ 的黑塞矩阵，$\boldsymbol{l}_k=\boldsymbol{f}(\boldsymbol{X}_k)-\boldsymbol{Y}$ 为式(4.3)在 $\boldsymbol{X}=\boldsymbol{X}_k$ 处的近似值，$\boldsymbol{I}$ 为单位矩阵。

综上所述，非线性误差方程的同伦最小二乘求解法为：首先对误差方程式(4.3)直接求其非线性最小二乘，如式(4.5)所示。对该方程求一阶编导数，获得的满足非线性最小二乘的非线性方程为式(4.6)；然后对该非线性方程构成同伦函数即式(4.8)，根据同伦非线性法求解思想，跟踪 $\boldsymbol{H}(t,\boldsymbol{X})=\boldsymbol{0}$ 的曲线 $\lambda(s)$ 上的点 $y=(t,\boldsymbol{X})$；由于 0 是 H 和其边界值 ∂H 的正则值，则 $n\times(n+1)$ 的 $\boldsymbol{H}$ 矩阵的一阶偏导数矩阵 $\dfrac{\partial \boldsymbol{H}}{\partial(t,\boldsymbol{X})}$ 行满秩，因此利用解微分方程初值问题对曲线 $\lambda(s)$ 进行跟踪，即一般而言的对非线性同伦最小二乘求解，模型如式(4.15)所示；根据解微分方程初值的预估—校正法，对非线性同伦最小二乘模型求解，从 $t=1$、$\boldsymbol{X}=\boldsymbol{a}$ 的端点开始，跟踪曲线 $\lambda(s)$，直至其收敛到 $t=0$、$\boldsymbol{F}(\boldsymbol{X}^*)=\boldsymbol{0}$(曲线的另一端点)，从而获得满

足非线性最小二乘的非线性方程的解。

非线性同伦最小二乘方法与其他非线性方程求解的过程不同，其他方法或是先将非线性方程取其参数近似值线性化再求线性最小二乘解，或是将非线性最小二乘的方程线性化，不符合非线性特性。特别是当非线性方程的非线性强度较强时，其他方法在理论上不够严密。而非线性同伦最小二乘不仅直接求非线性最小二乘方程，还可通过对非线性同伦曲线 $\lambda(s)$ 的跟踪进行参数求解，因此该方法较符合非线性特性，理论上也较严密，且解值稳定。该非线性同伦最小二乘求解具有大范围收敛性，对方程参数近似值与真值距离较远的非线性方程组求解具有特别的意义和重要的作用。

§4.2　非线性同伦最小二乘算例

为了进一步研究非线性同伦最小二乘方法的可行性、求解特点及实际应用的有效性与实用性，对非线性方程用同伦最小二乘进行实际求解。

例 4.1　同例 2.1，有误差方程为

$$V_i = f_i(X) - Y_i = x_1 \mathrm{e}^{ix_2} - Y_i \quad (i=1,2,3,4,5)$$

式中，$\boldsymbol{Y}^{\mathrm{T}} = [4.20\quad 3.25\quad 2.52\quad 1.95\quad 1.51]$；用非线性同伦最小二乘求解方程中的未知参数 x_1、x_2，其真值为 $\boldsymbol{X} = [5.420\,136\,187\quad -0.254\,361\,89]^{\mathrm{T}}$。

根据非线性最小二乘有

$$\boldsymbol{V}^{\mathrm{T}}\boldsymbol{V} = (\boldsymbol{f}(\boldsymbol{X}) - \boldsymbol{Y})^{\mathrm{T}}(\boldsymbol{f}(\boldsymbol{X}) - \boldsymbol{Y}) = \min$$

$$\frac{\partial(\boldsymbol{V}^{\mathrm{T}}\boldsymbol{V})}{\partial x_1} = 2x_1 \sum_{i=1}^{5} \mathrm{e}^{2ix_2} - 2\sum_{i=1}^{5} Y_i \mathrm{e}^{ix_2} = 0$$

$$\frac{\partial(\boldsymbol{V}^{\mathrm{T}}\boldsymbol{V})}{\partial x_2} = 2x_1^2 \sum_{i=1}^{5} i\,\mathrm{e}^{2ix_2} - 2x_1 \sum_{i=1}^{5} iY_i \mathrm{e}^{ix_2} = 0$$

令

$$F_1(x_1, x_2) = x_1 \sum_{i=1}^{5} \mathrm{e}^{2ix_2} - \sum_{i=1}^{5} Y_i \mathrm{e}^{ix_2} = 0$$

$$F_2(x_1, x_2) = x_1 \left(x_1 \sum_{i=1}^{5} i\,\mathrm{e}^{2ix_2} - \sum_{i=1}^{5} iY_i \mathrm{e}^{ix_2} \right) = 0$$

构成同伦函数，为

$$H_1(t, x) = (1-t)F_1(x_1, x_2) + t(x_1 - a_1)$$

$$H_2(t, x) = (1-t)F_2(x_1, x_2) + t(x_2 - a_2)$$

求 $H(t,x)$ 的一阶偏导数，为

$$\frac{\partial H_1}{\partial(t,x)} = (x_1 - a_1 - F_1(x_1, x_2))t' + \left[t + (1-t)\sum_{i=1}^{5} \mathrm{e}^{2ix_2} \right] x_1' +$$

$$(1-t)\left(2x_1 \sum_{i=1}^{5} i\,\mathrm{e}^{2ix_2} - \sum iY_i \mathrm{e}^{ix_2} \right) x_2' = 0$$

$$\frac{\partial H_2}{\partial(t,x)}=(x_2-a_2-F_2(x_1,x_2))t'+(1-t)\left[2x_1\sum_{i=1}^{5}i\mathrm{e}^{2ix_2}-\sum iY_i\mathrm{e}^{ix_2}\right]x_1'+$$
$$\left[t+(1-t)\left(2x_1^2\sum_{i=1}^{5}i^2\mathrm{e}^{2ix_2}-x_1\sum_{i=1}^{5}i^2Y_i\mathrm{e}^{2ix_2}\right)\right]x_2'=0$$

则有微分方程，为

$$\left(x_1-a_1-x_1\sum_{i=1}^{5}\mathrm{e}^{2ix_2}+\sum_{i=1}^{5}Y_i\mathrm{e}^{ix_2}\right)t'+\left[t+(1-t)\sum_{i=1}^{5}\mathrm{e}^{2ix_2}\right]x_1'+$$
$$(1-t)\left(2x_1\sum_{i=1}^{5}i\mathrm{e}^{2ix_2}-\sum_{i=1}^{5}iY_i\mathrm{e}^{ix_2}\right)x_2'=0$$
$$\left[x_2-a_2-x_1\left(x_1\sum_{i=1}^{5}i\mathrm{e}^{2ix_2}-\sum_{i=1}^{5}iY_i\mathrm{e}^{ix_2}\right)\right]t'+$$
$$(1-t)\left(2x_1\sum_{i=1}^{5}i\mathrm{e}^{2ix_2}-\sum_{i=1}^{5}iY_i\mathrm{e}^{ix_2}\right)x_1'+$$
$$\left[t+(1-t)\left(2x_1^2\sum_{i=1}^{5}i^2\mathrm{e}^{2ix_2}-x_1\sum_{i=1}^{5}i^2Y_i\mathrm{e}^{2ix_2}\right)\right]x_2'=0$$
$$(t,x_1,x_2)=(1,a_1,a_2)$$

用预估—校正法，求解微分方程的初值问题。取 $\boldsymbol{a}$ 为与例2.1中相同的初值，即 $a_1=5.4$、$a_2=-0.3$。误差限值 $\varepsilon=10^{-6}$，当 $t<\varepsilon$ 时，求出 $x_1=5.4227446$、$x_2=-0.2556722$。再取 $a_1=5.4$、$a_2=-0.5$（在例2.1中，使用牛顿法求解，当近似值取 $x_1=5.4$、$x_2=-0.5$ 时计算结果发散），同伦法求解得 $x_1=5.4227703$、$x_2=-0.2556741$。

为检验同伦方法的大范围收敛性，进一步选取了三种不同的初值，取值及结果如下：

（1）取 $a_1=4.0$、$a_2=-1.1$，同伦法求得 $x_1=5.42251705$、$x_2=-0.2556653$。

（2）取 $a_1=1.8$、$a_2=-1.1$，同伦法求得 $x_1=5.4226056$、$x_2=-0.2556723$。

（3）取 $a_1=10.0$、$a_2=-2.0$，同伦法求得 $x_1=5.4228114$、$x_2=-0.2556793$。

以上三种取值均与初值相距较远，特别是第二种和第三种情况，但采用同伦最小二乘法均可求得精确的方程未知参数解。因此，对于非线性方程求解前无法获得较精确未知参数初值的方程，该方法具有特别的实用价值。

求解过程表明，当初值偏离真值较远时，正确地选择计算步长（弧长）s 的初始长度就显得特别重要：如果 s 过小，未知参数初值远离真值，会导致求解几乎无法收敛；而如果 s 过大，会导致求解从跟踪的同伦曲线滑向另一条同伦曲线

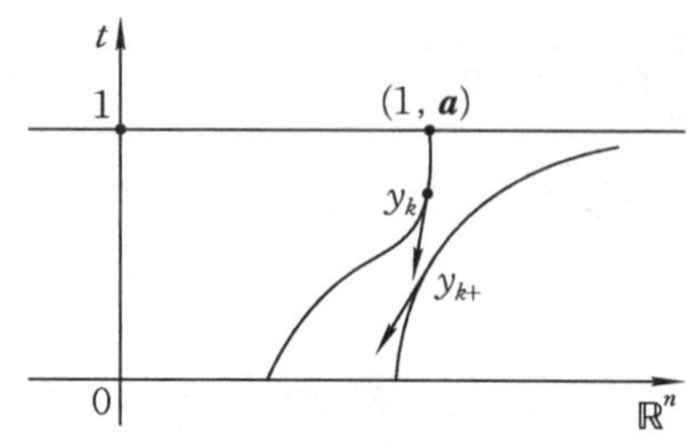

图 4.1　计算步长过大时同伦曲线情形

(图 4.1)。在本算例求解中,当取 $a_1=1.8$、$a_2=-1.1$ 时,如果取初始弧长 $s=0.7$,可求得正确解值;而如果取初始弧长 $s=0.8$,则结果为 $x_1=-51.987\,072$、$x_2=-16.741\,828$,显然它们不是原方程的解。

例 4.2　有测边网如图 4.2 所示,其中 A、B 为已知点,有 $x_A=0.000$ m、$y_A=0.000$ m、$x_B=22\,141.335$ m、$y_B=0.000$ m。同精密度测得边长观测值为 $s_1=27\,908.063$ m、$s_2=20\,044.592$ m、$s_3=36\,577.034$ m、$s_4=20\,480.046$ m、$s_5=29\,402.438$ m。现用同伦最小二乘法求待定点 C、D 的坐标平差值。

设 C、D 两点坐标的近似值为 $x_C^{(0)}=19\,187.335$ m、$y_C^{(0)}=20\,265.887$ m、$x_D^{(0)}=-10\,068.386$ m、$y_D^{(0)}=17\,332.434$ m。

对于观测值,有误差方程为

$$v_1=\sqrt{(x_C-x_A)^2+(y_C-y_A)^2}-s_1$$
$$v_2=\sqrt{(x_D-x_A)^2+(y_D-y_A)^2}-s_2$$
$$v_3=\sqrt{(x_D-x_B)^2+(y_D-y_B)^2}-s_3$$
$$v_4=\sqrt{(x_C-x_B)^2+(y_C-y_B)^2}-s_4$$
$$v_5=\sqrt{(x_C-x_D)^2+(y_C-y_D)^2}-s_5$$

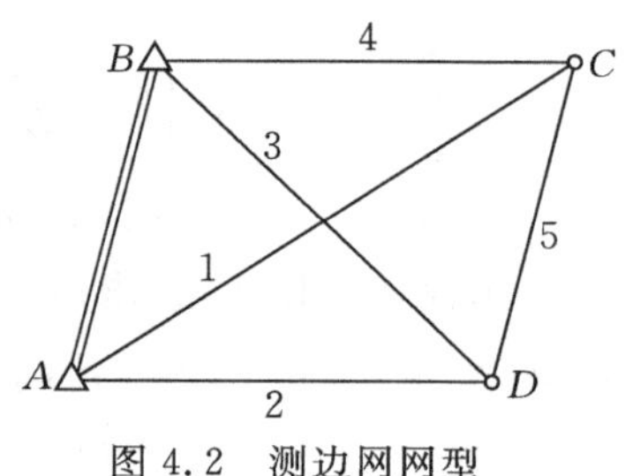

图 4.2　测边网网型

其矩阵形式为

$$\boldsymbol{V}=\boldsymbol{f}(\boldsymbol{X})-\boldsymbol{S}$$

式中

$$\boldsymbol{V}=[v_1\quad v_2\quad v_3\quad v_4\quad v_5]^{\mathrm{T}}$$
$$\boldsymbol{X}=[x_1\quad x_2\quad x_3\quad x_4]^{\mathrm{T}}=[x_C\quad y_C\quad x_D\quad y_D]^{\mathrm{T}}$$
$$\boldsymbol{f}(\boldsymbol{X})=\begin{bmatrix}\sqrt{(x_C-x_A)^2+(y_C-y_A)^2}\\ \sqrt{(x_D-x_A)^2+(y_D-y_A)^2}\\ \sqrt{(x_D-x_B)^2+(y_D-y_B)^2}\\ \sqrt{(x_C-x_B)^2+(y_C-y_B)^2}\\ \sqrt{(x_C-x_D)^2+(y_C-y_D)^2}\end{bmatrix},\ \boldsymbol{S}=\begin{bmatrix}s_1\\ s_2\\ s_3\\ s_4\\ s_5\end{bmatrix}$$

根据最小二乘原理,得

$$\boldsymbol{V}^{\mathrm{T}}\boldsymbol{V}=(\boldsymbol{f}(\boldsymbol{X})-\boldsymbol{S})^{\mathrm{T}}(\boldsymbol{f}(\boldsymbol{X})-\boldsymbol{S})=\min$$
$$\frac{\partial(\boldsymbol{V}^{\mathrm{T}}\boldsymbol{V})}{\partial\boldsymbol{X}}=2\left.\frac{\partial\boldsymbol{f}(\boldsymbol{X})}{\partial\boldsymbol{X}}\right|_{\boldsymbol{X}=\hat{\boldsymbol{X}}}^{\mathrm{T}}(\boldsymbol{f}(\boldsymbol{X})-\boldsymbol{S})=\boldsymbol{0}$$

式中

$$\boldsymbol{B}=\frac{\partial \boldsymbol{f}(\boldsymbol{X})}{\partial \boldsymbol{X}}=\begin{bmatrix} a_{CA} & b_{CA} & 0 & 0 \\ 0 & 0 & a_{DA} & b_{DA} \\ 0 & 0 & a_{DB} & b_{DB} \\ a_{CB} & b_{CB} & 0 & 0 \\ a_{CD} & b_{CD} & -a_{CD} & -b_{CD} \end{bmatrix}$$

其中，$a_{ik}=\dfrac{x_i-x_k}{s_{ik}}, b_{ik}=\dfrac{y_i-y_k}{s_{ik}}$。

令

$$\boldsymbol{F}(\boldsymbol{X})=\left(\frac{\partial \boldsymbol{f}(\boldsymbol{X})}{\partial \boldsymbol{X}}\right)^{\mathrm{T}}(\boldsymbol{f}(\boldsymbol{X})-\boldsymbol{S})=\boldsymbol{B}^{\mathrm{T}}\boldsymbol{l}=\boldsymbol{0}$$
$$\boldsymbol{l}=\boldsymbol{f}(\boldsymbol{X})-\boldsymbol{S}$$

即

$$F_1(\boldsymbol{X})=a_{CA}(f_1(\boldsymbol{X})-s_1)+a_{CB}(f_4(\boldsymbol{X})-s_4)+a_{CD}(f_5(\boldsymbol{X})-s_5)$$
$$F_2(\boldsymbol{X})=b_{CA}(f_1(\boldsymbol{X})-s_1)+b_{CB}(f_4(\boldsymbol{X})-s_4)+b_{CD}(f_5(\boldsymbol{X})-s_5)$$
$$F_3(\boldsymbol{X})=a_{DA}(f_2(\boldsymbol{X})-s_2)+a_{DB}(f_3(\boldsymbol{X})-s_3)+a_{CD}(f_5(\boldsymbol{X})-s_5)$$
$$F_4(\boldsymbol{X})=b_{DA}(f_2(\boldsymbol{X})-s_2)+b_{DB}(f_3(\boldsymbol{X})-s_3)+b_{CD}(f_5(\boldsymbol{X})-s_5)$$

构成同伦函数为

$$H_1(t,X)=(1-t)F_1+t(x_C-a_1)$$
$$H_2(t,X)=(1-t)F_2+t(y_C-a_2)$$
$$H_3(t,X)=(1-t)F_3+t(x_D-a_3)$$
$$H_4(t,X)=(1-t)F_4+t(y_D-a_4)$$

对 $\boldsymbol{H}$ 求一阶偏导数，得

$$\frac{\partial \boldsymbol{H}}{\partial(t,\boldsymbol{X})}=\left[\boldsymbol{X}-\boldsymbol{a}-\left(\frac{\partial \boldsymbol{f}(\boldsymbol{X})}{\partial \boldsymbol{X}}\right)^{\mathrm{T}}(\boldsymbol{f}(\boldsymbol{X})-\boldsymbol{S})\right]t'+\left\{t\boldsymbol{I}+(1-t)\left[\left(\frac{\partial^2 \boldsymbol{f}(\boldsymbol{X})}{\partial \boldsymbol{X}^2}\right)^{\mathrm{T}}(\boldsymbol{f}(\boldsymbol{X})-\boldsymbol{S})+\left(\frac{\partial \boldsymbol{f}(\boldsymbol{X})}{\partial \boldsymbol{X}}\right)^{\mathrm{T}}\left(\frac{\partial \boldsymbol{f}(\boldsymbol{X})}{\partial \boldsymbol{X}}\right)\right]\right\}\boldsymbol{X}'=\boldsymbol{0}$$

或表示为

$$\frac{\partial \boldsymbol{H}}{\partial(t,\boldsymbol{X})}=[\boldsymbol{X}-\boldsymbol{a}-\boldsymbol{B}^{\mathrm{T}}\boldsymbol{l}]t'+[t\boldsymbol{I}+(1-t)(\boldsymbol{G}^{\mathrm{T}}\boldsymbol{l}+\boldsymbol{B}^{\mathrm{T}}\boldsymbol{B})]\boldsymbol{X}'=\boldsymbol{0}$$

式中

$$\underset{5\times4\times4}{\boldsymbol{G}}=\frac{\partial^2 \boldsymbol{f}(\boldsymbol{X})}{\partial \boldsymbol{X}^2}=\begin{bmatrix} \frac{\partial^2 f_1}{\partial x_1\partial x_i} & \frac{\partial^2 f_1}{\partial x_2\partial x_i} & \frac{\partial^2 f_1}{\partial x_3\partial x_i} & \frac{\partial^2 f_1}{\partial x_4\partial x_i} \\ \frac{\partial^2 f_2}{\partial x_1\partial x_i} & \frac{\partial^2 f_2}{\partial x_2\partial x_i} & \frac{\partial^2 f_2}{\partial x_3\partial x_i} & \frac{\partial^2 f_2}{\partial x_4\partial x_i} \\ \frac{\partial^2 f_3}{\partial x_1\partial x_i} & \frac{\partial^2 f_3}{\partial x_2\partial x_i} & \frac{\partial^2 f_3}{\partial x_3\partial x_i} & \frac{\partial^2 f_3}{\partial x_4\partial x_i} \\ \frac{\partial^2 f_4}{\partial x_1\partial x_i} & \frac{\partial^2 f_4}{\partial x_2\partial x_i} & \frac{\partial^2 f_4}{\partial x_3\partial x_i} & \frac{\partial^2 f_4}{\partial x_4\partial x_i} \\ \frac{\partial^2 f_5}{\partial x_1\partial x_i} & \frac{\partial^2 f_5}{\partial x_2\partial x_i} & \frac{\partial^2 f_5}{\partial x_3\partial x_i} & \frac{\partial^2 f_5}{\partial x_4\partial x_i} \end{bmatrix}\quad (i=1,2,3,4)$$

$$\underset{4\times4}{\boldsymbol{G}^{\mathrm{T}}\boldsymbol{l}_i}=\begin{bmatrix}\sum_{i=1}^{5}\frac{\partial^2 f_i}{\partial x_1\partial x_1}l_i & \sum_{i=1}^{5}\frac{\partial^2 f_i}{\partial x_1\partial x_2}l_i & \sum_{i=1}^{5}\frac{\partial^2 f_i}{\partial x_1\partial x_3}l_i & \sum_{i=1}^{5}\frac{\partial^2 f_i}{\partial x_1\partial x_4}l_i \\ \sum_{i=1}^{5}\frac{\partial^2 f_i}{\partial x_2\partial x_1}l_i & \sum_{i=1}^{5}\frac{\partial^2 f_i}{\partial x_2\partial x_2}l_i & \sum_{i=1}^{5}\frac{\partial^2 f_i}{\partial x_2\partial x_3}l_i & \sum_{i=1}^{5}\frac{\partial^2 f_i}{\partial x_2\partial x_4}l_i \\ \sum_{i=1}^{5}\frac{\partial^2 f_i}{\partial x_3\partial x_1}l_i & \sum_{i=1}^{5}\frac{\partial^2 f_i}{\partial x_3\partial x_2}l_i & \sum_{i=1}^{5}\frac{\partial^2 f_i}{\partial x_3\partial x_3}l_i & \sum_{i=1}^{5}\frac{\partial^2 f_i}{\partial x_3\partial x_4}l_i \\ \sum_{i=1}^{5}\frac{\partial^2 f_i}{\partial x_4\partial x_1}l_i & \sum_{i=1}^{5}\frac{\partial^2 f_i}{\partial x_4\partial x_2}l_i & \sum_{i=1}^{5}\frac{\partial^2 f_i}{\partial x_4\partial x_3}l_i & \sum_{i=1}^{5}\frac{\partial^2 f_i}{\partial x_4\partial x_4}l_i\end{bmatrix}$$

$$\underset{4\times4}{\boldsymbol{B}^{\mathrm{T}}\boldsymbol{B}}=\begin{bmatrix}\sum_{i=1}^{5}\frac{\partial f_i}{\partial x_1}\frac{\partial f_i}{\partial x_1} & \sum_{i=1}^{5}\frac{\partial f_i}{\partial x_1}\frac{\partial f_i}{\partial x_2} & \sum_{i=1}^{5}\frac{\partial f_i}{\partial x_1}\frac{\partial f_i}{\partial x_3} & \sum_{i=1}^{5}\frac{\partial f_i}{\partial x_1}\frac{\partial f_i}{\partial x_4} \\ \sum_{i=1}^{5}\frac{\partial f_i}{\partial x_2}\frac{\partial f_i}{\partial x_1} & \sum_{i=1}^{5}\frac{\partial f_i}{\partial x_2}\frac{\partial f_i}{\partial x_2} & \sum_{i=1}^{5}\frac{\partial f_i}{\partial x_2}\frac{\partial f_i}{\partial x_3} & \sum_{i=1}^{5}\frac{\partial f_i}{\partial x_2}\frac{\partial f_i}{\partial x_4} \\ \sum_{i=1}^{5}\frac{\partial f_i}{\partial x_3}\frac{\partial f_i}{\partial x_1} & \sum_{i=1}^{5}\frac{\partial f_i}{\partial x_3}\frac{\partial f_i}{\partial x_2} & \sum_{i=1}^{5}\frac{\partial f_i}{\partial x_3}\frac{\partial f_i}{\partial x_3} & \sum_{i=1}^{5}\frac{\partial f_i}{\partial x_3}\frac{\partial f_i}{\partial x_4} \\ \sum_{i=1}^{5}\frac{\partial f_i}{\partial x_4}\frac{\partial f_i}{\partial x_1} & \sum_{i=1}^{5}\frac{\partial f_i}{\partial x_4}\frac{\partial f_i}{\partial x_2} & \sum_{i=1}^{5}\frac{\partial f_i}{\partial x_4}\frac{\partial f_i}{\partial x_3} & \sum_{i=1}^{5}\frac{\partial f_i}{\partial x_4}\frac{\partial f_i}{\partial x_4}\end{bmatrix}$$

其中，$\boldsymbol{G}$ 为 $\boldsymbol{f}$ 的二阶偏导数矩阵，则有

$$\frac{\partial^2 f_1}{\partial x_1\partial x_i}=\begin{bmatrix}\frac{\partial^2 f_1}{\partial x_C\partial x_C} & \frac{\partial^2 f_1}{\partial x_C\partial y_C} & \frac{\partial^2 f_1}{\partial x_C\partial x_D} & \frac{\partial^2 f_1}{\partial x_C\partial y_D}\end{bmatrix}=[aa_{CA}\quad ab_{CA}\quad 0\quad 0]$$

$$\frac{\partial^2 f_1}{\partial x_2\partial x_i}=\begin{bmatrix}\frac{\partial^2 f_1}{\partial y_C\partial x_C} & \frac{\partial^2 f_1}{\partial y_C\partial y_C} & \frac{\partial^2 f_1}{\partial y_C\partial x_D} & \frac{\partial^2 f_1}{\partial y_C\partial y_D}\end{bmatrix}=[ba_{CA}\quad bb_{CA}\quad 0\quad 0]$$

$$\frac{\partial^2 f_1}{\partial x_3\partial x_i}=\frac{\partial^2 f_1}{\partial x_D\partial x_i}=0$$

$$\frac{\partial^2 f_1}{\partial x_4\partial x_i}=\frac{\partial^2 f_1}{\partial y_D\partial x_i}=0$$

$$\frac{\partial^2 f_2}{\partial x_1\partial x_i}=\frac{\partial^2 f_2}{\partial x_C\partial x_i}=0$$

$$\frac{\partial^2 f_2}{\partial x_2\partial x_i}=\frac{\partial^2 f_2}{\partial y_C\partial x_i}=0$$

$$\frac{\partial^2 f_2}{\partial x_3\partial x_i}=\begin{bmatrix}\frac{\partial^2 f_2}{\partial x_D\partial x_C} & \frac{\partial^2 f_2}{\partial x_D\partial y_C} & \frac{\partial^2 f_2}{\partial x_D\partial x_D} & \frac{\partial^2 f_2}{\partial x_D\partial y_D}\end{bmatrix}=[0\quad 0\quad aa_{DA}\quad ab_{DA}]$$

$$\frac{\partial^2 f_2}{\partial x_4\partial x_i}=\begin{bmatrix}\frac{\partial^2 f_2}{\partial y_D\partial x_C} & \frac{\partial^2 f_2}{\partial y_D\partial y_C} & \frac{\partial^2 f_2}{\partial y_D\partial x_D} & \frac{\partial^2 f_2}{\partial y_D\partial y_D}\end{bmatrix}=[0\quad 0\quad ba_{DA}\quad bb_{DA}]$$

$$\frac{\partial^2 f_3}{\partial x_1\partial x_i}=\frac{\partial^2 f_3}{\partial x_C\partial x_i}=0$$

$$\frac{\partial^2 f_3}{\partial x_2 \partial x_i} = \frac{\partial^2 f_3}{\partial y_C \partial x_i} = 0$$

$$\frac{\partial^2 f_3}{\partial x_3 \partial x_i} = \begin{bmatrix} \frac{\partial^2 f_3}{\partial x_D \partial x_C} & \frac{\partial^2 f_3}{\partial x_D \partial y_C} & \frac{\partial^2 f_3}{\partial x_D \partial x_D} & \frac{\partial^2 f_3}{\partial x_D \partial y_D} \end{bmatrix} = [0 \quad 0 \quad aa_{DB} \quad ab_{DB}]$$

$$\frac{\partial^2 f_3}{\partial x_4 \partial x_i} = \begin{bmatrix} \frac{\partial^2 f_3}{\partial y_D \partial x_C} & \frac{\partial^2 f_3}{\partial y_D \partial y_C} & \frac{\partial^2 f_3}{\partial y_D \partial x_D} & \frac{\partial^2 f_3}{\partial y_D \partial y_D} \end{bmatrix} = [0 \quad 0 \quad ba_{DB} \quad bb_{DB}]$$

$$\frac{\partial^2 f_4}{\partial x_1 \partial x_i} = \begin{bmatrix} \frac{\partial^2 f_4}{\partial x_C \partial x_C} & \frac{\partial^2 f_4}{\partial x_C \partial y_C} & \frac{\partial^2 f_4}{\partial x_C \partial x_D} & \frac{\partial^2 f_4}{\partial x_C \partial y_D} \end{bmatrix} = [aa_{CB} \quad ab_{CB} \quad 0 \quad 0]$$

$$\frac{\partial^2 f_4}{\partial x_2 \partial x_i} = \begin{bmatrix} \frac{\partial^2 f_4}{\partial y_C \partial x_C} & \frac{\partial^2 f_4}{\partial y_C \partial y_C} & \frac{\partial^2 f_4}{\partial y_C \partial x_D} & \frac{\partial^2 f_4}{\partial y_C \partial y_D} \end{bmatrix} = [ba_{CB} \quad bb_{CB} \quad 0 \quad 0]$$

$$\frac{\partial^2 f_4}{\partial x_3 \partial x_i} = \frac{\partial^2 f_4}{\partial x_D \partial x_i} = 0$$

$$\frac{\partial^2 f_4}{\partial x_4 \partial x_i} = \frac{\partial^2 f_4}{\partial y_D \partial x_i} = 0$$

$$\frac{\partial^2 f_5}{\partial x_1 \partial x_i} = \begin{bmatrix} \frac{\partial^2 f_5}{\partial x_C \partial x_C} & \frac{\partial^2 f_5}{\partial x_C \partial y_C} & \frac{\partial^2 f_5}{\partial x_C \partial x_D} & \frac{\partial^2 f_5}{\partial x_C \partial y_D} \end{bmatrix} = [aa_{CD} \quad ab_{CD} \quad aa_{CD} \quad ab_{CD}]$$

$$\frac{\partial^2 f_5}{\partial x_2 \partial x_i} = \begin{bmatrix} \frac{\partial^2 f_5}{\partial y_C \partial x_C} & \frac{\partial^2 f_5}{\partial y_C \partial y_C} & \frac{\partial^2 f_5}{\partial y_C \partial x_D} & \frac{\partial^2 f_5}{\partial y_C \partial y_D} \end{bmatrix} = [ba_{CD} \quad bb_{CD} \quad ba_{CD} \quad bb_{CD}]$$

$$\frac{\partial^2 f_5}{\partial x_3 \partial x_i} = \begin{bmatrix} \frac{\partial^2 f_5}{\partial x_D \partial x_C} & \frac{\partial^2 f_5}{\partial x_D \partial y_C} & \frac{\partial^2 f_5}{\partial x_D \partial x_D} & \frac{\partial^2 f_5}{\partial x_D \partial y_D} \end{bmatrix} = [-aa_{CD} \quad -ab_{CD} \quad aa_{CD} \quad ab_{CD}]$$

$$\frac{\partial^2 f_5}{\partial x_4 \partial x_i} = \begin{bmatrix} \frac{\partial^2 f_5}{\partial y_D \partial x_C} & \frac{\partial^2 f_5}{\partial y_D \partial y_C} & \frac{\partial^2 f_5}{\partial y_D \partial x_D} & \frac{\partial^2 f_5}{\partial y_D \partial y_D} \end{bmatrix} = [-ba_{CD} \quad -bb_{CD} \quad ba_{CD} \quad bb_{CD}]$$

$$aa_{ik} = \frac{(y_i - y_k)^2}{s_{ik}^3}、bb_{ik} = \frac{(x_i - x_k)^2}{s_{ik}^3}、ab_{ik} = ba_{ik} = -\frac{(x_i - x_k)(y_i - y_k)}{s_{ik}^3}。$$

微分方程初值问题为

$$[\boldsymbol{X} - \boldsymbol{a} - \boldsymbol{B}^{\mathrm{T}}\boldsymbol{l}]t' + [t\boldsymbol{I} + (1-t)(\boldsymbol{G}^{\mathrm{T}}\boldsymbol{l} + \boldsymbol{B}^{\mathrm{T}}\boldsymbol{B})]\boldsymbol{X}' = \boldsymbol{0}$$

$$(t, x_C, y_C, x_D, y_D) = (1, a_1, a_2, a_3, a_4)$$

令 $a_1 = x_C^{(0)}$、$a_2 = y_C^{(0)}$、$a_3 = x_D^{(0)}$、$a_4 = y_D^{(0)}$，解微分方程初值，得未知参数最小二乘平差值为

$$\hat{x}_C = 19\,187.340\,1,\ \hat{y}_C = 20\,265.885\,6$$

$$\hat{x}_D = -10\,068.395\,1,\ \hat{y}_D = 17\,332.426\,0$$

观测值改正数为

$$\boldsymbol{V} = [2.88 \quad -2.42 \quad 3.92 \quad -1.89 \quad -2.26](\mathrm{mm})$$

$$\boldsymbol{V}^{\mathrm{T}}\boldsymbol{V} = 38.354\,070\,2\ \mathrm{mm}^2,\ \sigma_0 = \pm 4.379\,1\ \mathrm{mm}$$

采用经典线性化最小二乘，计算的结果为

$$\hat{x}_C = 19\,187.340\,1,\ \hat{y}_C = 20\,265.885\,6$$

$$\hat{x}_D = -10\,068.395\,1,\ \hat{y}_D = 17\,332.426\,0$$

观测值改正数为

$$\mathbf{V}=[2.88\quad -2.42\quad 3.94\quad -1.89\quad -2.26](\mathrm{mm})$$

$$\mathbf{V}^{\mathrm{T}}\mathbf{V}=38.354\,071\,9\ \mathrm{mm}^2,\ \sigma_0=\pm 4.379\,2\ \mathrm{mm}$$

此时两种求解方法结果相同,精度基本相等。

当初始值 $a_1=19\,186.000$、$a_2=20\,265.087$、$a_3=-10\,068.700$、$a_4=17\,331.084$ 时,用同伦最小二乘方法解得

$$\hat{x}_C=19\,187.340\,1,\ \hat{y}_C=20\,265.885\,6$$

$$\hat{x}_D=-10\,068.395\,1,\ \hat{y}_D=17\,332.426\,0$$

观测值改正数为

$$\mathbf{V}=[2.88\quad -2.42\quad 3.94\quad -1.89\quad -2.26](\mathrm{mm})$$

$$\mathbf{V}^{\mathrm{T}}\mathbf{V}=38.354\,071\ \mathrm{mm}^2,\ \sigma_0=\pm 4.379\,1\ \mathrm{mm}$$

而取 $x_C^{(0)}=a_1$、$y_C^{(0)}=a_2$、$x_D^{(0)}=a_3$、$y_D^{(0)}=a_4$,进行线性化最小二乘,解得

$$\hat{x}_C=19\,187.340\,0,\hat{y}_C=20\,265.885\,7$$

$$\hat{x}_D=-10\,068.395\,4,\hat{y}_D=17\,332.426\,1$$

观测值改正数为

$$V=[2.89\quad -2.42\quad 3.95\quad -1.84\quad -2.25](\mathrm{mm})$$

$$\mathbf{V}^{\mathrm{T}}\mathbf{V}=38.377\,560\ \mathrm{mm}^2,\ \sigma_0=\pm 4.380\,5\ \mathrm{mm}$$

从以上结果可以看出,当近似值取值与正确值有1 m左右的差值时,该测边网采用同伦最小二乘法求解的精度高于线性化最小二乘求解的精度。

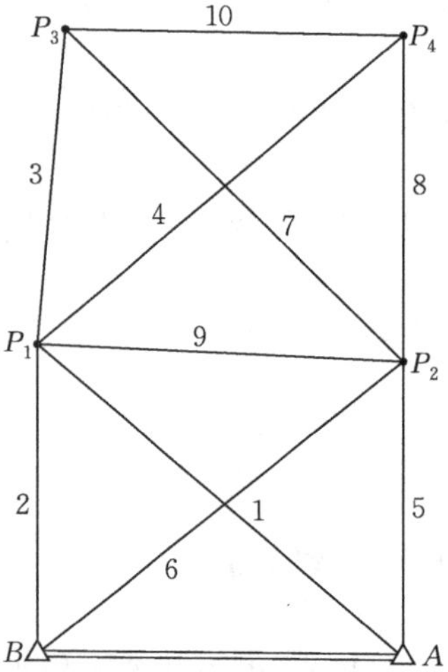

例4.3 有测边网如图4.3所示,其中A、B为B知点,已知坐标为$x_A=8\,434.880$ m、$y_A=1\,184.710$ m、$x_B=8\,724.639$ m、$y_B=809.720$ m,P_1、P_2、P_3、P_4为待定点,同精度观测了10条边长,观测值列于表4.1中。取2组不同的近似值,分别采用非线性同伦最小二乘方法和线性化最小二乘方法求解,其中第二组近似值中,P_1点的近似值$x_{P_1}^{(0)}$与正确值相差2.1 m、$y_{P_1}^{(0)}$与正确值相差0.8 mm。

图4.3 某测边网

表4.1 测边网观测值

编号	观测边长/m	编号	观测边长/m
1	660.288	6	317.007
2	324.613	7	472.529
3	212.444	8	247.431
4	437.793	9	347.336
5	333.549	10	386.740

两组近似值的取值及对应的最小二乘平差结果(非线性同伦法、线性化法)如表 4.2 所示,而不同平差结果相应的观测值改正数及其精度(单位数中误差)如表 4.3 所示。

表 4.2　近似坐标值及其最小二乘解　单位:m

坐标	第一组近似值及求解结果			第二组近似值及求解结果		
	近似值解	同伦解	线性化解	近似值解	同伦解	线性化解
x_{P_1}	9 034.161	9 034.167 1	9 034.173 1	9 036.261	9 034.167 1	9 034.174 3
y_{P_1}	907.526	907.527 5	907.526 5	908.364	907.527 5	907.521 5
x_{P_2}	8 762.941	8 762.946 1	8 762.954 3	8 762.941	8 762.946 1	8 762.953 6
y_{P_2}	1 124.473	1 124.473 8	1 124.477	1 124.423	1 124.473 8	1 124.477 3
x_{P_3}	9 221.070	9 221.057 2	9 221.641	9 221.070	9 221.057 2	9 221.063 0
y_{P_3}	1 008.488	1 008.490 0	1 008.486 7	1 008.400	1 008.489 8	1 008.486 4
x_{P_4}	9 031.110	9 031.114 9	9 031.126 1	9 031.070	9 031.114 9	9 031.125 7
y_{P_4}	1 345.340	1 345.343 2	1 345.342 4	1 345.250	1 345.343 2	1 345.342 6

表 4.3　不同平差结果对应的观测值改正数及精度　单位:mm

观测值改正数	第一组近似值		第二组近似值	
	同伦方法	线性化法	同伦方法	线性化法
v_1	−1.87	−3.12	−1.87	0.08
v_2	0.54	0.90	0.54	0.60
v_3	−0.27	−0.43	0.26	0.26
v_4	0.31	0.51	0.31	5.68
v_5	1.29	2.16	1.29	1.35
v_6	−0.72	−1.20	−0.72	0.74
v_7	0.36	0.60	0.36	0.46
v_8	−0.15	−0.25	0.15	0.19
v_9	1.21	2.04	1.22	7.10
v_{10}	−0.24	−0.40	−0.24	−0.30
$\sqrt{\mathbf{V}^{\mathrm{T}}\mathbf{V}}$	2.80	4.68	2.80	9.19
σ_0	1.98	3.31	1.98	6.50

由表 4.2 和表 4.3 可以看出,由于例 4.3 的测边网大于例 4.2,观测边长也比例 4.2 长 1 倍,所以线性化最小二乘的计算精度和解的稳定程度均低于非线性同伦最小二乘的结果,特别是当近似值与正确值偏离较大时,非线性同伦最小二乘解的坐标和精度基本无变化。而线性化最小二乘,不但解的坐标值均有些变化,而且在坐标近似值与正确值相差较大的 P_1 点,精度明显降低。因此,非线性同伦最小二乘方法要优于线性化最小二乘方法。

§4.3 非线性同伦秩亏自由网平差

在非线性最小二乘的求解问题中，常常会遇到一些原因导致的方程相关或列(行)秩亏的情况，不能直接由最小二乘求得方程的解。在测量平差问题中，往往由于缺少必要的基准条件，而使平差问题秩亏，成为非线性秩亏自由网平差问题。对于秩亏自由网，最小二乘法无法获得该问题的唯一解。因此，处理按泰勒级数展开后线性化的最小二乘平差问题，须引入最小范数条件，即

$$\boldsymbol{x}^{\mathrm{T}}\boldsymbol{P}_x\hat{\boldsymbol{X}}=\min$$

或基准条件，即

$$\boldsymbol{G}^{\mathrm{T}}\boldsymbol{P}_x\hat{\boldsymbol{X}}=0$$

上述条件可消除方程的秩亏，使方程的系数矩阵满秩正定，两种条件下所求得解是相同的，均为最小二乘最小范数解，其基本求解方法为：设有非线性误差方程组为

$$\boldsymbol{V}=\boldsymbol{f}(\boldsymbol{X})-\boldsymbol{Y}\tag{4.16}$$

将非线性方程在近似值 $\boldsymbol{X}^{(0)}$ 处按泰勒级数展开线性化的公式为

$$\boldsymbol{V}=\boldsymbol{B}_{X^{(0)}}\boldsymbol{x}-\boldsymbol{l}\tag{4.17}$$

式中，$\boldsymbol{B}_{X^{(0)}}=\left.\dfrac{\partial\boldsymbol{f}}{\partial\boldsymbol{x}}\right|_{\boldsymbol{X}=\boldsymbol{X}^{(0)}}$、$\boldsymbol{x}=\hat{\boldsymbol{X}}-\boldsymbol{X}^{(0)}$、$\boldsymbol{l}=\boldsymbol{Y}-\boldsymbol{f}(\boldsymbol{X}^{(0)})$。

根据最小二乘和最小范数条件(基准条件)，有秩亏自由网平差模型为

$$\left.\begin{aligned}&\boldsymbol{V}=\boldsymbol{B}\boldsymbol{x}-\boldsymbol{l}\\&\boldsymbol{V}^{\mathrm{T}}\boldsymbol{P}\boldsymbol{V}=\min\\&\boldsymbol{x}^{\mathrm{T}}\boldsymbol{P}_x\boldsymbol{x}=\min\end{aligned}\right\}\tag{4.18}$$

或

$$\left.\begin{aligned}&\boldsymbol{V}=\boldsymbol{B}\boldsymbol{x}-\boldsymbol{l}\\&\boldsymbol{V}^{\mathrm{T}}\boldsymbol{P}\boldsymbol{V}=\min\\&\boldsymbol{G}^{\mathrm{T}}\boldsymbol{P}_x\boldsymbol{x}=0\end{aligned}\right\}\tag{4.19}$$

由此可得相应的法方程式为

$$(\boldsymbol{B}^{\mathrm{T}}\boldsymbol{P}\boldsymbol{B}+\boldsymbol{P}_x\boldsymbol{G}\boldsymbol{G}^{\mathrm{T}}\boldsymbol{P}_x)\hat{\boldsymbol{X}}-\boldsymbol{B}^{\mathrm{T}}\boldsymbol{P}\boldsymbol{l}=0\tag{4.20}$$

对列秩亏的矩阵 $\boldsymbol{B}$ 相乘所得的未知参数系数矩阵 $\boldsymbol{B}^{\mathrm{T}}\boldsymbol{P}\boldsymbol{B}$ 加入满秩的 $\boldsymbol{P}_x\boldsymbol{G}\boldsymbol{G}^{\mathrm{T}}\boldsymbol{P}_x$，使未知参数系数矩阵满秩，因此可对式(4.20)直接求正则逆，求得方程唯一的最小二乘最小范数解，即

$$\hat{\boldsymbol{X}}=(\boldsymbol{B}^{\mathrm{T}}\boldsymbol{P}\boldsymbol{B}+\boldsymbol{P}_x\boldsymbol{G}\boldsymbol{G}^{\mathrm{T}}\boldsymbol{P}_x)^{-1}\boldsymbol{B}^{\mathrm{T}}\boldsymbol{P}\boldsymbol{l}\tag{4.21}$$

由此可知，测量中的秩亏与非秩亏最小二乘平差不能采用统一的平差原则及方法。在非线性最小二乘所用的迭代法中，绝大多数方法，如牛顿法、拟牛顿法、高斯-牛顿法等，均需求未知参数系数矩阵的正则逆，但若该矩阵秩亏，则这些方法均

不能进行非线性秩亏最小二乘平差。非线性秩亏自由网平差需采用阻尼最小二乘法求解，主要思想为：通过给秩亏的法方程系数矩阵主对角线上每个元素均加上任意一个大于零的常数，即

$$\boldsymbol{B}^{\mathrm{T}}\boldsymbol{P}\boldsymbol{B}+\alpha\boldsymbol{I} \tag{4.22}$$

式中，α 为大于零的任意常数，称为阻尼因子。显然，引进阻尼因子后，矩阵 $\boldsymbol{B}^{\mathrm{T}}\boldsymbol{P}\boldsymbol{B}+\alpha\boldsymbol{I}$ 对任何正数 α，总具有对称正定性质，从而达到消除秩亏的目的。阻尼最小二乘迭代公式为

$$\boldsymbol{X}_{k+1}=\boldsymbol{X}_{k}+(\boldsymbol{B}_{k}^{\mathrm{T}}\boldsymbol{P}\boldsymbol{B}_{k}+\alpha_{k}\boldsymbol{I})^{-1}\boldsymbol{B}_{k}^{\mathrm{T}}\boldsymbol{P}\boldsymbol{l}_{k} \tag{4.23}$$

阻尼因子 α 可有多种选法，在平差计算中，α_k 选取方法为

$$\alpha_{k}=\mathrm{tr}(\boldsymbol{B}_{k}^{\mathrm{T}}\boldsymbol{P}\boldsymbol{B}_{k})\sqrt{k}\quad(k=0,1,\cdots) \tag{4.24}$$

式中，k 为迭代次数。α_{k+1} 可根据 $\boldsymbol{V}_k$ 和 $\boldsymbol{V}_{k+1}$ 进行调整，即

$$\alpha_{k+1}=\alpha_{k}(\boldsymbol{V}_{k+1}^{\mathrm{T}}\boldsymbol{V}_{k+1})/(\boldsymbol{V}_{k}^{\mathrm{T}}\boldsymbol{V}_{k}) \tag{4.25}$$

从上面可以看出，无论是线性最小二乘，还是非线性最小二乘，当为秩亏网平差时，均需采用特殊的处理方法。

非线性同伦最小二乘方法对满秩问题和秩亏问题均可以采用统一的数学模型处理，这是因为在同伦方法中只要 $\mathbf{0}$ 是映射 $\boldsymbol{H}_a$ 和 $\partial\boldsymbol{H}_a$ 的正则值，则 $\boldsymbol{H}'_a$ 的秩为 n，无论 $\mathbf{0}$ 是否为映射 $\boldsymbol{F}$ 的正则值，均可用数值方法求 $\boldsymbol{H}$ 的零解。由定理 3.10 知，当 $t\to0^{+}$ 时，只要 $\boldsymbol{H}^{-1}(\mathbf{0})$ 中从 $(1,\boldsymbol{a})$ 发出的曲线有界，则相应的参数估值 $\boldsymbol{x}$ 趋于映射 $\boldsymbol{F}$ 的一个零点。

对误差方程利用非线性最小二乘求解有

$$\boldsymbol{V}=\boldsymbol{f}(\boldsymbol{x})-\boldsymbol{Y}$$

$$\boldsymbol{F}(\boldsymbol{x})=\left.\frac{\partial\boldsymbol{f}}{\partial\boldsymbol{x}}\right|_{\boldsymbol{X}=\hat{\boldsymbol{X}}}^{\mathrm{T}}\boldsymbol{P}(\boldsymbol{f}(\boldsymbol{x})-\boldsymbol{Y})=\boldsymbol{B}_{\hat{X}}^{\mathrm{T}}\boldsymbol{P}\boldsymbol{l}=\mathbf{0} \tag{4.26}$$

式中，$\mathrm{rank}(\underset{m\times n}{\boldsymbol{B}_{\hat{X}}})=u\leqslant n$，$\mathrm{rank}(\cdot)$ 为矩阵的秩。构成同伦方程为

$$\boldsymbol{H}(t,\boldsymbol{x})=t(\boldsymbol{x}-\boldsymbol{a})+(1-t)\boldsymbol{F}(\boldsymbol{x}) \tag{4.27}$$

非线性同伦最小二乘的求解是通过对微分方程初值问题的求解实现的，即

$$\left.\begin{aligned}&\frac{\partial\boldsymbol{H}}{\partial(t,\boldsymbol{x})}=(\boldsymbol{x}-\boldsymbol{a}-\boldsymbol{B}^{\mathrm{T}}\boldsymbol{P}\boldsymbol{l})t'+[t\boldsymbol{I}+(1-t)(\boldsymbol{B}^{\mathrm{T}}\boldsymbol{P}\boldsymbol{B}+\boldsymbol{G}^{\mathrm{T}}\boldsymbol{P}\boldsymbol{l})]\boldsymbol{X}'=0\\&(t,\boldsymbol{x})=(1,\boldsymbol{a})\end{aligned}\right\} \tag{4.28}$$

根据式(4.28)，得到矩阵 $\boldsymbol{A}$ 为

$$\underset{n\times(n+1)}{\boldsymbol{A}}=[\boldsymbol{x}-\boldsymbol{a}-\boldsymbol{B}^{\mathrm{T}}\boldsymbol{P}\boldsymbol{l}\quad t\boldsymbol{I}+(1-t)(\boldsymbol{B}^{\mathrm{T}}\boldsymbol{P}\boldsymbol{B}+\boldsymbol{G}^{\mathrm{T}}\boldsymbol{P}\boldsymbol{l})]$$

式中，$\mathrm{rank}(\boldsymbol{B}^{\mathrm{T}}\boldsymbol{P}\boldsymbol{B}+\boldsymbol{G}^{\mathrm{T}}\boldsymbol{P}\boldsymbol{l})=u$，$t\in[0,1]$。同伦方法是通过跟踪(0, 1)的曲线至 $t\to0^{+}$ 时，获得原方程的解。该矩阵无论是 $u=n$(满秩)，还是 $u<n$(秩亏)，$\mathrm{rank}(t\boldsymbol{I}+(1-t)(\boldsymbol{B}^{\mathrm{T}}\boldsymbol{P}\boldsymbol{B}+\boldsymbol{G}^{\mathrm{T}}\boldsymbol{P}\boldsymbol{l}))=n$ 总是满秩的。因此，$\boldsymbol{A}$ 为行满秩矩阵

($\operatorname{rank}\underset{n\times(n+1)}{(\boldsymbol{A})}=n$)，也可以采用统一的方法对微分方程进行求解。

在§4.2的测边网算例中，当网中无已知坐标点时，成为秩亏自由网，本书采用非线性同伦方法与程序对其进行平差。

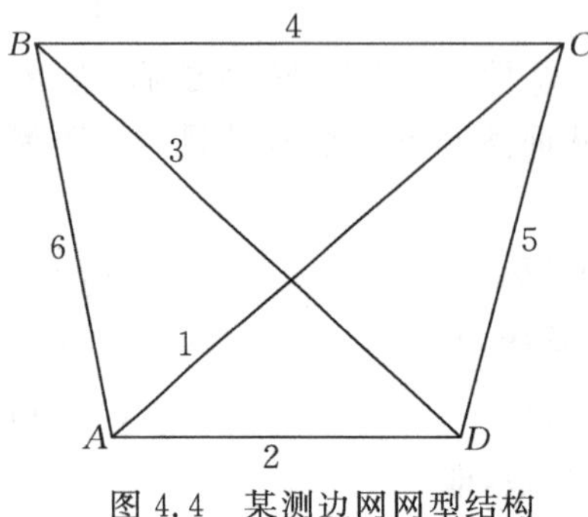

图 4.4 某测边网网型结构

例 4.4 有一个测边网，如图 4.4 所示，同精度观测 6 条边，其中 $l_1\sim l_5$ 的取值与例 4.2 相同，$l_6=22\,141.335$。

各点近似坐标值列于表 4.4 中。采用与§4.2相同的非线性同伦最小二乘平差方法，所得坐标平差值和利用线性化秩亏自由网平差的结果如表 4.4 所示。由表 4.4 可知，所得平差结果及精度几乎完全相同。此时非线性同伦最小二乘结果为 $\boldsymbol{V}^{\mathrm{T}}\boldsymbol{V}=30.286\,41\ \mathrm{mm}^2$，线性化最小二乘结果为 $\boldsymbol{V}^{\mathrm{T}}\boldsymbol{V}=30.286\,49\ \mathrm{mm}^2$，单位权中误差均为 $\sigma_0=3.891\,4$ mm。

表 4.4 秩亏自由网平差解(一) 单位：m

点号	坐标	近似坐标值	同伦最小二乘	线性化最小二乘
A	X	0.0	0.001 0	0.001 0
	Y	0.0	0.003 5	0.003 5
B	X	22 141.335	22 141.333 5	22 141.333 5
	Y	0.0	0.000 1	0.000 1
C	X	19 187.335	19 187.342 8	19 187.342 8
	Y	20 265.887	20 265.886 8	20 265.886 8
D	X	−10 068.386	−10 068.393 3	−10 068.393 2
	Y	17 332.434	17 332.430 6	17 332.430 6

该算例中，当C点的近似坐标值取为 $X_C=19\,186.000$ m、$Y_C=20\,264.000$ m 时，可以求出相应的非线性同伦最小二乘坐标差值和线性化最小二乘坐标平差值及其相应的精度，如表 4.5 所示。由于秩亏自由平差是以近似坐标的重心为基准，因表 4.5 中的坐标平差值相对表 4.4 中的坐标平差值有较大变化，可达数分米。而近似值取值与观测值存在较大矛盾，使得线性化最小二乘平差的精度降低，此问题在例 4.5 中更明显。

表 4.5 秩亏自由网平差解(二)

方法	A 点坐标		B 点坐标		C 点坐标		D 点坐标		精度
	X/m	Y/m	X/m	Y/m	X/m	Y/m	X/m	Y/m	
同伦最小二乘	−0.393 6	−0.417 6	22 140.938 8	−0.564 5	19 187.079 4	20 265.341 3	−10 068.675 6	17 332.074 7	$\boldsymbol{V}^{\mathrm{T}}\boldsymbol{V}=30.285\,3$ mm $\sigma_0=3.891$ mm
线性化最小二乘	−0.394 6	−0.417 7	22 140.938 6	−0.564 4	19 187.079 7	20 265.341 4	−10 068.675 4	17 332.074 6	$\boldsymbol{V}^{\mathrm{T}}\boldsymbol{V}=30.293\,5$ mm $\sigma_0=3.892$ mm

例 4.5　有一个测边网如图 4.5 所示，观测边长记为 $l_1 \sim l_{11}$，其中 $l_{11}=473.896$ m，其余 10 个观测值与例 4.3 中的取值相同，并采用与例 4.3 类似的坐标近似值取值法，即取两组不同的坐标近似值(表 4.6)。最后分别采用非线性同伦最小二乘法与线性化最小二乘法对该网进行平差，结果如表 4.6 所示。

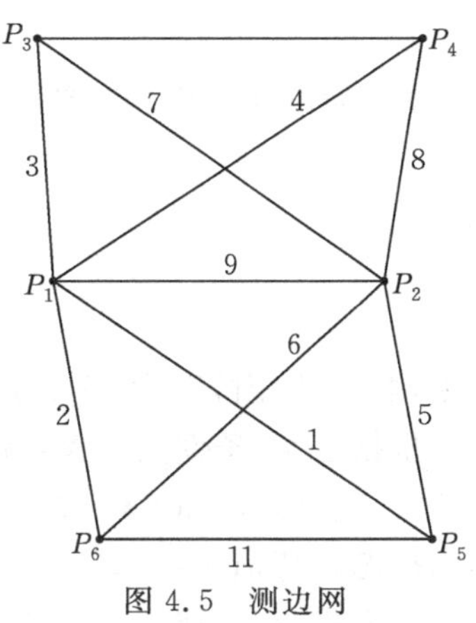

图 4.5　测边网

由此算例可知，当近似值取值的精度较差时，由非线性同伦最小二乘法求出的平差值的精度保持不变，而采用线性化最小二乘法进行秩亏自由网平差，求解精度将大大降低。

表 4.6　秩亏自由网平差

项目	符号	第一组近似值及求解结果			第二组近似值及求解结果		
		近似值	同伦最小二乘	线性化最小二乘	近似值	同伦最小二乘	线性化最小二乘
P_1	X/m	9 034.161	9 034.165 8	9 034.165 8	9 036.261	9 034.262 7	9 034.263 9
	Y/m	907.526	907.524 2	907.524 2	908.364	907.698 8	907.695 3
P_2	X/m	8 762.941	8 762.945 8	8 762.945 8	8 762.941	8 763.014 6	8 763.014 3
	Y/m	1 124.473	1 124.471 6	1 124.471 6	1 124.423	1 124.610 9	1 124.612 4
P_3	X/m	9 221.070	9 221.056 4	9 221.056 4	9 221.070	9 221.140 2	9 221.139 5
	Y/m	1 008.480	1 008.485 6	1 008.485 5	1 008.400	1 008.684 5	1 008.685 1
P_4	X/m	9 031.110	9 031.115 5	9 031.115 6	9 031.070	9 031.155 6	9 031.155 6
	Y/m	1 345.340	1 345.339 9	1 345.339 9	1 345.250	1 345.514 0	1 345.515 4
P_5	X/m	8 434.880	8 434.880 1	8 434.880 1	8 434.880	8 434.941 0	8 434.940 6
	Y/m	1 184.710	1 184.709 4	1 184.709 5	1 184.710	1 184.806 5	1 184.806 2
P_6	X/m	8 724.639	8 724.637 4	8 724.637 4	8 724.639	8 724.746 9	8 724.747 0
	Y/m	809.720	809.718 0	809.718 0	809.720	809.852 3	809.852 6
精度指标	$\mathbf{V}^{\mathrm{T}}\mathbf{V}$/mm^2	—	7.870 7	7.870 9	—	7.870 8	57.527 2
	σ_0/mm	—	1.983 8	1.983 8	—	1.983 8	5.363 2

§4.4　病态非线性方程同伦方法

在方程组的构成中，除了有相互独立的参数构成的独立(满秩)方程组、相关参数构成的秩亏方程组外，常常还有介于两者间的、参数之间弱相关的、方程间存在某种共线的、其系数矩阵虽然不等于零但却接近奇异的方程组。在这种方程中，无论是观测值还是方程系数发生小的扰动，均会引起估计参数产生大的差异，这种方程称为病态方程。

方程的病态程度通过方程系数阵的条件数来描述。设有方程组为

$$\boldsymbol{AX}=\boldsymbol{b} \tag{4.29}$$

式中，$\boldsymbol{A}$ 为可逆方阵。定义的条件数为

$$\mathrm{Cond}(\boldsymbol{A})=\|\boldsymbol{A}\|\cdot\|\boldsymbol{A}^{-1}\| \tag{4.30}$$

或

$$\mathrm{Cond}(\boldsymbol{A})=\frac{\lambda_{\max}}{\lambda_{\min}}$$

式中，$\|\cdot\|$为矩阵范数，λ 为矩阵特征值。

根据定义，条件数越大，就称问题(系数矩阵)越病态，反之称问题越良态。通常认为：当 $0<\mathrm{Cond}(\boldsymbol{A})<100$ 时，系数矩阵为良态；当 $\mathrm{Cond}(\boldsymbol{A})\geqslant 100$ 时，系数矩阵为病态。特别地，当 $\mathrm{Cond}(\boldsymbol{A})\rightarrow\infty$ 时，则系数矩阵秩亏。

当方程为病态时，参数估值对误差非常敏感，即解不稳定。为了改善病态方程的解，许多学者提出了一系列新的估计。其中，最主要的一类估计为有偏估计，包括岭估计、广义岭估计、主成分估计和施坦压缩估计等。

岭估计是其中最有代表性的一种估计方法，该方法是 Hoerl 于 1962 年首次提出的。其基本思想是利用原来最小二乘估计的数学模型，在其法方程系数矩阵的对角线上加上一个很小的正数，使系数矩阵的正交性大大加强，减少其列向量之间的相关程度，达到改善参数估值精度的目的。此时由于系数矩阵的对角线上加了一个小正数，参数估计不是无偏估计，因此称为有偏估计。岭估计的定义为

$$\hat{\boldsymbol{X}}(k)=(\boldsymbol{B}^{\mathrm{T}}\boldsymbol{B}+k\boldsymbol{I})^{-1}\boldsymbol{B}^{\mathrm{T}}\boldsymbol{Y} \tag{4.31}$$

式中，$k>0$，为任意常数。对于 $k>0$，使 $\hat{\boldsymbol{X}}(k)$ 的均方误差小于 $\hat{\boldsymbol{X}}_{\mathrm{LS}}$(最小二乘估计)的均方误差，即

$$\mathrm{MSE}(\hat{\boldsymbol{X}}(k))<\mathrm{MSE}(\hat{\boldsymbol{X}}_{\mathrm{LS}}) \tag{4.32}$$

所以在系数矩阵呈病态时，岭估计改善了最小二乘估计。

岭估计虽然能在一定程度上改善最小二乘估计，但是它使估计结果有偏；且岭参数 k 的确定非常困难，随意性很大，因此该方法只适用于线性模型，而对于非线性模型，只有线性化近似后才能应用。

本书研究提出同伦方法的一种方法，可以较好地改善参数估计中的病态问题。下面讨论该方法在非线性最小二乘病态方程中的应用。

设非线性误差方程组为

$$\boldsymbol{V}=\boldsymbol{f}(\boldsymbol{X})-\boldsymbol{Y}$$

方程中存在某种共线，或未知参数存在一定程度的相关性，因此方程呈病态。由非线性最小二乘，得

$$\boldsymbol{F}(\boldsymbol{X})=\left(\frac{\partial\boldsymbol{f}}{\partial\boldsymbol{X}}\right)^{\mathrm{T}}(\boldsymbol{f}(\boldsymbol{X})-\boldsymbol{Y})=\boldsymbol{B}^{\mathrm{T}}(\boldsymbol{f}(\boldsymbol{X})-\boldsymbol{Y})$$

构成同伦函数为

$$\boldsymbol{H}(t,\boldsymbol{X})=t(\boldsymbol{X}-\boldsymbol{a})+(1-t)\boldsymbol{F}(\boldsymbol{X})$$

求其零点集，有微分初值方程为

$$\left.\begin{array}{l}(\boldsymbol{X}-\boldsymbol{a}-\boldsymbol{B}^{\mathrm{T}}\boldsymbol{P}\boldsymbol{l})t'+[t\boldsymbol{I}+(1-t)(\boldsymbol{B}^{\mathrm{T}}\boldsymbol{P}\boldsymbol{B}+\boldsymbol{G}^{\mathrm{T}}\boldsymbol{P}\boldsymbol{l})]\boldsymbol{X}'=\boldsymbol{0}\\(t,\boldsymbol{X})=(1,\boldsymbol{a})\end{array}\right\}\tag{4.33}$$

对于病态最小二乘，同伦微分方程中的系数矩阵 $\boldsymbol{B}^{\mathrm{T}}\boldsymbol{P}\boldsymbol{B}+\boldsymbol{G}^{\mathrm{T}}\boldsymbol{P}\boldsymbol{l}$ 的行列式是接近于零的，即 $\boldsymbol{B}^{\mathrm{T}}\boldsymbol{P}\boldsymbol{B}+\boldsymbol{G}^{\mathrm{T}}\boldsymbol{P}\boldsymbol{l}\approx 0$。当 $0<t<1$ 时，用 $1-t$ 乘以该矩阵后，得到一个压缩矩阵，再加上单位矩阵“$\boldsymbol{I}$”，则使 $\boldsymbol{X}'$ 的系数矩阵的正交性大大增加，性态得到了改善。因此，只要有 $t\neq 0$，$t\boldsymbol{I}+(1-t)(\boldsymbol{B}^{\mathrm{T}}\boldsymbol{P}\boldsymbol{B}+\boldsymbol{G}^{\mathrm{T}}\boldsymbol{P}\boldsymbol{l})$ 成为一个良态矩阵。当 $t\rightarrow 0$ 时，会有如下两种情况。

一种情况是在一定的精度范围内，当 $t\rightarrow 0^{+}$ 时，$\dfrac{\partial \boldsymbol{H}(\boldsymbol{0})}{\partial(t,\boldsymbol{X})}$ 的后 n 列，即 $t\boldsymbol{I}+(1-t)(\boldsymbol{B}^{\mathrm{T}}\boldsymbol{P}\boldsymbol{B}+\boldsymbol{G}^{\mathrm{T}}\boldsymbol{P}\boldsymbol{l})$ 仍是良态的，则由定理 3.10 知，只要 $\boldsymbol{H}^{-1}(\boldsymbol{0})$ 有界，则相应的 $\boldsymbol{X}$ 趋于原方程的零点。因此，根据精度要求，适当地选取 $\varepsilon>0$，当 $t\leqslant\varepsilon$ 时，即可获得由良态方程解出的满足精度要求的参数估值。

另一种情况是，$\dfrac{\partial \boldsymbol{H}(\boldsymbol{0})}{\partial(t,\boldsymbol{X})}$ 的后 n 列为病态，也就是有一列的特征值 $\lambda_i\rightarrow 0$，但是由于 $\dfrac{\partial \boldsymbol{H}}{\partial(t,\boldsymbol{X})}$ 仍是良态满秩的，故给出一种求解微分方程的新方法，可以较好地克服病态问题。

通过求解微分方程的正交分解，在获得的 $n+1$ 阶上三角矩阵 $\boldsymbol{R}$ 中，存在一列最小的特征值 λ_i，且 $\lambda_i\approx 0$。由于 $\dfrac{\partial \boldsymbol{H}}{\partial(t,\boldsymbol{X})}$ 在 $\boldsymbol{H}^{-1}(\boldsymbol{0})$ 上总是满秩的，因此可以将第 1 列与第 i 列进行交换，使新的后 n 列线性无关，即得到一个新的良态方程 $\boldsymbol{A}^{\mathrm{T}}\boldsymbol{V}^{\mathrm{T}}=\boldsymbol{0}$。此时切向量 $\boldsymbol{V}$ 与原参数的关系为

$$\boldsymbol{V}=[\dot{t}_1\quad \dot{x}_1\quad \cdots\quad \dot{x}_i\quad \cdots]=[v_i'\ v_2'\quad \cdots\quad v_1'\quad \cdots\quad v_n']=\boldsymbol{v}'$$

然后再按同伦法中的步骤求参数，由此可获得良态的、满足精度要求的参数估值。

例 4.6　在 2 个测站台上同步观测了 4 颗卫星，每 5 s 观测 1 个历元，由连续静态定位观测求得 2 点之间基线向量和整周模糊度的正确值。选择其中 4 个历元的观测值组成双差观测方程，共有(4－1)×4－12 个，分别按线性化最小二乘法和非线性同伦最小二乘法进行参数估计，所求结果列于表 4.7 中。该表第二列为参数的正确值，第三列为观测方程按线性化最小二乘法组成的法方程系数矩阵的特征值。由表 4.7 中数据可以看出，特征值 $\lambda_1=7\times 10^{-5}\approx 0$，所以该方程为病态方程。第四列为所求得的相应参数的估计，第五列为当观测值发生 0.1 m 变化后的参数估计值。可以看出，由于方程病态，观测值的小变化就导致参数估计发生大变化。第六列为非线性同伦最小二乘法参数估计的结果，与第四列比较可以看出，其

解有很大改善，且较稳定。

表 4.7　病态 GPS 基线向量双差

GPS 解	正确参数估值	法方程特征值	线性化最小二乘解		非线性同伦最小二乘解
			$\Delta l=0$	$\Delta l=0.1$	
Δx	5 869.671 m	$\lambda_1=0.000\,07$	5 872.971 m	5 879.284 m	5 869.733 m
Δy	−4 925.474 m	$\lambda_2=0.051\,5$	−4 903.783 m	−4 911.817 m	−4 924.841 m
Δz	5 097.216 m	$\lambda_3=0.117\,4$	5 085.201 m	5 102.721 m	5 096.718 m
ΔN_{12}	54	$\lambda_4=0.144\,9$	61.241	82.588	102.419
ΔN_{13}	53	$\lambda_5=2.277\,0$	113.749	182.080	67.053
ΔN_{13}	197	$\lambda_6=5.270\,7$	323.991	574.343	75.352

§4.5　同伦稳健估计

非线性同伦最小二乘法本质上仍是最小二乘，因此当观测值受到异常污染影响而不是正态分布时，由于最小二乘对异常粗差的敏感性，参数估计将受到较大影响，产生较大的偏差。针对该问题，引入具有抵抗粗差干扰的同伦稳健估计，其基本方法如下：

设有非线性误差方程及观测值的权矩阵为

$$\boldsymbol{V}=\boldsymbol{f}(\boldsymbol{X})-\boldsymbol{Y}\quad \boldsymbol{P} \tag{4.34}$$

式中，$\boldsymbol{P}=\mathrm{diag}(P_1,P_2,\cdots,P_n)$。按稳健估计的 M 估计，有未知参数 $\boldsymbol{X}$ 的稳健估计为

$$M(x)=\sum_{i=1}^{m}p_i\rho(V_i)=\sum_{i=1}^{m}p_i\rho(f_i(\boldsymbol{X})-\boldsymbol{Y})=\min \tag{4.35}$$

对式(4.35)求导，并令其为零，得

$$\sum_{i=1}^{m}p_i\rho'(V_i)\frac{\partial f_i}{\partial \boldsymbol{X}}=0 \tag{4.36}$$

令

$$\overline{P}_i(V_i)=p_i\frac{\rho'(V_i)}{V_i} \tag{4.37}$$

称 $\overline{P}_i(V_i)$ 为等价权函数。式(4.36)可写为

$$\sum_{i=1}^{m}\overline{P}_i(V_i)V_i\frac{\partial f_i}{\partial \boldsymbol{X}}=0 \tag{4.38}$$

或

$$\left(\frac{\partial \boldsymbol{f}}{\partial \boldsymbol{X}}\right)^{\mathrm{T}}\overline{\boldsymbol{P}}\boldsymbol{V}=0 \tag{4.39}$$

M 估计的稳健性主要取决于改正数的函数 $\rho(V_i)$，不同的 ρ 对应不同的抗粗

差能力。ρ 的选取法有多种，在此不再详细介绍，可参见李德仁(1988)和陶本藻(1992)所著文献。

构成同伦函数为

$$\boldsymbol{H}(t,\boldsymbol{X})=t(\boldsymbol{X}-\boldsymbol{a})+(1-t)\left(\left(\frac{\partial \boldsymbol{f}}{\partial \boldsymbol{X}}\right)^{\mathrm{T}}\overline{\boldsymbol{P}}\boldsymbol{V}\right) \tag{4.40}$$

令 $\boldsymbol{B}_k=\left.\dfrac{\partial \boldsymbol{f}}{\partial \boldsymbol{X}}\right|_{\boldsymbol{X}=\boldsymbol{X}_k}$，$\overline{\boldsymbol{P}}_l$ 为等价权矩阵，可得相应的微分初值方程为

$$\left.\begin{array}{l}(\boldsymbol{X}_k-\boldsymbol{a}-\boldsymbol{B}_k^{\mathrm{T}}\overline{\boldsymbol{P}}_l\boldsymbol{V}_l)t'+[t\boldsymbol{I}+(1-t)(\boldsymbol{B}_k^{\mathrm{T}}\overline{\boldsymbol{P}}_l\boldsymbol{B}_k+\boldsymbol{G}_k^{\mathrm{T}}\overline{\boldsymbol{P}}_l\boldsymbol{V}_l)]\boldsymbol{X}'_k=0\\(t,\boldsymbol{X})=(t_k,\boldsymbol{X}_k)\end{array}\right\} \tag{4.41}$$

同伦稳健估计方法的基本步骤为：

①取 $l=0$ 和 $l=a$(可为参数近似值)，并取 $\overline{p}_i=p_i$；② 令 $k=0$、$t=0$、$\boldsymbol{X}_0=\boldsymbol{a}$；③ 解式(4.40) 得到 t_{k+1}、$\boldsymbol{X}_{k+1}$；④ 若满足 $|t_{k+1}-t_k|<\varepsilon$，则继续下面的步骤，否则令 $k=k+1$，转步骤 ③，重新求解 t_{k+1} 和 $\boldsymbol{X}_{k+1}$；⑤ 由式(4.34)，求 V_i；⑥ 根据 V_i，由式(4.37) 求等价权，若 $\overline{p}_{l+1}=\overline{p}_l$，继续下面的步骤，否则令 $l=l+1$，转步骤 ②；⑦此时 $t=0$，则 $\hat{\boldsymbol{X}}=\boldsymbol{X}_{k+1}$。

因此，估计观测数据中含有异常粗差的非线性参数，采用同伦稳健估计，通过等价权的控制调节，可使含有粗差的数据在参数估计中的作用减弱，从而达到获得具有稳健性的非线性参数估值的目的。

第5章　GPS非线性数据处理

GPS定位数据处理中，存在大量的非线性模型，最典型的是GPS定位观测方程。本章研究了GPS数据处理的非线性问题，主要涉及：将同伦非线性方法引入GPS伪距定位数据处理，采用同伦方法进行GPS伪距定位；针对GPS双差基线非线性模型，引入同伦非线性最小二乘解算模型，提高了GPS基线解算的精度；提出用同伦非线性方法进行坐标转换模型的非线性参数估计；针对GPS网约束平差的非线性特征，引入了带有条件的同伦非线性最小二乘平差方法，并推导了相应的非线性平差模型。

§5.1　概　述

GPS是现代科学技术迅速发展的综合结晶，是20世纪空间技术的重大成果。整个系统具有合理的卫星星座框架、强大的功能、简便的操作，应用领域十分广泛。目前，已将GPS信号用于陆海空的导航、导弹的制导、大地测量和工程测量的精密定位、时间的传递和速度的测量等领域。GPS是现代地学研究的重要工具，其应用涉及地学应用的广泛领域，如地壳构造学、地球自转、海洋学、地震学、冰川学、气象学、全球气候、水文学和生态学等。在测绘领域，GPS卫星定位技术已经用于高精度的全国性的大地测量控制网建立；用于陆地和海洋大地测量基准建立、海洋测绘；用于地球板块运动和地壳形变监测，精密工程控制网监测，城市、矿区和油田地面沉降监测，大坝、滑坡建筑变形监测；用于航测外业控制测量、航摄飞行导航、机载GPS航测、航空航天摄影瞬间相机位置的测定等航测成图的各个阶段。

在GPS定位技术的发展应用中，一方面，随着接收机技术的不断改进，其体积越来越小、重量越来越轻、自动化程度越来越高，极大地减轻了定位作业的工作强度，使应用非常简便易行；另一方面，为了获得高精度、高质量的定位成果，提高定位速度及准确度，进一步扩大其应用领域，对GPS数据处理的研究越来越深入，所涉及的面越来越广泛，采用的模型越来越复杂和综合。因此，有关数据处理的理论及应用是获得高可靠性、高精度定位成果的关键之一。

GPS定位数据处理中，存在大量的非线性模型，如GPS定位观测方程。另外，GPS成果是WGS-84地心坐标下的三维坐标，而实际应用中的成果，常采用的是国家参心坐标系或地方独立坐标系下的坐标，因此需要利用坐标转换参数将GPS成果转换到国家坐标系（地方坐标系），而采用的坐标转换模型通常是非线性的；

GPS 约束平差或 GPS 联合平差中，约束条件和部分观测方程也是非线性的。对于这些非线性方程的求解，基本采用经典数据处理方法，即将方程按泰勒级数展开至一次项，并忽略二次及其以上各项实现方程的线性化。但是，由第 2 章的讨论可知：只有在未知数的近似值较接近真值且非线性模型的非线性程度较弱时，线性近似才能取得较优的结果。然而在 GPS 定位中，这种条件往往难以满足，因此线性化的 GPS 非线性函数模型必然会影响到其真实性，得不到精确、可靠的结果。必须研究 GPS 数据处理的非线性模型及相应的处理方法，以获得更符合实际情况、更高精度的定位结果。

本章研究 GPS 数据处理的非线性问题，在讨论 GPS 伪距定位非线性模型、GPS 基线非线性模型、GPS 坐标转换非线性模型、GPS 基线向量网非线性平差模型的基础上，将同伦理论引入 GPS 非线性问题的研究，并针对 GPS 数据处理的各种非线性模型，建立相应的 GPS 非线性同伦求解模型。

§5.2　GPS 伪距定位的非线性同伦模型

根据码相关测距原理，通过测定卫星至测站间的伪距来求得接收机的位置是 GPS 定位中最基本的定位方法之一。该方法仅需使用一台接收机，具有作业灵活方便、定位速度快、无多值性问题等优点，因此广泛应用于低精度的定位与导航，以及为精密定位提供所需的初值。

在码相关测距中，利用伪随机噪声码的相关性，可以获得卫星信号从卫星传播到接收机天线的时间 Δt，将其乘以信号的传播速度 C 可获得卫星 S^j 至接收机 T_i 间的距离，即

$$\widetilde{D}_i^j = C\Delta t \tag{5.1}$$

由于传播时间中包含卫星钟误差和接收机钟误差，所以将该距离 $\widetilde{D}_i^j$ 称为伪距。

设卫星钟和接收机钟的标准 GPS 时间为 $t^j(\mathrm{GPS})$、$t_i(\mathrm{GPS})$，对应的钟误差分别为 δt^j、δt_i，则信号传播时间为

$$\Delta t = t_i(\mathrm{GPS}) + \delta t_i - t^j(\mathrm{GPS}) - \delta t^j \tag{5.2}$$

将其代入式(5.1)，则有

$$\widetilde{D}_i^j = C\Delta t_i^j = C(t_i(\mathrm{GPS}) - t^j(\mathrm{GPS})) + C(\delta t_i - \delta t^j) \tag{5.3}$$

引入记号 D_i^j 表示卫星 S^j 至接收机 T_i 间的几何距离，则有

$$D_i^j = C(t_i(\mathrm{GPS}) - t^j(\mathrm{GPS})) \tag{5.4}$$

将式(5.4)代入式(5.3)，则伪距观测方程为

$$\widetilde{D}_i^j = D_i^j + C(\delta t_i - \delta t^j) \tag{5.5}$$

卫星至接收机间的几何距离与 t 时刻卫星的位置坐标和接收机位置坐标存在非线

性关系，即

$$D_i^j = ((X^j(t) - X_i)^2 + (Y^j(t) - Y_i)^2 + (Z^j(t) - Z_i)^2)^{\frac{1}{2}} \tag{5.6}$$

因此，伪距与待定位点坐标之间的非线性关系为

$$\widetilde{D}_i^j = ((X^j(t) - X_i)^2 + (Y^j(t) - Y_i)^2 + (Z^j(t) - Z_i)^2)^{\frac{1}{2}} + C(\delta t_i - \delta t^j) \tag{5.7}$$

式(5.7)是一种非线性方程，称为伪距观测方程。该方程含有待定点坐标 X_i、Y_i、Z_i 和钟误差 4 个未知参数，因此需要同时观测 4 颗或 4 颗以上的卫星，即 $m \geqslant 4$，m 为所观测的卫星数。只有获得 m 个伪距观测方程，才能实现定位。

通常，在 GPS 伪距定位数据处理中，将待定点坐标的近似值代入伪距观测方程，按泰勒级数展开至一次项，获得线性化观测方程，再根据线性最小二乘原理求得定位坐标的解。

设测站待定点位的坐标为

$$\left.\begin{aligned} X_i &= X_i^0 + \delta X_i \\ Y_i &= Y_i^0 + \delta Y_i \\ Z_i &= Z_i^0 + \delta Z_i \end{aligned}\right\} \tag{5.8}$$

式中，(X_i^0, Y_i^0, Z_i^0) 为测站三维地心坐标的近似值，如果将卫星瞬时坐标视为已知值，那么以 (X_i^0, Y_i^0, Z_i^0) 为中心，按泰勒级数展开取一次项得

$$D_i^j(t) = (D_i^j(t))_0 + \left(\frac{\partial D_i^j(t)}{\partial X_i}\right)_0 \delta X_i + \left(\frac{\partial D_i^j(t)}{\partial Y_i}\right)_0 \delta Y_i + \left(\frac{\partial D_i^j(t)}{\partial Z_i}\right)_0 \delta Z_i \tag{5.9}$$

式中

$$\left.\begin{aligned} \left(\frac{\partial D_i^j(t)}{\partial X_i}\right)_0 &= -\frac{X^j(t) - X_i^0}{(D_i^j(t))_0} = -\frac{(\Delta X_i^j)_0}{(D_i^j(t))_0} \\ \left(\frac{\partial D_i^j(t)}{\partial Y_i}\right)_0 &= -\frac{Y^j(t) - Y_i^0}{(D_i^j(t))_0} = -\frac{(\Delta Y_i^j)_0}{(D_i^j(t))_0} \\ \left(\frac{\partial D_i^j(t)}{\partial Z_i}\right)_0 &= -\frac{Z^j(t) - Z_i^0}{(D_i^j(t))_0} = -\frac{(\Delta Z_i^j)_0}{(D_i^j(t))_0} \end{aligned}\right\} \tag{5.10}$$

$$(D_i^j(t))_0 = ((X^j(t) - X_i^0)^2 + (Y^j(t) - Y_i^0)^2 + (Z^j(t) - Z_i^0)^2)^{\frac{1}{2}}$$

将式(5.9)和式(5.10)代入式(5.5)，可得线性化的伪距观测方程为

$$\begin{aligned} \widetilde{D}_i^j(t) = (D_i^j(t))_0 - \frac{(\Delta X_i^j)_0}{(D_i^j(t))_0}\delta X_i - \frac{(\Delta Y_i^j)_0}{(D_i^j(t))_0}\delta Y_i - \frac{(\Delta Z_i^j)_0}{(D_i^j(t))_0}\delta Z_i + \\ C(\delta t_i - \delta t^j) \end{aligned} \tag{5.11}$$

当观测卫星数 $m \geqslant 4$ 时，根据线性最小二乘原理求解，观测方程的误差方程为

$$V_i^j(t) = -\frac{(\Delta X_i^j)_0}{(D_i^j(t))_0}\delta X_i - \frac{(\Delta Y_i^j)_0}{(D_i^j(t))_0}\delta Y_i - \frac{(\Delta Z_i^j)_0}{(D_i^j(t))_0}\delta Z_i +$$

$$C(\delta t_i - \delta t^j) + L_i^j(t) \quad (j = 1,2,3,\cdots,m) \tag{5.12}$$

令 $\boldsymbol{V}_i = [V_i^1(t) \quad V_i^2(t) \quad V_i^3(t) \quad V_i^4(t) \quad \cdots]^{\mathrm{T}}$，则有

$$\boldsymbol{A}_i = \begin{bmatrix} -\dfrac{(\Delta X_i^1)_0}{(D_i^1(t))_0} & -\dfrac{(\Delta Y_i^1)_0}{(D_i^1(t))_0} & -\dfrac{(\Delta Z_i^1)_0}{(D_i^1(t))_0} & C \\ -\dfrac{(\Delta X_i^2)_0}{(D_i^2(t))_0} & -\dfrac{(\Delta Y_i^2)_0}{(D_i^2(t))_0} & -\dfrac{(\Delta Z_i^2)_0}{(D_i^2(t))_0} & C \\ \vdots & \vdots & \vdots & \vdots \end{bmatrix}$$

由最小二乘原理，在 $\boldsymbol{V}^{\mathrm{T}}\boldsymbol{V} = \min$ 条件下，令 $\delta t = \delta t_i - \delta t^j$，则可求出

$$\begin{bmatrix} \delta X_i \\ \delta Y_i \\ \delta Z_i \\ \delta t \end{bmatrix} = (\boldsymbol{A}_i^{\mathrm{T}}\boldsymbol{A}_i)^{-1}\boldsymbol{A}_i^{\mathrm{T}}L_i \tag{5.13}$$

上述近似线性最小二乘定位求解法存在两个问题：由于待定点位的近似坐标精度很差，导致定位精度下降，求得的定位坐标值不够准确；该数据处理方法，无法反映定位模型所具有的非线性的内在本质和特性。本书将非线性同伦方法引入 GPS 伪距定位数据处理，利用非线性最小二乘原理来求解待定点的坐标平差值。

将式(5.7)写成非线性误差方程为

$$V_i^j(t) = ((X^j(t) - X_i)^2 + (Y^j(t) - Y_i)^2 + (Z^j(t) - Z_i)^2)^{\frac{1}{2}} + C(\delta t_i - \delta t^j) - \widetilde{D}_i^j(t) \quad (j = 1,2,3\cdots,m) \tag{5.14}$$

令

$$\boldsymbol{V}_i(t) = [V_i^1(t) \quad V_i^2(t) \quad V_i^3(t) \quad \cdots]^{\mathrm{T}}$$
$$\boldsymbol{X}_i = [X_i \quad Y_i \quad Z_i]$$
$$f^j(\boldsymbol{X}_i) = ((X^j(t) - X_i)^2 + (Y^j(t) - Y_i)^2 + (Z^j(t) - Z_i)^2)^{\frac{1}{2}} + C(\delta t_i - \delta t^j)$$
$$\boldsymbol{f}(\boldsymbol{X}_i) = [f^1(\boldsymbol{X}_i) \quad f^2(\boldsymbol{X}_i) \quad f^3(\boldsymbol{X}_i) \quad \cdots]^{\mathrm{T}}$$
$$\widetilde{\boldsymbol{D}}_i = [\widetilde{D}_i^1 \quad \widetilde{D}_i^2 \quad \widetilde{D}_i^3 \quad \cdots]^{\mathrm{T}}$$

对 t 时刻所观测的 m 颗卫星，则有

$$\boldsymbol{V}_i(t) = \boldsymbol{f}(\boldsymbol{X}_i) - \widetilde{\boldsymbol{D}}_i \tag{5.15}$$

按照非线性最小二乘原理，得

$$\boldsymbol{V}_i^{\mathrm{T}}\boldsymbol{V}_i(t) = (\boldsymbol{f}(\boldsymbol{X}_i) - \widetilde{\boldsymbol{D}}_i)^{\mathrm{T}}(\boldsymbol{f}(\boldsymbol{X}_i) - \widetilde{\boldsymbol{D}}_i) = \min$$

求一阶导数，并令其等于零，得

$$\frac{\partial(\boldsymbol{V}_i^{\mathrm{T}}\boldsymbol{V}_i(t))}{\partial \boldsymbol{X}_i} = 2\left(\frac{\partial \boldsymbol{f}(\boldsymbol{X}_i)}{\partial \boldsymbol{X}_i}\right)^{\mathrm{T}}(\boldsymbol{f}(\boldsymbol{X}_i) - \widetilde{\boldsymbol{D}}_i) = \boldsymbol{0} \tag{5.16}$$

即有非线性方程为

$$\left(\frac{\partial \boldsymbol{f}(\boldsymbol{X}_i)}{\partial \boldsymbol{X}_i}\right)^{\mathrm{T}}(\boldsymbol{f}(\boldsymbol{X}_i) - \widetilde{\boldsymbol{D}}_i) = \boldsymbol{0} \tag{5.17}$$

由非线性同伦方法，对其构成同伦函数。首先，令

$$\boldsymbol{F}(\boldsymbol{X}_i)=\left(\frac{\partial \boldsymbol{f}(\boldsymbol{X}_i)}{\partial \boldsymbol{X}_i}\right)^{\mathrm{T}}(\boldsymbol{f}(\boldsymbol{X}_i)-\widetilde{\boldsymbol{D}}_i)=\boldsymbol{0} \tag{5.18}$$

$$\boldsymbol{H}(t,\boldsymbol{X}_i)=t(\boldsymbol{X}_i-\boldsymbol{a})+(1-t)\boldsymbol{F}(\boldsymbol{X}_i) \tag{5.19}$$

采用求解偏微分方程组初值法对该同伦函数跟踪求解，因此需对其求一阶偏导数，构成偏微分方程

$$\frac{\partial \boldsymbol{H}(t,\boldsymbol{X}_i)}{\partial (t,\boldsymbol{X}_i)}=\boldsymbol{0}$$

$$(\boldsymbol{X}_i-\boldsymbol{a}-\boldsymbol{F}(\boldsymbol{X}_i))\frac{\partial t}{\partial s}+\left[t\boldsymbol{I}+(1-t)\frac{\partial \boldsymbol{F}}{\partial \boldsymbol{X}_i}\right]\frac{\partial \boldsymbol{X}_i}{\partial s}=\boldsymbol{0} \tag{5.20}$$

将式(5.18)代入式(5.20)，有

$$\left[\boldsymbol{X}_i-\boldsymbol{a}-\left(\frac{\partial \boldsymbol{f}(\boldsymbol{X}_i)}{\partial \boldsymbol{X}_i}\right)^{\mathrm{T}}(\boldsymbol{f}(\boldsymbol{X}_i)-\widetilde{\boldsymbol{D}}_i)\right]\frac{\partial t}{\partial s}+$$

$$\left\{t\boldsymbol{I}+(1-t)\left[\left(\frac{\partial \boldsymbol{f}(\boldsymbol{X}_i)}{\partial \boldsymbol{X}_i}\right)^{\mathrm{T}}\left(\frac{\partial \boldsymbol{f}(\boldsymbol{X}_i)}{\partial \boldsymbol{X}_i}\right)+\left(\frac{\partial^2 \boldsymbol{f}(\boldsymbol{X}_i)}{\partial \boldsymbol{X}_i^2}\right)^{\mathrm{T}}(\boldsymbol{f}(\boldsymbol{X}_i)-\widetilde{\boldsymbol{D}}_i)\right]\right\}\frac{\partial \boldsymbol{X}_i}{\partial s}=\boldsymbol{0}$$

令，$\boldsymbol{A}_i=\dfrac{\partial \boldsymbol{f}(\boldsymbol{X}_i)}{\partial \boldsymbol{X}_i}$，$\boldsymbol{G}_i=\dfrac{\partial^2 \boldsymbol{f}(\boldsymbol{X}_i)}{\partial \boldsymbol{X}_i^2}$，$\boldsymbol{L}_i=\boldsymbol{f}(\boldsymbol{X}_i)-\widetilde{\boldsymbol{D}}_i$。上式可写为

$$(\boldsymbol{X}_i-\boldsymbol{a}-\boldsymbol{A}_i^{\mathrm{T}}\boldsymbol{L}_i)\frac{\partial t}{\partial s}+[t\boldsymbol{I}+(1-t)(\boldsymbol{A}_i^{\mathrm{T}}\boldsymbol{A}_i+\boldsymbol{G}_i^{\mathrm{T}}\boldsymbol{L}_i)]\frac{\partial \boldsymbol{X}_i}{\partial s}=\boldsymbol{0} \tag{5.21}$$

式中

$$\underset{m\times4\times4}{\boldsymbol{G}_i}=\begin{bmatrix}
\dfrac{\partial^2 f_i^1}{\partial X_i^2} & \dfrac{\partial^2 f_i^1}{\partial X_i\partial Y_i} & \dfrac{\partial^2 f_i^1}{\partial X_i\partial Z_i} & \dfrac{\partial^2 f_i^1}{\partial X_i\partial\delta t}\\
\dfrac{\partial^2 f_i^1}{\partial Y_i\partial X_i} & \dfrac{\partial^2 f_i^1}{\partial Y_i^2} & \dfrac{\partial^2 f_i^1}{\partial Y_i\partial Z_i} & \dfrac{\partial^2 f_i^1}{\partial Y_i\partial\delta t}\\
\dfrac{\partial^2 f_i^1}{\partial Z_i\partial X_i} & \dfrac{\partial^2 f_i^1}{\partial Z_i\partial Y_i} & \dfrac{\partial^2 f_i^1}{\partial Z_i^2} & \dfrac{\partial^2 f_i^1}{\partial Z_i\partial\delta t}\\
\dfrac{\partial^2 f_i^1}{\partial\delta t\partial X_i} & \dfrac{\partial^2 f_i^1}{\partial\delta t\partial Y_i} & \dfrac{\partial^2 f_i^1}{\partial\delta t\partial Z_i} & \dfrac{\partial^2 f_i^1}{\partial\delta t^2}\\
\dfrac{\partial^2 f_i^2}{\partial X_i^2} & \dfrac{\partial^2 f_i^2}{\partial X_i\partial Y_i} & \dfrac{\partial^2 f_i^2}{\partial X_i\partial Z_i} & \dfrac{\partial^2 f_i^2}{\partial X_i\partial\delta t}\\
\vdots & \vdots & \vdots & \vdots\\
\dfrac{\partial^2 f_i^m}{\partial Z_i\partial X_i} & \dfrac{\partial^2 f_i^m}{\partial Z_i\partial Y_i} & \dfrac{\partial^2 f_i^m}{\partial Z_i^2} & \dfrac{\partial^2 f_i^m}{\partial Z_i\partial\delta t}\\
\dfrac{\partial^2 f_i^m}{\partial\delta t\partial X_i} & \dfrac{\partial^2 f_i^m}{\partial\delta t\partial Y_i} & \dfrac{\partial^2 f_i^m}{\partial\delta t\partial Z_i} & \dfrac{\partial^2 f_i^m}{\partial\delta t^2}
\end{bmatrix}$$

$$
=\begin{bmatrix}
\dfrac{(\Delta Y_i^1)^2+(\Delta Z_i^1)^2}{(D_i^1)^3} & -\dfrac{\Delta X_i^1\Delta Y_i^1}{(D_i^1)^3} & -\dfrac{\Delta X_i^1\Delta Z_i^1}{(D_i^1)^3} & 0 \\
-\dfrac{\Delta X_i^1\Delta Y_i^1}{(D_i^1)^3} & \dfrac{(\Delta X_i^1)^2+(\Delta Z_i^1)^2}{(D_i^1)^3} & -\dfrac{\Delta Y_i^1\Delta Z_i^1}{(D_i^1)^3} & 0 \\
\vdots & \vdots & \vdots & \vdots \\
-\dfrac{\Delta Z_i^m\Delta X_i^m}{(D_i^m)^3} & -\dfrac{\Delta Z_i^m\Delta Y_i^m}{(D_i^m)^3} & -\dfrac{(\Delta X_i^m)^2+(\Delta Y_i^m)^2}{(D_i^m)^3} & 0 \\
0 & 0 & 0 & 0
\end{bmatrix}
$$

$$
\underset{m\times 4}{\boldsymbol{A}_i}=\begin{bmatrix}
\dfrac{\Delta X_i^1}{D_i^1} & -\dfrac{\Delta Y_i^1}{D_i^1} & -\dfrac{\Delta Z_i^1}{D_i^1} & C \\
\dfrac{\Delta X_i^2}{D_i^2} & -\dfrac{\Delta Y_i^2}{D_i^2} & -\dfrac{\Delta Z_i^2}{D_i^2} & C \\
\vdots & \vdots & \vdots & \vdots
\end{bmatrix}
$$

其中，m 为 t 时刻观测的卫星数。采用同伦方法求解微分方程初值为

$$
\frac{\partial \boldsymbol{H}}{\partial(t,\boldsymbol{X}_i)}=\boldsymbol{0}
$$

$$
(t(0),\boldsymbol{X}_i(0))=(1,\boldsymbol{a})
$$

获得满足非线性最小二乘条件的待定点位的坐标值，同时根据 $\hat{\sigma}_0^2=\pm\sqrt{\dfrac{\mathbf{V}^{\mathrm{T}}\mathbf{V}}{m-4}}$ 求出单位权中误差。

例 5.1　GPS 时刻 t，在地面 P 点同时观测 8 颗卫星，各卫星在该时刻的星历坐标及其至地面 P 点的伪距观测值和定位值列于表 5.1 中。

表 5.1　GPS 伪距观测值和定位值一

卫星号	伪距观测值 /m	坐标			$\hat{\sigma}_0$ /m
		X/m	Y/m	Z/m	
3	20 557 914.697	−12 647 356.002	2 320 891.826	2 119 653.752	—
13	24 153 634.807	11 304 741.359	10 538 349.009	21 625 701.577	—
19	24 710 789.398	15 788 657.769	11 652 778.090	18 134 569.384	—
20	23 876 157.894	13 086 596.030	23 006 463.946	−1 861 379.281	—
22	20 798 532.362	−8 704 397.326	13 911 425.858	20 511 429.993	—
25	22 016 161.749	−22 673 098.379	9 676 443.495	9 899 119.149	—
28	21 245 751.596	1 683 778.276	22 085 682.088	14 905 015.414	—
31	22 894 552.930	−2 908 158.473	23 959 863.832	−10 960 196.90	—
实际坐标值		−2 411 013.636	5 380 269.718	2 425 129.702	—
非线性同伦方法		−2 411 047.829	5 380 270.318	2 425 129.479	6.92
线性最小二乘方法		−2 411 050.405	5 380 267.513	2 425 132.638	8.37

表5.2为距该时刻5分钟之后的另一组观测数据，根据观测数据求得 P 点的另一组坐标值与相应的精度。

表5.2 GPS伪距观测值和定位值二

卫星号	伪距观测值 /m	坐标			$\hat{\sigma}_0$ /m
		X/m	Y/m	Z/m	
3	20 483 087.808	−12 698 535.287	23 087 532.038	5 958 194.834	—
13	23 990 563.663	10 960 364.595	11 190 206.288	21 477 430.989	—
19	24 577 533.492	−15 177 933.779	11 785 357.531	8 560 749.538	—
20	23 959 067.844	12 979 982.665	22 984 063.839	−2 714 818.375	—
22	20 881 528.179	−9 162 011.387	13 342 390.877	20 701 251.641	—
25	22 065 301.484	−23 000 341.139	9 265 074.675	9 140 560.295	—
28	21 240 905.639	1 360 564.548	21 682 776.433	15 517 078.672	—
31	22 711 585.601	−3 135 756.658	2 424 679.693	−10 215 911.864	—
实际坐标值		−2 411 013.636	5 380 269.718	2 425 129.720	—
非线性同伦方法		−2 411 049.121	5 386 270.172	2 425 128.093	6.69
线性最小二乘方法		−2 411 049.570	5 380 267.206	2 425 133.000	9.71

由计算结果对比可以看出，在定位模型中，由于没有考虑电离层、对流层和卫星星历偏差改正参数，因此所求结果与实际坐标存在明显的系统偏差，X 的数值相差30多米。尽管存在系统误差，但是采用同伦非线性最小二乘方法较近似线性最小二乘方法的求解精度有较明显的改善。

§5.3 GPS基线非线性同伦模型及其解算

由于载波波长远小于GPS测距码的波长，因此如果能较好地解决载波相位整周模糊度的问题，则可用GPS信号中的载波相位进行定位，其定位精度高于测距码伪距定位精度。这些年，通过各国学者的大量研究，已从理论到实际很好地解决了载波相位整周模糊度的正确求定问题。因此，载波相位定位已成为GPS精密定位的主要手段。

5.3.1 载波相位观测模型

载波相位观测量实际上是 t^j 时刻卫星发射的载波信号相位 $\varphi^j(t^j)$ 与接收机在 t_i 时刻接收的载波信号相位 $\varphi_i(t_i)$ 之间的相位差，同时还应减去无法测得的相位差整周数 $N_i^j(t_0)$，即

$$\varphi_i^j(t)=\varphi_i(t_i)-\varphi^j(t^j)-N_i^j(t_0) \tag{5.22}$$

由于卫星钟和接收机钟均配有稳定度良好的振荡器，且信号由卫星到达接收机的时间极短，因此可以忽略频率漂移产生的误差，即可认为信号相位与频率之间

满足关系式

$$\varphi(t+\Delta t)=\varphi(t)+f\Delta t \tag{5.23}$$

由§5.2知，卫星钟和接收机钟均存在钟误差，即

$$\left.\begin{aligned} t_i &= t_i(\mathrm{GPS})+\delta t_i \\ t^j &= t^j(\mathrm{GPS})+\delta t^j \end{aligned}\right\} \tag{5.24}$$

则相位观测量可进一步表示为

$$\begin{aligned} \varphi_i^j(t) &= f\Delta t - N_i^j(t_0) \\ &= f(t_i(\mathrm{GPS})-t^j(\mathrm{GPS}))+f\delta t_i - f\delta t^j - N_i^j(t_0) \end{aligned} \tag{5.25}$$

考虑 $D_i^j(t)=C(t_i(\mathrm{GPS})-t^j(\mathrm{GPS}))$，且顾及电离层和对流层对信号传播的影响，则载波相位观测方程为

$$\varphi_i^j(t)=\frac{f}{C}[D_i^j(t)+\delta I_i^j(t)+\delta T_i^j(t)]+f\delta t_i - f\delta t^j - N_i^j(t_0) \tag{5.26}$$

式中，$\delta I_i^j(t)$、$\delta T_i^j(t)$ 分别为 j 卫星到 i 接收机间的电离层、对流层影响改正参数。

如果将式(5.26)两边同乘上 $\lambda=C/f$，则有

$$\widetilde{D}_i^j(t)=D_i^j(t)+\delta I_i^j(t)+\delta T_i^j(t)+C\delta t_i - C\delta t^j - \lambda N_i^j(t_0) \tag{5.27}$$

由于卫星发射载波信号的时刻 $t^j(\mathrm{GPS})$ 一般是未知的，因此式(5.26)或式(5.27)只是载波相位观测模型的近似简化表达式。严格来说，应将卫星发射信号的时刻表示为接收机接收信号时刻的函数，即

$$\begin{aligned} \Delta\tau &= t_i(\mathrm{GPS})-t^j(\mathrm{GPS}) \\ t^j(\mathrm{GPS}) &= t_i(\mathrm{GPS})-\Delta\tau \end{aligned} \tag{5.28}$$

因此有 $\Delta\tau=\dfrac{D_i^j(t)}{C}$。因为卫星 j 与测站 i 之间的几何距离是卫星发射信号时刻 t^j 与接收信号时刻 t_i 的函数，故可写为

$$\begin{aligned} \Delta\tau &= \frac{1}{C}D_i^j(t_i(\mathrm{GPS}),t^j(\mathrm{GPS}))=\frac{1}{C}D_i^j(t_i(\mathrm{GPS}),t_i(\mathrm{GPS})-\Delta\tau) \\ &= \frac{1}{C}D_i^j(t_i(\mathrm{GPS}))-\frac{1}{C}\dot{D}_i^j(t_i(\mathrm{GPS}))\Delta\tau \\ &= \frac{1}{C}D_i^j(t_i)-\frac{1}{C}\dot{D}_i^j(t_i(\mathrm{GPS}))\Delta\tau-\frac{1}{C}\dot{D}_i^j(t_i)\delta t_i \\ &= \frac{1}{C}D_i^j(t_i)\left(1-\frac{1}{C}\dot{D}_i^j(t_i(\mathrm{GPS}))\right)-\frac{1}{C}\dot{D}_i^j(t_i)\delta t_i \end{aligned} \tag{5.29}$$

式中，$\Delta\tau=\dfrac{1}{C}D_i^j(t_i)$。

将式(5.28)代入载波相位观测方程，并考虑电离层和对流层的影响，则有较严密的载波相位观测模型为

$$\varphi_i^j(t)=\frac{f}{C}D_i^j(t)\Big(1-\frac{1}{C}\dot{D}_i^j(t)\Big)+f\Big(1-\frac{1}{C}\dot{D}_i^j(t)\Big)\delta t_i-f\delta t^j+\frac{f}{C}\delta I_i^j(t)+\frac{f}{C}\delta T_i^j(t)-N_i^j(t_0) \tag{5.30}$$

或表示为

$$\widetilde{D}_i^j(t)=D_i^j(t)\Big(1-\frac{1}{C}D_i^j(t)\Big)+C\Big(1-\frac{1}{C}\dot{D}_i^j(t)\Big)\delta t_i-C\delta t^j+\delta I_i^j(t)+\delta T_i^j(t)-\lambda N_i^j(t_0) \tag{5.31}$$

在式(5.26)、式(5.27)中及式(5.30)、式(5.31)的载波相位观测模型中,卫星到接收机之间的几何距离 $\widetilde{D}_i^j$ 是坐标的非线性函数,即

$$D_i^j(t)=((X^j(t)-X_i)^2+(Y^j(t)-Y_i)^2+(Z^j(t)-Z_i)^2)^{\frac{1}{2}}$$

因此,载波相位观测模型是非线性观测模型。

5.3.2 GPS基线向量非线性模型

载波相位定位精度为0.5～2.0 mm,但是GPS定位受到卫星轨道、卫星钟差、接收机钟差及电离层和对流层折射等多种误差的影响,因此定位精度大大降低。为了提高定位精度,一般通过建立相应的改正模型或在观测方程中加入相应的附加参数消除这些误差。但是这种方法存在一些问题:一方面改正模型难以完全正确地反映误差规律,导致观测值中仍存在残余影响;另一方面由于附加参数给观测方程增加了大量与定位无直接关系的多余未知参数,因此大大增加了平差计算的工作量,同时还影响定位未知参数的可靠性。

上述GPS观测误差对定位测站同步观测的相同卫星具有较强的相关性,为解决上述问题,一种简单有效的方法是在测站间、卫星间、观测历元间求差,通过观测方程的不同组合,达到有效消除或削弱误差影响的目的。根据观测方程间求差次数的不同,组成单差模型、双差模型和三差模型。

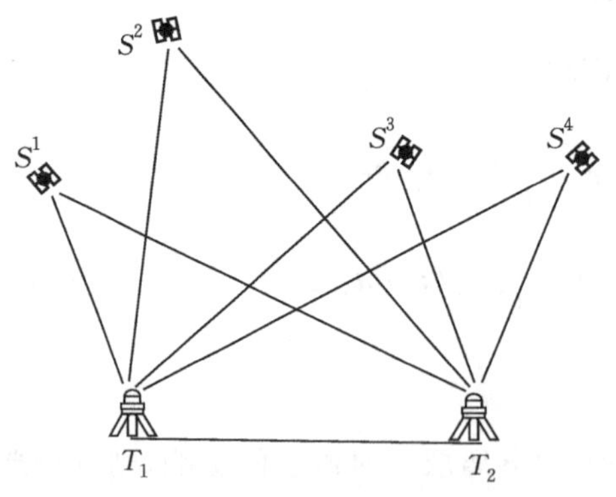

图 5.1 GPS相对定位

基线向量的单差模型。假设测站(接收机)1、测站2分别在 t_1、t_2 时刻(历元)对卫星 p、q 进行了同步观测,如图5.1所示,则可测得载波相位观测量 $\varphi_1^p(t_1)$、$\varphi_1^p(t_2)$、$\varphi_1^q(t_1)$、$\varphi_1^q(t_2)$、$\varphi_2^p(t_1)$、$\varphi_2^p(t_2)$、$\varphi_2^q(t_1)$、$\varphi_2^q(t_2)$。获得以上观测量后,可以在测站间、卫星间求差,也可以在历元(时刻)间求差,即

$$\left.\begin{aligned}\Delta\varphi_{12}^{k}&=\varphi_{2}^{k}(t_j)-\varphi_{1}^{k}(t_j)\\\Delta\varphi_{i}^{pq}&=\varphi_{i}^{q}(t_j)-\varphi_{i}^{p}(t_j)\\\Delta\varphi_{i}^{k}(t_{12})&=\varphi_{i}^{k}(t_2)-\varphi_{i}^{k}(t_1)\end{aligned}\right\}\tag{5.32}$$

式中，$k=p$、q，为不同卫星号；$i=1$、2，为不同测站；$j=1$、2，为不同历元。将求差获得的组合(式(5.32))当作虚拟观测模型，称为单差或一次差。尽管有三种不同的求差形式，但最常用的是在测站间求一次差，因此本书给出在测站间求单差的模型。

若在 t_1 时刻在测站 1、2 同时对卫星 p 进行了载波相位测量，根据式(5.26)有非线性观测方程，即

$$\varphi_1^p(t_1)=\frac{f}{C}(D_1^p(t_1)+\delta I_1^p(t_1)+\delta T_1^p(t_1))+f\delta t_1-f\delta t^p-N_1^p(t_0)$$

$$\varphi_2^p(t_1)=\frac{f}{C}(D_2^p(t_1)+\delta I_2^p(t_1)+\delta T_2^p(t_1))+f\delta t_2-f\delta t^p-N_2^p(t_0)$$

将以上两式代入式(5.32)中的第一式，得

$$\begin{aligned}\Delta\varphi_{12}^p(t_1)=&\frac{f}{C}(D_2^p(t_1)-D_1^p(t_1))+\frac{f}{C}(\delta I_2^p(t_1)-\delta I_1^p(t_1))+\\&\frac{f}{C}(\delta T_2^p(t_1)-\delta T_1^p(t_1))+f(\delta t_2-\delta t_1)-f(\delta t^p-\delta t^p)-\\&(N_2^p(t_0)-N_1^p(t_0))\end{aligned}$$

或为

$$\Delta\varphi_{12}^p(t_1)=\frac{f}{C}D_{12}^p(t_1)+f\delta t_{12}-N_{12}^p(t_0)+\frac{f}{C}\delta I_{12}^p(t_1)+\frac{f}{C}\delta T_{12}^p(t_1)\tag{5.33}$$

式中

$$\begin{gathered}D_{12}^p(t_1)=D_2^p(t_1)-D_1^p(t_1)\\\delta t_{12}=\delta t_2-\delta t_1\\N_{12}^p(t_0)=N_2^p(t_0)-N_1^p(t_0)\\\delta I_{12}^p(t_1)=\delta I_2^p(t_1)-\delta I_1^p(t_1)\\\delta T_{12}^p(t_1)=\delta T_2^p(t_1)-\delta T_1^p(t_1)\end{gathered}$$

由式(5.33)可知，在测站之间求差后，卫星钟差影响已消除。当两测站相距不太远(如在 20 km 以内)时，对流层和电离层折射影响间具有很强的相关性，故在测站间求一次差几乎可消除大气折射误差。此外，可以从理论上证明，测站间求一次差可大大减小卫星星历误差(≤1/1 000)。因此，测站间单差模型可表示为

$$\Delta\varphi_{12}^p(t_1)=\frac{f}{C}D_{12}^p(t_1)+f\delta t_{12}-N_{12}^p(t_0)\tag{5.34}$$

或为

$$\Delta\widetilde{D}_{12}^{p}(t_1)=D_{12}^{p}(t_1)+C\delta t_{12}-\lambda N_{12}^{p}(t_0) \tag{5.35}$$

由于单差模型中的距离差是待定点坐标的非线性函数，所以GPS单差观测模型是非线性模型。在单差定位模型中，往往将一个测站确定为已知点，另一个测站相对于该已知点进行相对定位，由此获得的解称为GPS基线向量。

上述GPS单差模型仍可再求差，即求双差，这种双差包括：在测站间求单差，卫星间求双差；在卫星间求单差，历元间求双差；在历元间求单差，测站间求双差。在GPS精密定位中，最常用的是在测站间与卫星间求双差的定位模型。可通过在测站间求单差消除(削弱)卫星星历、卫星钟差、大气折射误差的影响，由在卫星间求双差消除接收机钟差的影响。该双差模型为

$$\Delta\varphi_{12}^{pq}(t_1)=\Delta\varphi_{12}^{q}(t_1)-\Delta\varphi_{12}^{p}(t_1) \tag{5.36}$$

将单差虚拟观测模型式(5.34)代入式(5.36)，有

$$\begin{aligned}\Delta\varphi_{12}^{pq}(t_1)&=\frac{f}{C}[D_{12}^{q}(t_1)-D_{12}^{p}(t_1)+f(\delta t_{12}-\delta t_{12})-(N_{12}^{q}(t_0)-N_{12}^{p}(t_0))]\\&=\frac{f}{C}(D_{12}^{pq}(t_1)-N_{12}^{pq}(t_0))\end{aligned} \tag{5.37}$$

式中，$D_{12}^{pq}(t_1)=D_{12}^{q}(t_1)-D_{12}^{p}(t_1)$，$N_{12}^{pq}(t_0)=N_{12}^{q}(t_0)-N_{12}^{p}(t_0)$。由于式(5.37)已不再包含接收机钟差，故式(5.37)也可写为

$$\Delta D_{12}^{pq}(t_1)=D_{12}^{pq}(t_1)-\lambda N_{12}^{pq}(t_0) \tag{5.38}$$

对于测站间、卫星间求差的双差模型，仍可在历元间求三次差，以获得三差观测模型，即

$$\begin{aligned}\Delta\varphi_{12}^{pq}(t_1,t_2)&=\Delta\varphi_{12}^{pq}(t_2)-\Delta\varphi_{12}^{pq}(t_1)\\&=\frac{f}{C}(D_{12}^{pq}(t_2)-D_{12}^{pq}(t_1))\end{aligned} \tag{5.39}$$

式(5.39)，已不包含整周模糊度N。

GPS相对定位模型中，定位精度最高且求解较方便易行的是双差观测模型，因而在此给出双差观测模型求解及定位的过程，而单差、三差观测模型的求解与双差观测模型求解类似。

如前所述，GPS相对定位时，应将其中一点的坐标设为已知坐标，其他点相对该点进行定位，即求出相应的基线向量$[\Delta X\ \ \Delta Y\ \ \Delta Z]^{\mathrm{T}}$。假设1号接收机天线位置已知，其坐标为$[X_1\ \ Y_1\ \ Z_1]^{\mathrm{T}}$，2号接收机天线位置相对于1号的基线向量为$[\Delta X_{12}\ \ \Delta Y_{12}\ \ \Delta Z_{12}]^{\mathrm{T}}$，其近似坐标值为$[\Delta X_{12}^{0}\ \ \Delta Y_{12}^{0}\ \ \Delta Z_{12}^{0}]^{\mathrm{T}}$，近似值改正数为$[\delta X_{12}\ \ \delta Y_{12}\ \ \delta Z_{12}]^{\mathrm{T}}$。在基线解算时，2号接收机天线位置坐标可表示为

$$\left.\begin{aligned}\hat{X}_2&=X_1+\Delta X_{12}=X_1+\Delta X_{12}^{0}+\delta X_{12}=X_2^{0}+\delta X_{12}\\\hat{Y}_2&=Y_1+\Delta Y_{12}=Y_1+\Delta Y_{12}^{0}+\delta Y_{12}=Y_2^{0}+\delta Y_{12}\\\hat{Z}_2&=Z_1+\Delta Z_{12}=Z_1+\Delta Z_{12}^{0}+\delta Z_{12}=Z_2^{0}+\delta Z_{12}\end{aligned}\right\} \tag{5.40}$$

求解 GPS 基线向量时，一般取单点测距码伪距定位的坐标为各点的近似值，甚至作为已知点的已知坐标值。GPS 基线向量求解往往采用线性最小二乘方法，即在坐标的近似值处按泰勒级数展开，取至一次项，将基线向量模型线性化，再由线性最小二乘准则求出坐标的平差值。

首先，将双差观测模型写成非线性误差方程，为

$$V_{12}^{pq}(t_1)=\frac{f}{C}D_{12}^{pq}(t_1)-N_{12}^{pq}(t_0)-\Delta\varphi_{12}^{pq}(t_1) \tag{5.41}$$

式中

$$\begin{aligned}\Delta\varphi_{12}^{pq}(t_1)&=\Delta\varphi_{12}^{q}(t_1)-\Delta\varphi_{12}^{p}(t_1)\\&=\varphi_2^q(t_1)-\varphi_1^q(t_1)-(\varphi_2^p(t_1)-\varphi_1^p(t_1))\\N_{12}^{pq}(t_0)&=N_{12}^{q}(t_0)-N_{12}^{p}(t_0)\\&=N_2^q(t_0)-N_1^q(t_0)-(N_2^p(t_0)-N_1^p(t_0))\\D_{12}^{pq}(t_1)&=D_{12}^{q}(t_1)-D_{12}^{p}(t_1)\\&=D_2^q(t_1)-D_1^q(t_1)-(D_2^p(t_1)-D_1^p(t_1))\end{aligned}$$

而

$$D_i^j(t_1)=((X^j(t_1)-X_i)^2+(Y^j(t_1)-Y_i)^2+(Z^j(t_1)-Z_i)^2)^{\frac{1}{2}}$$

式中，$(X^j(t_1),Y^j(t_1),Z^j(t_1))$ 为 j 卫星在 t_1 时刻的坐标，(X_i,Y_i,Z_i) 为 i 接收机天线位置坐标。如前所述，1 号接收机天线位置坐标已知，其他接收机相对该接收机进行定位，即 (X_1,Y_1,Z_1) 为已知坐标。同时为了简化推导公式，假定卫星坐标 $(X^j(t_1),Y^j(t_1),Z^j(t_1))$ 为已知坐标，则由式(5.40)得

$$\begin{aligned}D_{12}^{pq}(t_1)=&((X^q(t_1)-X_2^0-\delta X_{12})^2+(Y^q(t_1)-Y_2^0-\delta Y_{12})^2+\\&(Z^q(t_1)-Z_2^0-\delta Z_{12})^2)^{\frac{1}{2}}-((X^p(t_1)-X_2^0-\delta X_{12})^2+\\&(Y^P(t_1)-Y_2^0-\delta Y_{12})^2+(Z^p(t_1)-Z_2^0-\delta Z_{12})^2)^{\frac{1}{2}}-D_1^q(t_1)+D_1^p(t_1)\end{aligned}$$

由上述各式可知，式(5.41)的双差误差方程可写为非线性方程式，即

$$\begin{aligned}V_{12}^{pq}(t_1)=&\frac{f}{C}\Big[((X^q(t_1)-X_2^0-\delta X_{12})^2+(Y^q(t_1)-Y_2^0-\delta Y_{12})^2+\\&(Z^q(t_1)-Z_2^0-\delta Z_{12})^2)^{\frac{1}{2}}-((X^p(t_1)-X_2^0-\delta X_{12})^2+\\&(Y^p(t_1)-Y_2^0-\delta Y_{12})^2+(Z^p(t_1)-Z_2^0-\delta Z_{12})^2)^{\frac{1}{2}}\Big]-\\&N_{12}^{pq}(t_0)+\frac{f}{C}(D_1^p(t_1)-D_1^q(t_1))-\Delta\varphi_{12}^{pq}(t_1)\end{aligned} \tag{5.42}$$

将该非线性方程按泰勒级数展开至一次项，得到线性化的误差方程为

$$
\begin{aligned}
V_{12}^{pq}(t_1) = \frac{f}{C}\Bigg[& \left(\frac{X^p(t_1)-X_2^0}{D_2^{0p}(t_1)} - \frac{X^q(t_1)-X_2^0}{D_2^{0q}(t_1)}\right)\delta X_{12} + \\
& \left(\frac{Y^p(t_1)-Y_2^0}{D_2^{0p}(t_1)} - \frac{Y^q(t_1)-Y_2^0}{D_2^{0q}(t_1)}\right)\delta Y_{12} + \\
& \left(\frac{Z^p(t_1)-Z_2^0}{D_2^{0p}(t_1)} - \frac{Z^q(t_1)-Z_2^0}{D_2^{0q}(t_1)}\right)\delta Z_{12}\Bigg] - \delta N_{12}^{pq} + \\
& \frac{f}{C}(D_2^{0q}(t_1) - D_2^{0p}(t_1) - D_1^q(t_1) + D_1^p(t_1)) - N^0{}_{12}^{pq}(t_0) - \Delta\varphi_{12}^{pq}(t_1)
\end{aligned}
\tag{5.43}
$$

式中

$$D_2^{0q}(t_1) = ((X^q(t_1) - X_2^0)^2 + (Y^q(t_1) - Y_2^0)^2 + (Z^q(t_1) - Z_2^0)^2)^{\frac{1}{2}}$$

$$N_{12}^{pq}(t_0) = N_{12}^{0pq}(t_0) + \delta N_{12}^{pq}$$

方程中的未知参数为

$$\delta \boldsymbol{X} = [\delta X_{12} \quad \delta Y_{12} \quad \delta Z_{12} \quad \delta N_{12}^{pq}]^{\mathrm{T}}$$

常数项为

$$l_{12}^{pq} = \frac{f}{C}(D_2^{0q}(t_1) - D_2^{0p}(t_1) - D_1^q(t_1) + D_1^p(t_1)) - N_{12}^{0pq}(t_0) - \Delta\varphi_{12}^{pq}(t_1)$$

因此，如果在1、2测站，在 $t=n$ 个历元时刻，同时观测了 $j=m$ 颗卫星，则可以列出 $n\times m$ 个方程。其矩阵形式为

$$\boldsymbol{V} = \boldsymbol{A}\delta\boldsymbol{X} + \boldsymbol{l}$$

由最小二乘原理解得

$$\delta\boldsymbol{X} = (\boldsymbol{A}^{\mathrm{T}}\boldsymbol{A})^{-1}\boldsymbol{A}^{\mathrm{T}}\boldsymbol{l}$$

采用近似的线性化最小二乘方法，要求近似坐标应较精确地接近真值，且模型的非线性程度较低。求解GPS基线向量时，往往采用单点伪距定位的坐标为近似坐标，其精度仅为数米或数十米，因此必然会影响定位的精度及待定点坐标的准确度。期间经常会发现，即使同一条基线采用完全相同的数据与模型，从基线两端不同的点(即坐标近似值取值不同)解算的该基线的坐标增量不等，有时甚至会相差数厘米。表5.3给出解算某一GPS基线向量时，当起算端点含有不同的误差值时，其引起的基线向量解的误差值。该表说明近似值取值对基线求解有较大影响，且采用近似线性最小二乘也不能正确反映基线模型的非线性特性。

表5.3　起算端点误差引起的基线向量解误差

起算端点坐标变化量			基线增量变化量			空间边长变化量
ΔX/m	ΔY/m	ΔZ/m	Δdx/mm	Δdy/mm	Δdz/mm	ΔS/mm
−78.96	−4.25	127.31	−19.4	−42.9	29.1	−33.7
−39.48	−2.13	63.65	−10.6	−28.6	14.8	−18.1
−13.16	−0.71	21.22	−3.4	−7.9	6.8	−6.1

5.3.3　GPS 基线双差模型的非线性同伦解

式(5.42)的双差非线性模型可写为

$$V_{12}^{pq}(t_1)=\frac{f}{C}[((X^q(t_1)-X_2)^2+(Y^q(t_1)-Y_2)^2+(Z^q(t_1)-Z_2)^2)^{\frac{1}{2}}-((X^p(t_1)-X_2)^2+(Y^p(t_1)-Y_2)^2+(Z^p(t_1)-Z_2)^2)^{\frac{1}{2}}]-N_{12}^{pq}(t_0)+\frac{f}{C}(D_1^p(t_1)-D_1^q(t_1))-\Delta\varphi_{12}^{pq}(t_1) \tag{5.44}$$

式中，p 为基准卫星，$q(q=1,2,\cdots,m)$ 为其他观测卫星，$t(t=1,2,\cdots,n)$ 为观测历元数。

令 $\boldsymbol{X}=[X_2\ \ Y_2\ \ Z_2]$，

$$f_t^{pq}(\boldsymbol{X})=\frac{f}{C}[((X^q(t_1)-X_2)^2+(Y^q(t_1)-Y_2)^2+(Z^q(t_1)-Z_2)^2)^{\frac{1}{2}}-((X^p(t_1)-X_2)^2+(Y^p(t_1)-Y_2)^2+(Z^p(t_1)-Z_2)^2)^{\frac{1}{2}}]-N_{12}^{pq}(t_0)$$

$$L_t^{pq}=\frac{f}{C}(D_1^p(t)-D_1^q(t))-\Delta\varphi_{12}^{pq}(t)$$

则非线性误差方程为

$$V_{12}^{pq}(t)=f_t^{pq}(\boldsymbol{X})+L_t^{pq} \tag{5.45}$$

对式(5.45)可写出其矩阵形式为

$$\boldsymbol{V}=\boldsymbol{f}(\boldsymbol{X})+\boldsymbol{L}$$

式中，$\boldsymbol{V}=[V_{12}^{p1}(t_1)\ \ V_{12}^{p2}(t_1)\ \ \cdots\ \ V_{12}^{pm}(t_1)\ \ V_{12}^{p1}(t_2)\ \ \cdots\ \ V_{12}^{pm}(t_2)\ \ \cdots\ \ V_{12}^{pm}(t_n)]^{\mathrm{T}}$，其中共有 $m\times n$ 个非线性观测方程。

求非线性最小二乘有

$$\boldsymbol{V}^{\mathrm{T}}\boldsymbol{V}=(\boldsymbol{f}(\boldsymbol{X})+\boldsymbol{L})^{\mathrm{T}}(\boldsymbol{f}(\boldsymbol{X})+\boldsymbol{L})=\min$$

$$\frac{\partial(\boldsymbol{V}^{\mathrm{T}}\boldsymbol{V})}{\partial\boldsymbol{X}}=2\left(\frac{\partial\boldsymbol{f}(\boldsymbol{X})}{\partial\boldsymbol{X}}\right)^{\mathrm{T}}(\boldsymbol{f}(\boldsymbol{X})+\boldsymbol{L})=\boldsymbol{0}$$

令

$$\boldsymbol{F}=\left(\frac{\partial\boldsymbol{f}(\boldsymbol{X})}{\partial\boldsymbol{X}}\right)^{\mathrm{T}}(\boldsymbol{f}(\boldsymbol{X})+\boldsymbol{L})=\boldsymbol{0} \tag{5.46}$$

按非线性同伦法构成同伦函数为

$$\boldsymbol{H}=t(\boldsymbol{X}-\boldsymbol{a})+(1-t)\boldsymbol{F}(\boldsymbol{X})$$

并求满足 $\boldsymbol{H}^{-1}(\boldsymbol{0})$ 的临界点，对同伦函数求一阶偏导数有

$$\frac{\partial\boldsymbol{H}}{\partial(t,\boldsymbol{X})}=(\boldsymbol{X}-\boldsymbol{a}-\boldsymbol{F}(\boldsymbol{X}))\frac{\partial t}{\partial s}+\left[t\boldsymbol{I}+(1-t)\frac{\partial\boldsymbol{F}(\boldsymbol{X})}{\partial\boldsymbol{X}}\right]\frac{\partial\boldsymbol{X}}{\partial s}=\boldsymbol{0}$$

将式(5.46)代入上式，得

$$\left[\boldsymbol{X}-\boldsymbol{a}-\left(\frac{\partial\boldsymbol{f}(\boldsymbol{X})}{\partial\boldsymbol{X}}\right)^{\mathrm{T}}(\boldsymbol{f}(\boldsymbol{X})+\boldsymbol{L})\right]\frac{\partial t}{\partial s}+\left\{t\boldsymbol{I}+(1-t)\left[\left(\frac{\partial\boldsymbol{f}(\boldsymbol{X})}{\partial\boldsymbol{X}}\right)^{\mathrm{T}}\frac{\partial\boldsymbol{f}(\boldsymbol{X})}{\partial\boldsymbol{X}}+\right.\right.$$

$$\left(\frac{\partial^2 \boldsymbol{f}(\boldsymbol{X})}{\partial \boldsymbol{X}^2}\right)^{\mathrm{T}}(\boldsymbol{f}(\boldsymbol{X})+\boldsymbol{L})\Big]\Big\}\frac{\partial \boldsymbol{X}}{\partial s}=\boldsymbol{0} \tag{5.47}$$

令 $\underset{mn\times 4}{\boldsymbol{B}}=\frac{\partial \boldsymbol{f}(\boldsymbol{X})}{\partial \boldsymbol{X}}$、$\underset{mn\times 4\times 4}{\boldsymbol{G}}=\frac{\partial^2 \boldsymbol{f}(\boldsymbol{X})}{\partial \boldsymbol{X}^2}$，有

$$[\boldsymbol{X}-\boldsymbol{a}-\boldsymbol{B}^{\mathrm{T}}(\boldsymbol{f}(\boldsymbol{X})+\boldsymbol{L})]\frac{\partial t}{\partial s}+\left\{t\boldsymbol{I}+(1-t)[\boldsymbol{B}^{\mathrm{T}}\boldsymbol{B}+\boldsymbol{G}^{\mathrm{T}}(\boldsymbol{f}(\boldsymbol{X})+\boldsymbol{L})]\right\}\frac{\partial \boldsymbol{X}}{\partial s}=\boldsymbol{0}$$

式中

$$\underset{mn\times 4}{\boldsymbol{B}}=\begin{bmatrix}
\frac{X^p(t_1)-X_2^0}{D_2^{0p}(t_1)}-\frac{X^1(t_1)-X_2^0}{D_2^{01}(t_1)} & \frac{Y^p(t_1)-Y_2^0}{D_2^{0p}(t_1)}-\frac{Y^1(t_1)-Y_2^0}{D_2^{01}(t_1)} & \frac{Z^p(t_1)-Z_2^0}{D_2^{0p}(t_1)}-\frac{Z^1(t_1)-Z_2^0}{D_2^{01}(t_1)} & -1 \\
\frac{X^p(t_1)-X_2^0}{D_2^{0p}(t_1)}-\frac{X^2(t_1)-X_2^0}{D_2^{02}(t_1)} & \frac{Y^p(t_1)-Y_2^0}{D_2^{0p}(t_1)}-\frac{Y^2(t_1)-Y_2^0}{D_2^{02}(t_1)} & \frac{Z^p(t_1)-Z_2^0}{D_2^{0p}(t_1)}-\frac{Z^1(t_1)-Z_2^0}{D_2^{02}(t_1)} & -1 \\
\vdots & \vdots & \vdots & \vdots \\
\frac{X^p(t_1)-X_2^0}{D_2^{0p}(t_1)}-\frac{X^m(t_1)-X_2^0}{D_2^{0m}(t_1)} & \frac{Y^p(t_1)-Y_2^0}{D_2^{0p}(t_1)}-\frac{Y^m(t_1)-Y_2^0}{D_2^{0m}(t_1)} & \frac{Z^p(t_1)-Z_2^0}{D_2^{0p}(t_1)}-\frac{Z^m(t_1)-Z_2^0}{D_2^{0m}(t_1)} & -1 \\
\frac{X^p(t_2)-X_2^0}{D_2^{0p}(t_2)}-\frac{X^1(t_2)-X_2^0}{D_2^{01}(t_2)} & \frac{Y^p(t_2)-Y_2^0}{D_2^{0p}(t_2)}-\frac{Y^1(t_2)-Y_2^0}{D_2^{01}(t_2)} & \frac{Z^p(t_2)-Z_2^0}{D_2^{0p}(t_2)}-\frac{Z^1(t_2)-Z_2^0}{D_2^{01}(t_2)} & -1 \\
\vdots & \vdots & \vdots & \vdots \\
\frac{X^p(t_n)-X_2^0}{D_2^{0p}(t_n)}-\frac{X^m(t_n)-X_2^0}{D_2^{0m}(t_n)} & \frac{Y^p(t_n)-Y_2^0}{D_2^{0p}(t_n)}-\frac{Y^m(t_1)-Y_2^0}{D_b^{0m}(t_n)} & \frac{Z^p(t_2)-Z_2^0}{D_2^{0p}(t_n)}-\frac{Z^m(t_n)-Z_2^0}{D_2^{0m}(t_n)} & -1
\end{bmatrix}$$

矩阵 $\boldsymbol{G}$ 中 $f^{pi}(t_j)$ 的二阶偏导数元素为

$$\frac{\partial^2 f^{pi}(t_j)}{\partial X_2^2}=\frac{(Y^i(t_j)-Y_2^0)^2+(Z^i(t_j)-Z_2^0)^2}{(D_2^{0i}(t_j))^3}-\frac{(Y^p(t_j)-Y_2^0)^2+(Z^p(t_j)-Z_2^0)^2}{(D_2^{0p}(t_j))^3}$$

$$\frac{\partial^2 f^{pi}(t_j)}{\partial X_2\partial Y_2}=\frac{(X^p(t_j)-X_2^0)(Y^p(t_j)-Y_2^0)^2}{(D_2^{0p}(t_j))^3}-\frac{(X^i(t_j)-X_2^0)(Y^i(t_j)-Y_2^0)}{(D_2^{0i}(t_j))^3}=\frac{\partial^2 f^{pi}(t_j)}{\partial Y_2\partial X_2}$$

$$\frac{\partial^2 f^{pi}(t_j)}{\partial X_2\partial Z_2}=\frac{(X^p(t_j)-X_2^0)(Z^p(t_j)-Z_2^0)^2}{(D_2^{0p}(t_j))^3}-\frac{(X^i(t_j)-X_2^0)(Z^i(t_j)-Z_2^0)}{(D_2^{0i}(t_j))^3}=\frac{\partial^2 f^{pi}(t_j)}{\partial Z_2\partial X_2}$$

$$\frac{\partial^2 f^{pi}(t_j)}{\partial Y_2^2}=\frac{(X^i(t_j)-X_2^0)^2+(Z^i(t_j)-Z_2^0)^2}{(D_2^{0i}(t_j))^3}-\frac{(X^p(t_j)-X_2^0)^2+(Z^p(t_j)-Z_2^0)^2}{(D_2^{0p}(t_j))^3}$$

$$\frac{\partial^2 f^{pi}(t_j)}{\partial Z_2^2}=\frac{(X^i(t_j)-X_2^0)^2+(Y^i(t_j)-Y_2^0)^2}{(D_2^{0i}(t_j))^3}-\frac{(X^p(t_j)-X_2^0)^2+(Y^i(t_j)-Y_2^0)^2}{(D_2^{0p}(t_j))^3}$$

$$\frac{\partial^2 f^{pi}(t_j)}{\partial Y_2\partial Z_2}=\frac{(Y^p(t_j)-Y_2^0)(Z^p(t_j)-Z_2^0)^2}{(D_2^{0P}(t_j))^3}-\frac{(Y^i(t_j)-Y_2^0)^2+(Z^i(t_j)-Z_2^0)^2}{(D_2^{0i}(t_j))^3}=\frac{\partial^2 f^{pi}(t_j)}{\partial Z_2\partial Y_2}$$

在用式(5.47)求解非线性 GPS 基线向量时，取 $a_1=X_1+\Delta X_{12}^0$、$a_2=Y_1+\Delta Y_{12}^0$、$a_3=Z_1+\Delta Z_{12}^0$。按同伦方法求解微分方程，得

$$[\boldsymbol{X}-\boldsymbol{a}-\boldsymbol{B}^{\mathrm{T}}(\boldsymbol{f}(\boldsymbol{X})+\boldsymbol{L})]\frac{\partial t}{\partial s}+\left\{t\boldsymbol{I}+(1-t)[\boldsymbol{B}^{\mathrm{T}}\boldsymbol{B}+\boldsymbol{G}^{\mathrm{T}}(\boldsymbol{f}(\boldsymbol{X})+\boldsymbol{L})]\right\}\frac{\partial \boldsymbol{X}}{\partial s}=0$$

$$(t,\boldsymbol{X})=(1,\boldsymbol{a})$$

最后，求解 GPS 基线向量的非线性方程组。

为了验证 GPS 基线非线性同伦解算方法的正确性和有效性，对两个点的 GPS 进行了 15 分钟的同步观测，并分别采用线性化最小二乘法和非线性同伦最小二乘法解算这两点间的 GPS 双差基线模型。本书给出待定点取两种不同近似坐标值情况下的平差结果文件，其中 X 坐标的近似值相差 20 m，Y 坐标的近似值相差 10 m，而 Z 坐标的近似值相差 0.5 m。两种情况下的平差结果文件如下：

```
GPS 双差基线模型(第一种情况)
════════════════════════════════════════════════════════════

已知测站(Station)：A000
已知坐标(Known Coordinate)X  Y  Z (m)：
-2411013.6364    5380269.7178    2425129.7204
观测卫星数(Num. of Observed satellite )：    7
卫星编号(Sat No.)：    14  18  21  23  25  29  30
Start    Time  (y-m-d-h-m)：    2001    3    5    3    45
End      Time  (y-m-d-h-m)：    2001    3    5    3    59

未知测站(Station)：  B000
近似坐标(Initial Coordinate) X  Y  Z (m)：
-2405144.030    5385195.140    2420032.500
观测卫星数(Num. of Observed satellite)：     9
卫星编号(Sat No.)：    5  14  18  21  22  23  25  29  30
-----------------------------    -----------------------------
基线固定整数解 Solution of Baseline：Double Difference (Fixed)
-----------------------------    -----------------------------
求解参数(Processing Parameters)
观测类型(Obs. Type)：                L1
历元间隔(Epoch Interval)：           15s
观测值数(Number of Obs(DD))：        60
最小卫星高度角(Min Elevation)：      15
════════════════════════════════════════════════════════════
线性化最小二乘法解
════════════════════════════════════════════════════════════
坐标增量
   DX      (m)   :      5869.5837
   DY      (m)   :      4925.3100
   DZ      (m)   :     -5097.1609
边长  Distance (m)             :      9202.8115
单位权中误差      Rms (m)          :         0.013512
                        x                  y                  z
平差坐标值(m)      -2405144.0523      5385195.0282       2420032.5591
```

代码续

```
协方差矩阵  Variance  Matrix
        x         2.673276e-6
        y         4.332751e-7         8.504162e-7
        z         0.745594e-7         1.536903e-7         5.748991e-6
--------------------------------
双差模糊度整数解 Ambiguity Solution of Double Difference L1 (Cycle)
--------------------------------
参考卫星 Reference  Satellite     :          14
   Satellite  No.(PRN)  29:          -54
   Satellite  No.(PRN)  25:          -52
   Satellite  No.(PRN)  18:         -197
   Satellite  No.(PRN)  23:          -11
   Satellite  No.(PRN)  21:          -67
   Satellite  No.(PRN)  30:          -45
================================================================
非线性同伦最小二乘法解
================================================================
坐标增量
   DX      (m)  :      5869.5908
   DY      (m)  :      4925.2994
   DZ      (m)  :     -5097.1539
边长  Distance (m)          :       9202.8065
单位权中误差      Rms (m)        :          0.0095341
                  x                  y                     z
平差坐标值(m)    -2405144.0456     5385195.0172          2420032.5665
参考卫星 Reference  Satellite       :          14
   Satellite  No.(PRN)  29:          -54
   Satellite  No.(PRN)  25:          -52
   Satellite  No.(PRN)  18:         -197
   Satellite  No.(PRN)  23:          -11
   Satellite  No.(PRN)  21:          -67
   Satellite  No.(PRN)  30:          -45

GPS 双差基线模型(第二种情况)
================================================================
已知测站(Station):  A000
已知坐标(Known Coordinate)X  Y  Z (m):
-2411013.6364    5380269.7178    2425129.7204
观测卫星数(Num. of Observed satellite ):    7
```

代码续

```
卫星编号(Sat No.)：     14   18   21   23   25   29   30
Start       Time(y-m-d-h-m)：     2001     3     5     3     45
End         Time(y-m-d-h-m)：     2001     3     5     3     59

未知测站(Station)： B000
近似坐标(Initial Coordinate) X  Y  Z (m)：
-2405164.020       5385185.140      2420032.004
观测卫星数(Num. of Observed satellite)：        9
卫星编号(Sat No.)：       5   14   18   21   22   23   25   29   30
------------------------------    ------------------------------
基线固定整数解 Solution of Baseline：Double Difference (Fixed)
------------------------------    ------------------------------
求解参数(Processing Parameters)
------------------------------
观测类型(Obs. Type)：                L1
历元间隔(Epoch Interval)：           15s
观测值数(Number of Obs(DD))：        60
最小卫星高度角(Min Elevation)：      15
==========================================================
线性化最小二乘法解
==========================================================
坐标增量
    DX       (m)   ：       5869.5377
    DY       (m)   ：       4925.5489
    DZ       (m)   ：      -5097.1852
边长   Distance (m)           ：       9202.9235
单位权中误差       Rms (m)           ：          0.687315
                          x                       y                     z
平差坐标值(m)      -2405144.0983          5385195.2667          2420032.5348
协方差阵   Variance   Matrix
          x        2.691337e-5
          y        4.387105e-6        8.521473e-6
          z        0.753192e-6        1.545037e-6          5.759124e-6
------------------------------
双差模糊度整数解 Ambiguity Solution of Double Difference L1 (Cycle)
------------------------------
参考卫星 Reference   Satellite         :        14
    Satellite    No.(PRN)   29:            -54
    Satellite    No.(PRN)   25:            -52
```

代码续

```
    Satellite  No.(PRN)  18:          -196
    Satellite  No.(PRN)  23:           -11
    Satellite  No.(PRN)  21:           -67
    Satellite  No.(PRN)  30:           -45
==========================================================
非线性同伦最小二乘法解
==========================================================
坐标增量
    DX        (m)  :       5869.6033
    DY        (m)  :       4925.3068
    DZ        (m)  :      -5097.1596
边长  Distance (m)         :       9202.8216
单位权中误差       Rms (m)          :          0.0153726
                  x                    y                     z
平差坐标值(m)      -2405144.0331       5385195.0246          2420032.5608

参考卫星 Reference  Satellite        :          14
    Satellite  No.(PRN)  29:           -54
    Satellite  No.(PRN)  25:           -52
    Satellite  No.(PRN)  18:          -197
    Satellite  No.(PRN)  23:           -11
    Satellite  No.(PRN)  21:           -67
    Satellite  No.(PRN)  30:           -45
```

由结果文件可以看出:在第一种近似坐标取值下,线性化最小二乘法和非线性同伦最小二乘法无论是在基线解、双差整周模糊度解上,还是在单位权上,均基本相同;在第二种近似坐标取值中,非线性同伦最小二乘法的基线解、双差整周模糊度解和单位权均与第一种情况基本相同,而线性化最小二乘法的解和精度均有明显变化,特别是第 18 号卫星的双差整周模糊度不同,且精度降低。计算结果初步说明,GPS 基线非线性同伦解算方法在 GPS 基线求解中具有较稳定的收敛性。

§5.4 GPS 坐标系统非线性转换

GPS 卫星定位测量成果是 WGS-84 坐标系下的三维空间坐标,它既可用地心空间直角坐标 (X,Y,Z) 表示,也可用椭球大地坐标(B,L,H) 表示。GPS 相对定位的基线向量是 WGS-84 坐标系下的两点坐标增量 $[\Delta X_{ij}\ \ \Delta Y_{ij}\ \ \Delta Z_{ij}]$。在 GPS 成果的实际应用领域中,往往需要将由 GPS 定位获得的成果纳入国家参心坐标系或地方独立坐标系,保证 GPS 成果的合理利用及与已有测绘成果的有效结合。因此，在 GPS 定位测量数据处理中，需要考虑如何将 GPS 定位成果从 WGS-84 坐标系转换至国家或地方独立坐标系。

目前，GPS 成果的坐标转换通常采用以下几种方法：

(1)在已知 WGS-84 坐标系与 GPS 成果需要转换的坐标系间转换参数的情况下，利用已有的坐标转换模型，可将 GPS 成果转换到相关坐标系下。

(2)在许多情况下，WGS-84 坐标与其他坐标系间的转换参数往往是未知的，或已知但精度较低，无法满足转换后坐标成果的精度不明显降低的要求。在此情况下，往往利用两坐标系间若干公共点(不少于 3)的已知坐标 $(X_{i_S}, Y_{i_S}, Z_{i_S})$ 和 $(X_{i_T}, Y_{i_T}, Z_{i_T})$，将其代入坐标转换模型，反求两个坐标系间的转换参数，然后将所求得的转换参数再代入坐标转换模型，实现坐标转换。

(3)以国家坐标系或地方坐标系的某些已知点的固定坐标、固定边长和方位为网的基准，将其作为 GPS 网平差中的约束条件，并在平差中考虑 WGS-84 坐标系与国家坐标系间的转换参数。采用该约束平差的方法获得的坐标已经是国家坐标系或地方坐标系的坐标，即通过约束平差实现坐标转换。

本节着重讨论第二种坐标转换方法中非线性求解问题，而第三种坐标转换方法——约束平差法将在 § 5.5 中讨论。

在多种坐标转换模型中，最常用的是布尔莎(Bursa)七参数转换模型，且多种转换模型均等价于布尔莎坐标转换模型(周忠谟，1984；Heck，1988；Hofmonn-Wellenhof et al，1992；Mohamed，1996)。

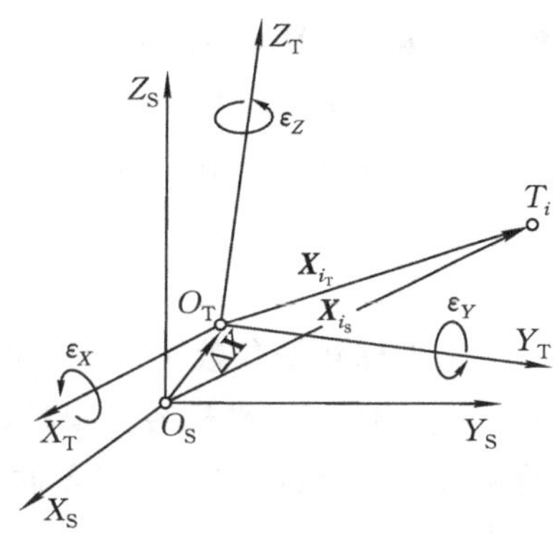

图 5.2　两坐标系间的关系

设两个三维空间直角坐标系 $O_T\text{-}X_TY_TZ_T$ 和 $O_S\text{-}X_SY_ST_S$ 有如图 5.2 所示的关系。其坐标系原点不一致，存在三个平移量 ΔX_0、ΔY_0、ΔZ_0；各坐标轴之间相互不平行，对应的坐标轴之间存在三个微小的旋转角 ε_X、ε_Y、ε_Z；两个坐标系的尺度也不一致，设 $O_T\text{-}X_TY_TZ_T$ 的尺度为 1，而 $O_S\text{-}X_SY_SZ_S$ 的尺度为 $1+k$。

根据布尔莎坐标转换模型，第 i 点在两坐标系下坐标之间的关系为

$$\begin{bmatrix} X \\ Y \\ Z \end{bmatrix}_{i_S} = \begin{bmatrix} \Delta X_0 \\ \Delta Y_0 \\ \Delta Z_0 \end{bmatrix} + (1+k)\boldsymbol{R}(\varepsilon_Z)\boldsymbol{R}(\varepsilon_Y)\boldsymbol{R}(\varepsilon_X)\begin{bmatrix} X \\ Y \\ Z \end{bmatrix}_{i_T} \tag{5.48}$$

或写为

$$\boldsymbol{X}_{i_S} = \Delta\boldsymbol{X} + (1+k)\boldsymbol{R}(\varepsilon_Z)\boldsymbol{R}(\varepsilon_Y)\boldsymbol{R}(\varepsilon_X)\boldsymbol{X}_{i_T} \tag{5.49}$$

式中，$\boldsymbol{X}_{i_S}=[X\ \ Y\ \ Z]_{i_S}^{\mathrm{T}}$、$\boldsymbol{X}_{i_T}=[X\ \ Y\ \ Z]_{i_T}^{\mathrm{T}}$、$\Delta\boldsymbol{X}=[\Delta X_0\ \ \Delta Y_0\ \ \Delta Z_0]^{\mathrm{T}}$ 为坐标系间的平移参数，k 为坐标系间的尺度比例参数，$\boldsymbol{R}(\varepsilon_Z)$、$\boldsymbol{R}(\varepsilon_Y)$、$\boldsymbol{R}(\varepsilon_X)$ 分别为

$$\boldsymbol{R}(\varepsilon_Z)=\begin{bmatrix}\cos\varepsilon_Z & \sin\varepsilon_Z & 0\\ -\sin\varepsilon_Z & \cos\varepsilon_Z & 0\\ 0 & 0 & 1\end{bmatrix}$$

$$\boldsymbol{R}(\varepsilon_Y)=\begin{bmatrix}\cos\varepsilon_Y & 0 & -\sin\varepsilon_Y\\ 0 & 1 & 0\\ \sin\varepsilon_Y & 0 & \cos\varepsilon_Y\end{bmatrix}$$

$$\boldsymbol{R}(\varepsilon_X)=\begin{bmatrix}1 & 0 & 0\\ 0 & \cos\varepsilon_X & \sin\varepsilon_X\\ 0 & -\sin\varepsilon_X & \cos\varepsilon_X\end{bmatrix}$$

其中，ε_X、ε_Y、ε_Z 称为坐标系间的旋转参数。

当两坐标系间的七个转换参数 ΔX_0、ΔY_0、ΔZ_0、ε_X、ε_Y、ε_Z、k 均为已知时，可直接由式(5.48)或式(5.49)实现坐标转换。式(5.49)也可写为

$$\boldsymbol{X}_{i_S}=\Delta\boldsymbol{X}+(1+k)\boldsymbol{R}(\varepsilon)\boldsymbol{X}_{i_T}\tag{5.50}$$

式中

$$\begin{aligned}\boldsymbol{R}(\varepsilon)&=\boldsymbol{R}(\varepsilon_Z)\boldsymbol{R}(\varepsilon_Y)\boldsymbol{R}(\varepsilon_X)\\&=\begin{bmatrix}\cos\varepsilon_Y\cos\varepsilon_Z & \cos\varepsilon_X\sin\varepsilon_Z+\sin\varepsilon_X\sin\varepsilon_Y\cos\varepsilon_Z & \sin\varepsilon_X\sin\varepsilon_Z-\cos\varepsilon_X\sin\varepsilon_Y\cos\varepsilon_Z\\ -\cos\varepsilon_Y\sin\varepsilon_Z & \cos\varepsilon_X\cos\varepsilon_Z-\sin\varepsilon_X\sin\varepsilon_Y\sin\varepsilon_Z & \sin\varepsilon_X\cos\varepsilon_Z+\cos\varepsilon_X\sin\varepsilon_Y\sin\varepsilon_Z\\ \sin\varepsilon_Y & -\sin\varepsilon_X\cos\varepsilon_Y & \cos\varepsilon_X\cos\varepsilon_Y\end{bmatrix}\end{aligned}\tag{5.51}$$

当坐标转换参数未知时，可将若干公共点在两坐标系下的已知坐标 $\boldsymbol{X}_{i_S}$ 和 $\boldsymbol{X}_{i_T}(i\geqslant 3)$ 代入坐标转换模型，反求出坐标转换参数。由于所列方程数通常大于转换参数的个数，即为一组矛盾方程组，因此采用最小二乘法求解，即建立误差方程为

$$\boldsymbol{V}_{i_S}=\Delta\boldsymbol{X}+(1+k)\boldsymbol{R}(\varepsilon)\boldsymbol{X}_{i_T}-\boldsymbol{X}_{i_S}\tag{5.52}$$

在 $\boldsymbol{V}_{i_S}^{\mathrm{T}}\boldsymbol{V}_{i_S}=\min$ 的条件下，求坐标转换参数。显然式(5.52)是非线性模型。对于非线性问题的求解，在坐标转换中，一般以旋转参数和尺度参数均为微小量为前提，将式(5.52)按泰勒级数展开，取至一次项，因此 $\cos\varepsilon=1$、$\sin\varepsilon=\varepsilon$，式(5.51)变为

$$\boldsymbol{R}(\varepsilon)=\begin{bmatrix}1 & \varepsilon_Z & -\varepsilon_Y\\ -\varepsilon_Z & 1 & \varepsilon_X\\ \varepsilon_Y & -\varepsilon_X & 1\end{bmatrix}$$

则式(5.52)为

$$\boldsymbol{V}_{i_S} = \Delta\boldsymbol{X} + \boldsymbol{R}(\varepsilon)\boldsymbol{X}_{i_T} + k\boldsymbol{X}_{i_T} - \boldsymbol{X}_{i_S} \tag{5.53}$$

式(5.53)就成为线性方程式，再由线性最小二乘原理，解得未知的坐标转换参数。

当旋转参数 ε_X、ε_Y、ε_Z 不是微小量时，采用式(5.53)解算将导致所求参数的精度降低，难以满足计算精度要求，且不能反映转换模型的非线性特征。因此，应研究坐标转换模型的非线性求解。本章将非线性同伦最小二乘方法引入 GPS 成果坐标转换，即对式(5.52)直接求非线性最小二乘解。为了便于推导并给出相应的求解公式，将式(5.52)写为

$$\boldsymbol{V}_{i_S} = \boldsymbol{f}_i(\boldsymbol{T}) - \boldsymbol{X}_{i_S} \tag{5.54}$$

式中，$\boldsymbol{T} = [\Delta X_0 \quad \Delta Y_0 \quad \Delta Z_0 \quad k \quad \varepsilon_X \quad \varepsilon_Y \quad \varepsilon_Z]$，$\boldsymbol{f}_i(\boldsymbol{T}) = \Delta\boldsymbol{X} + (1+k)\boldsymbol{R}(\varepsilon)\boldsymbol{X}_{i_T}$，$\boldsymbol{R}(\varepsilon) = [\boldsymbol{R}_1(\varepsilon) \quad \boldsymbol{R}_2(\varepsilon) \quad \boldsymbol{R}_3(\varepsilon)]^{\mathrm{T}}$，$i = 1、2、\cdots、n$，$n$ 为已知的公共点数。坐标系内的每个点可表示为

$$\begin{bmatrix} V_{X_i} \\ V_{Y_i} \\ V_{Z_i} \end{bmatrix}_{i_S} = \begin{bmatrix} \Delta X_0 \\ \Delta Y_0 \\ \Delta Z_0 \end{bmatrix} + (1+k)\begin{bmatrix} \boldsymbol{R}_1(\varepsilon) \\ \boldsymbol{R}_2(\varepsilon) \\ \boldsymbol{R}_3(\varepsilon) \end{bmatrix}\begin{bmatrix} X \\ Y \\ Z \end{bmatrix}_{i_T} - \begin{bmatrix} X \\ Y \\ Z \end{bmatrix}_{i_S} \tag{5.55}$$

对式(5.54)采用非线性最小二乘方法，得

$$\boldsymbol{V}_S^{\mathrm{T}}\boldsymbol{V}_S = (\boldsymbol{f}(\boldsymbol{T}) - \boldsymbol{X}_S)^{\mathrm{T}}(\boldsymbol{f}(\boldsymbol{T}) - \boldsymbol{X}_S) = \min$$

$$\frac{\partial \boldsymbol{V}_S^{\mathrm{T}}\boldsymbol{V}_S}{\partial \boldsymbol{T}} = 2\left(\frac{\partial \boldsymbol{f}(\boldsymbol{T})}{\partial \boldsymbol{T}}\right)^{\mathrm{T}}(\boldsymbol{f}(\boldsymbol{T}) - \boldsymbol{X}_S) = \boldsymbol{0} \tag{5.56}$$

对式(5.56)采用非线性同伦求解方法，有微分方程为

$$[\boldsymbol{T} - \boldsymbol{a} - \boldsymbol{B}^{\mathrm{T}}(\boldsymbol{f}(\boldsymbol{T}) - \boldsymbol{X}_S)]\frac{\partial t}{\partial s} + \left\{t\boldsymbol{I} + (1-t)[\boldsymbol{B}^{\mathrm{T}}\boldsymbol{B} + \boldsymbol{G}^{\mathrm{T}}(\boldsymbol{f}(\boldsymbol{T}) - \boldsymbol{X}_S)]\right\}\frac{\partial \boldsymbol{T}}{\partial s} = 0 \tag{5.57}$$

式中

$$\underset{3n\times 7}{\boldsymbol{B}} = \frac{\partial \boldsymbol{f}}{\partial \boldsymbol{T}} = \begin{bmatrix} \frac{\partial f_{11}}{\partial \Delta X_0} & \frac{\partial f_{11}}{\partial \Delta Y_0} & \frac{\partial f_{11}}{\partial \Delta Z_0} & \frac{\partial f_{11}}{\partial k} & \frac{\partial f_{11}}{\partial \varepsilon_X} & \frac{\partial f_{11}}{\partial \varepsilon_Y} & \frac{\partial f_{11}}{\partial \varepsilon_Z} \\ \frac{\partial f_{12}}{\partial \Delta X_0} & \frac{\partial f_{12}}{\partial \Delta Y_0} & \frac{\partial f_{12}}{\partial \Delta Z_0} & \frac{\partial f_{12}}{\partial k} & \frac{\partial f_{12}}{\partial \varepsilon_X} & \frac{\partial f_{12}}{\partial \varepsilon_Y} & \frac{\partial f_{12}}{\partial \varepsilon_Z} \\ \frac{\partial f_{13}}{\partial \Delta X_0} & \frac{\partial f_{13}}{\partial \Delta Y_0} & \frac{\partial f_{13}}{\partial \Delta Z_0} & \frac{\partial f_{13}}{\partial k} & \frac{\partial f_{13}}{\partial \varepsilon_X} & \frac{\partial f_{13}}{\partial \varepsilon_Y} & \frac{\partial f_{13}}{\partial \varepsilon_Z} \\ \frac{\partial f_{21}}{\partial \Delta X_0} & \frac{\partial f_{21}}{\partial \Delta Y_0} & \frac{\partial f_{21}}{\partial \Delta Z_0} & \frac{\partial f_{21}}{\partial k} & \frac{\partial f_{21}}{\partial \varepsilon_X} & \frac{\partial f_{21}}{\partial \varepsilon_Y} & \frac{\partial f_{21}}{\partial \varepsilon_Z} \\ \vdots & \vdots & \vdots & \vdots & \vdots & \vdots & \vdots \\ \frac{\partial f_{n3}}{\partial \Delta X_0} & \frac{\partial f_{n3}}{\partial \Delta Y_0} & \frac{\partial f_{n3}}{\partial \Delta Z_0} & \frac{\partial f_{n3}}{\partial k} & \frac{\partial f_{n3}}{\partial \varepsilon_X} & \frac{\partial f_{n3}}{\partial \varepsilon_Y} & \frac{\partial f_{n3}}{\partial \varepsilon_Z} \end{bmatrix}$$

$$
=\begin{bmatrix}
1 & 0 & 0 & \boldsymbol{R}_1\boldsymbol{X}_{1_T} & \frac{\partial \boldsymbol{R}_1}{\partial \varepsilon_X}\boldsymbol{X}_{1_T} & \frac{\partial \boldsymbol{R}_1}{\partial \varepsilon_Y}\boldsymbol{X}_{1_T} & \frac{\partial \boldsymbol{R}_1}{\partial \varepsilon_Z}\boldsymbol{X}_{1_T} \\
0 & 1 & 0 & \boldsymbol{R}_2\boldsymbol{X}_{1_T} & \frac{\partial \boldsymbol{R}_2}{\partial \varepsilon_X}\boldsymbol{X}_{1_T} & \frac{\partial \boldsymbol{R}_2}{\partial \varepsilon_Y}\boldsymbol{X}_{1_T} & \frac{\partial \boldsymbol{R}_2}{\partial \varepsilon_Z}\boldsymbol{X}_{1_T} \\
0 & 0 & 1 & \boldsymbol{R}_3\boldsymbol{X}_{1_T} & \frac{\partial \boldsymbol{R}_3}{\partial \varepsilon_X}\boldsymbol{X}_{1_T} & \frac{\partial \boldsymbol{R}_3}{\partial \varepsilon_Y}\boldsymbol{X}_{1_T} & \frac{\partial \boldsymbol{R}_3}{\partial \varepsilon_Z}\boldsymbol{X}_{1_T} \\
\vdots & \vdots & \vdots & \vdots & \vdots & \vdots & \vdots \\
0 & 0 & 1 & \boldsymbol{R}_3\boldsymbol{X}_{n_T} & \frac{\partial \boldsymbol{R}_3}{\partial \varepsilon_X}\boldsymbol{X}_{n_T} & \frac{\partial \boldsymbol{R}_3}{\partial \varepsilon_Y}\boldsymbol{X}_{n_T} & \frac{\partial \boldsymbol{R}_3}{\partial \varepsilon_Z}\boldsymbol{X}_{n_T}
\end{bmatrix}
$$

其中，n 为已知的公共点数，$\frac{\partial \boldsymbol{R}}{\partial \varepsilon_X}$、$\frac{\partial \boldsymbol{R}}{\partial \varepsilon_Y}$、$\frac{\partial \boldsymbol{R}}{\partial \varepsilon_Z}$ 分别为

$$
\frac{\partial \boldsymbol{R}}{\partial \varepsilon_X}=\begin{bmatrix}\frac{\partial \boldsymbol{R}_1}{\partial \varepsilon_X} & \frac{\partial \boldsymbol{R}_2}{\partial \varepsilon_X} & \frac{\partial \boldsymbol{R}_3}{\partial \varepsilon_X}\end{bmatrix}^{\mathrm{T}}
=\begin{bmatrix}
0 & -\sin\varepsilon_X\sin\varepsilon_Z+\cos\varepsilon_X\sin\varepsilon_Y\cos\varepsilon_Z & \cos\varepsilon_X\sin\varepsilon_Z+\sin\varepsilon_X\sin\varepsilon_Y\cos\varepsilon_Z \\
0 & -\sin\varepsilon_X\sin\varepsilon_Z-\cos\varepsilon_X\sin\varepsilon_Y\sin\varepsilon_Z & \cos\varepsilon_X\cos\varepsilon_Z-\sin\varepsilon_X\sin\varepsilon_Y\sin\varepsilon_Z \\
0 & -\cos\varepsilon_X\cos\varepsilon_Y & -\sin\varepsilon_X\cos_Y
\end{bmatrix}
$$

$$
\frac{\partial \boldsymbol{R}}{\partial \varepsilon_Y}=\begin{bmatrix}\frac{\partial \boldsymbol{R}_1}{\partial \varepsilon_Y} & \frac{\partial \boldsymbol{R}_2}{\partial \varepsilon_Y} & \frac{\partial \boldsymbol{R}_3}{\partial \varepsilon_Y}\end{bmatrix}^{\mathrm{T}}
=\begin{bmatrix}
-\sin\varepsilon_Y\cos\varepsilon_Z & \sin\varepsilon_X\cos\varepsilon_Y\cos\varepsilon_Z & -\cos\varepsilon_X\cos\varepsilon_Y\cos\varepsilon_Z \\
\sin\varepsilon_Y\sin\varepsilon_Z & -\sin\varepsilon_X\cos\varepsilon_Y\sin\varepsilon_Z & \cos\varepsilon_X\cos\varepsilon_Y\sin\varepsilon_Z \\
\cos\varepsilon_Y & \sin\varepsilon_X\sin\varepsilon_Y & -\cos\varepsilon_X\sin\varepsilon_Y
\end{bmatrix}
$$

$$
\frac{\partial \boldsymbol{R}}{\partial \varepsilon_Z}=\begin{bmatrix}\frac{\partial \boldsymbol{R}_1}{\partial \varepsilon_Z} & \frac{\partial \boldsymbol{R}_2}{\partial \varepsilon_Z} & \frac{\partial \boldsymbol{R}_3}{\partial \varepsilon_Z}\end{bmatrix}^{\mathrm{T}}
=\begin{bmatrix}
-\cos\varepsilon_Y\sin\varepsilon_Z & \cos\varepsilon_X\cos\varepsilon_Z-\sin\varepsilon_X\sin\varepsilon_Y\sin\varepsilon_Z & \sin\varepsilon_X\cos\varepsilon_Z+\cos\varepsilon_X\sin\varepsilon_Y\sin\varepsilon_Z \\
-\cos\varepsilon_Y\cos\varepsilon_Z & -\cos\varepsilon_X\sin\varepsilon_Z-\sin\varepsilon_X\sin\varepsilon_Y\cos\varepsilon_Z & -\sin\varepsilon_X\sin\varepsilon_Z+\cos\varepsilon_X\sin\varepsilon_Y\cos\varepsilon_Z \\
0 & 0 & 0
\end{bmatrix}
$$

因此，式(5.57)中的 $\boldsymbol{B}^{\mathrm{T}}\boldsymbol{B}$ 为

$$
\boldsymbol{B}^{\mathrm{T}}\boldsymbol{B}=\begin{bmatrix}
n & 0 & 0 & \sum\limits_{i=1}^{n}\boldsymbol{R}_1\boldsymbol{X}_{i_{\mathrm{T}}} & \sum\limits_{i=1}^{n}\frac{\partial\boldsymbol{R}_1}{\partial\varepsilon_X}\boldsymbol{X}_{i_{\mathrm{T}}} & \sum\limits_{i=1}^{n}\frac{\partial\boldsymbol{R}_1}{\partial\varepsilon_Y}\boldsymbol{X}_{i_{\mathrm{T}}} & \sum\limits_{i=1}^{n}\frac{\partial\boldsymbol{R}_1}{\partial\varepsilon_Z}\boldsymbol{X}_{i_{\mathrm{T}}} \\
 & n & 0 & \sum\limits_{i=1}^{n}\boldsymbol{R}_2\boldsymbol{X}_{i_{\mathrm{T}}} & \sum\limits_{i=1}^{n}\frac{\partial\boldsymbol{R}_2}{\partial\varepsilon_X}\boldsymbol{X}_{i_{\mathrm{T}}} & \sum\limits_{i=1}^{n}\frac{\partial\boldsymbol{R}_2}{\partial\varepsilon_Y}\boldsymbol{X}_{i_{\mathrm{T}}} & \sum\limits_{i=1}^{n}\frac{\partial\boldsymbol{R}_2}{\partial\varepsilon_Z}\boldsymbol{X}_{i_{\mathrm{T}}} \\
 & & n & \sum\limits_{i=1}^{n}\boldsymbol{R}_3\boldsymbol{X}_{i_{\mathrm{T}}} & \sum\limits_{i=1}^{n}\frac{\partial\boldsymbol{R}_3}{\partial\varepsilon_X}\boldsymbol{X}_{i_{\mathrm{T}}} & \sum\limits_{i=1}^{n}\frac{\partial\boldsymbol{R}_3}{\partial\varepsilon_Y}\boldsymbol{X}_{i_{\mathrm{T}}} & \sum\limits_{i=1}^{n}\frac{\partial\boldsymbol{R}_3}{\partial\varepsilon_Z}\boldsymbol{X}_{i_{\mathrm{T}}} \\
 & & & \sum\limits_{i=1}^{n}\sum\limits_{j=1}^{3}(\boldsymbol{R}_j\boldsymbol{X}_{i_{\mathrm{T}}})^2 & \sum\limits_{i=1}^{n}\sum\limits_{j=1}^{3}\boldsymbol{R}_j\frac{\partial\boldsymbol{R}_j}{\partial\varepsilon_X}\boldsymbol{X}_{i_{\mathrm{T}}}^2 & \sum\limits_{i=1}^{n}\sum\limits_{j=1}^{3}\boldsymbol{R}_j\frac{\partial\boldsymbol{R}_j}{\partial\varepsilon_Y}\boldsymbol{X}_{i_{\mathrm{T}}}^2 & \sum\limits_{i=1}^{n}\sum\limits_{j=1}^{3}\boldsymbol{R}_j\frac{\partial\boldsymbol{R}_j}{\partial\varepsilon_Z}\boldsymbol{X}_{i_{\mathrm{T}}}^2 \\
 & & & & \sum\limits_{i=1}^{n}\sum\limits_{j=1}^{3}\left(\frac{\partial\boldsymbol{R}_j}{\partial\varepsilon_X}\boldsymbol{X}_{i_{\mathrm{T}}}\right)^2 & \sum\limits_{i=1}^{n}\sum\limits_{j=1}^{3}\frac{\partial\boldsymbol{R}_j}{\partial\varepsilon_X}\frac{\partial\boldsymbol{R}_j}{\partial\varepsilon_Y}\boldsymbol{X}_{i_{\mathrm{T}}}^2 & \sum\limits_{i=1}^{n}\sum\limits_{j=1}^{3}\frac{\partial\boldsymbol{R}_j}{\partial\varepsilon_X}\frac{\partial\boldsymbol{R}_j}{\partial\varepsilon_Z}\boldsymbol{X}_{i_{\mathrm{T}}}^2 \\
 & \text{对称} & & & & \sum\limits_{i=1}^{n}\sum\limits_{j=1}^{3}\left(\frac{\partial\boldsymbol{R}_j}{\partial\varepsilon_Y}\boldsymbol{X}_{i_{\mathrm{T}}}\right)^2 & \sum\limits_{i=1}^{n}\sum\limits_{j=1}^{3}\frac{\partial\boldsymbol{R}_j}{\partial\varepsilon_Y}\frac{\partial\boldsymbol{R}_j}{\partial\varepsilon_Z}\boldsymbol{X}_{i_{\mathrm{T}}}^2 \\
 & & & & & & \sum\limits_{i=1}^{n}\sum\limits_{j=1}^{3}\left(\frac{\partial\boldsymbol{R}_j}{\partial\varepsilon_Z}\boldsymbol{X}_{i_{\mathrm{T}}}\right)^2
\end{bmatrix}
$$

令

$$
\boldsymbol{l}=\boldsymbol{f}(\boldsymbol{T})-\boldsymbol{X}_{\mathrm{S}} \tag{5.58}
$$

$$
\boldsymbol{G}^{\mathrm{T}}\boldsymbol{l}=\begin{bmatrix}
0 & 0 & 0 & 0 & 0 & 0 & 0 \\
 & 0 & 0 & 0 & 0 & 0 & 0 \\
 & & 0 & 0 & 0 & 0 & 0 \\
 & & & 0 & \sum\limits_{i=1}^{n}\sum\limits_{j=1}^{3}\frac{\partial\boldsymbol{R}_j}{\partial\varepsilon_X}l_{ji} & \sum\limits_{i=1}^{n}\sum\limits_{j=1}^{3}\frac{\partial\boldsymbol{R}_j}{\partial\varepsilon_Y}l_{ji} & \sum\limits_{i=1}^{n}\sum\limits_{j=1}^{3}\frac{\partial\boldsymbol{R}_j}{\partial\varepsilon_Z}l_{ji} \\
 & & & & \sum\limits_{i=1}^{n}\sum\limits_{j=1}^{3}\frac{\partial^2\boldsymbol{R}_j}{\partial\varepsilon_X^2}l_{ji} & \sum\limits_{i=1}^{n}\sum\limits_{j=1}^{3}\frac{\partial^2\boldsymbol{R}_j}{\partial\varepsilon_X\partial\varepsilon_Y}l_{ji} & \sum\limits_{i=1}^{n}\sum\limits_{j=1}^{3}\frac{\partial^2\boldsymbol{R}_j}{\partial\varepsilon_X\partial\varepsilon_Z}l_{ji} \\
 & & \text{对称} & & & \sum\limits_{i=1}^{n}\sum\limits_{j=1}^{3}\frac{\partial^2\boldsymbol{R}_j}{\partial\varepsilon_Y^2}l_{ji} & \sum\limits_{i=1}^{n}\sum\limits_{j=1}^{3}\frac{\partial^2\boldsymbol{R}_j}{\partial\varepsilon_Y\partial\varepsilon_Z}l_{ji} \\
 & & & & & & \sum\limits_{i=1}^{n}\sum\limits_{j=1}^{3}\frac{\partial^2\boldsymbol{R}_j}{\partial\varepsilon_Z^2}l_{ji}
\end{bmatrix} \tag{5.59}
$$

将以上各式代入式(5.57)，并取 $\boldsymbol{a}=\boldsymbol{T}^0=[X_0^0\ \ Y_0^0\ \ Z_0^0\ \ k_0^0\ \ \varepsilon_X^0\ \ \varepsilon_Y^0\ \ \varepsilon_Z^0]^{\mathrm{T}}$，则可由同伦最小二乘方法求得坐标转换参数的非线性解。

GPS 基线向量测定的是两点之间的相对位置，通常以三维直角坐标差 Δx_{jh}、Δy_{jh}、Δz_{jh} 的形式表示。两点间的三维坐标差转换模型为

$$
\begin{bmatrix} X_h-X_j \\ Y_h-Y_j \\ Z_h-Z_j \end{bmatrix}_{\mathrm{S}}=(1+k)\boldsymbol{R}(\varepsilon)\begin{bmatrix} X_h-X_j \\ Y_h-Y_j \\ Z_h-Z_j \end{bmatrix}_{\mathrm{T}} \tag{5.60}
$$

$$\begin{bmatrix}\Delta X_{jh}\\ \Delta Y_{jh}\\ \Delta Z_{jh}\end{bmatrix}_{S}=(1+k)\boldsymbol{R}(\varepsilon)\begin{bmatrix}\Delta X_{jh}\\ \Delta Y_{jh}\\ \Delta Z_{jh}\end{bmatrix}_{T} \tag{5.61}$$

式(5.61)实际上是两坐标点的坐标转换式(5.48)求差,求差后的坐标转换模型已不再包含平移参数 ΔX_0、ΔY_0、ΔZ_0。因此,GPS 基线向量的三维坐标差转换模型仅包含旋转参数 ε_X、ε_Y、ε_Z 和尺度比参数 k 四个转换参数。将式(5.61) 表示为误差方程式为

$$\begin{bmatrix}V_{\Delta X_{jh}}\\ V_{\Delta Y_{jh}}\\ V_{\Delta Z_{jh}}\end{bmatrix}_{i_S}=(1+k)\boldsymbol{R}(\varepsilon)\begin{bmatrix}\Delta X_{jh}\\ \Delta Y_{jh}\\ \Delta Z_{jh}\end{bmatrix}_{i_T}-\begin{bmatrix}\Delta X_{jh}\\ \Delta Y_{jh}\\ \Delta Z_{jh}\end{bmatrix}_{i_S}\quad (h=1,2,\cdots,n) \tag{5.62}$$

式中,n 为已知基线数。误差方程式还可写为

$$\mathbf{V}_{\Delta X_i}=\boldsymbol{f}(\boldsymbol{T})-\Delta\boldsymbol{X}_{i_S} \tag{5.63}$$

式中,$\mathbf{V}_{\Delta X_i}=[V_{\Delta X_{jh}}\ \ V_{\Delta Y_{jh}}\ \ V_{\Delta Z_{jh}}]$、$\Delta\boldsymbol{X}_{i_S}=[\Delta X_{jh}\ \ \Delta Y_{jh}\ \ \Delta Z_{jh}]_{i_S}^{T}$、$\boldsymbol{f}(\boldsymbol{T})=(1+k)\boldsymbol{R}(\varepsilon)\Delta\boldsymbol{X}_{i_T}$。

采用非线性同伦最小二乘方法由式(5.63)求解坐标转换参数 k、ε_X、ε_Y、ε_Z,得

$$[\boldsymbol{T}-\boldsymbol{a}-\boldsymbol{B}^{T}(\boldsymbol{f}(\boldsymbol{T})-\Delta\boldsymbol{X}_{i_S})]\frac{\partial t}{\partial s}+\left\{t\boldsymbol{I}+(1-t)[\boldsymbol{B}^{T}\boldsymbol{B}+\boldsymbol{G}^{T}(\boldsymbol{f}(\boldsymbol{T})-\Delta\boldsymbol{X}_{i_S})]\right\}\frac{\partial\boldsymbol{T}}{\partial s}=\boldsymbol{0} \tag{5.64}$$

式中

$$\boldsymbol{B}^{T}\boldsymbol{B}=\begin{bmatrix}\sum_{i=1}^{n}\sum_{j=1}^{3}(\boldsymbol{R}_j\Delta\boldsymbol{X}_{i_T})^2 & \sum_{i=1}^{n}\sum_{j=1}^{3}\boldsymbol{R}_j\frac{\partial\boldsymbol{R}_j}{\partial\varepsilon_X}\Delta\boldsymbol{X}_{i_T}^2 & \sum_{i=1}^{n}\sum_{j=1}^{3}\boldsymbol{R}_j\frac{\partial\boldsymbol{R}_j}{\partial\varepsilon_Y}\Delta\boldsymbol{X}_{i_T}^2 & \sum_{i=1}^{n}\sum_{j=1}^{3}\boldsymbol{R}_j\frac{\partial\boldsymbol{R}_j}{\partial\varepsilon_Z}\Delta\boldsymbol{X}_{i_T}^2\\ & \sum_{i=1}^{n}\sum_{j=1}^{3}\left(\frac{\partial\boldsymbol{R}_j}{\partial\varepsilon_X}\Delta\boldsymbol{X}_{i_T}\right)^2 & \sum_{i=1}^{n}\sum_{j=1}^{3}\frac{\partial\boldsymbol{R}_j}{\partial\varepsilon_X}\frac{\partial\boldsymbol{R}_j}{\partial\varepsilon_Y}\Delta\boldsymbol{X}_{i_T}^2 & \sum_{i=1}^{n}\sum_{j=1}^{3}\frac{\partial\boldsymbol{R}_j}{\partial\varepsilon_X}\frac{\partial\boldsymbol{R}_j}{\partial\varepsilon_Z}\Delta\boldsymbol{X}_{i_T}^2\\ \text{对称} & & \sum_{i=1}^{n}\sum_{j=1}^{3}\left(\frac{\partial\boldsymbol{R}_j}{\partial\varepsilon_Y}\Delta\boldsymbol{X}_{i_T}\right)^2 & \sum_{i=1}^{n}\sum_{j=1}^{3}\frac{\partial\boldsymbol{R}_j}{\partial\varepsilon_Y}\frac{\partial\boldsymbol{R}_j}{\partial\varepsilon_Z}\Delta\boldsymbol{X}_{i_T}^2\\ & & & \sum_{i=1}^{n}\sum_{j=1}^{3}\left(\frac{\partial\boldsymbol{R}_j}{\partial\varepsilon_Z}\Delta\boldsymbol{X}_{i_T}\right)^2\end{bmatrix}$$

$$\boldsymbol{G}^{T}\boldsymbol{l}=\begin{bmatrix}0 & \sum_{i=1}^{n}\sum_{j=1}^{3}\frac{\partial\boldsymbol{R}_j}{\partial\varepsilon_X}l_{ji} & \sum_{i=1}^{n}\sum_{j=1}^{3}\frac{\partial\boldsymbol{R}_j}{\partial\varepsilon_Y}l_{ji} & \sum_{i=1}^{n}\sum_{j=1}^{3}\frac{\partial\boldsymbol{R}_j}{\partial\varepsilon_Z}l_{ji}\\ & \sum_{i=1}^{n}\sum_{j=1}^{3}\frac{\partial^2\boldsymbol{R}}{\partial\varepsilon_X^2}l_{ji} & \sum_{i=1}^{n}\sum_{j=1}^{3}\frac{\partial^2\boldsymbol{R}_j}{\partial\varepsilon_X\partial\varepsilon_Y}l_{ji} & \sum_{i=1}^{n}\sum_{j=1}^{3}\frac{\partial^2\boldsymbol{R}_j}{\partial\varepsilon_X\partial\varepsilon_Z}l_{ji}\\ \text{对称} & & \sum_{i=1}^{n}\sum_{j=1}^{3}\frac{\partial^2\boldsymbol{R}_j}{\partial\varepsilon_Y^2}l_{ji} & \sum_{i=1}^{n}\sum_{j=1}^{3}\frac{\partial^2\boldsymbol{R}_j}{\partial\varepsilon_Y\partial\varepsilon_Z}l_{ji}\\ & & & \sum_{i=1}^{n}\sum_{j=1}^{3}\frac{\partial^2\boldsymbol{R}_j}{\partial\varepsilon_Z^2}l_{ji}\end{bmatrix}$$

§5.5　GPS 基线向量网非线性平差

GPS 基线向量网是由 GPS 相对定位求得的基线向量构成的空间网，平差时，将这些基线向量作为网平差的基本观测值。GPS 网平差主要分为两种类型。一种为无约束平差，由于 GPS 基线向量本身已含尺度基准和方位基准，因此在 GPS 网平差时可只选某一点的坐标固定进行平差。该平差是 GPS 网平差中不可缺少的步骤，它可发现基线向量中存在粗差和系统误差，并通过检验发现基线向量随机模型的误差，客观评价 GPS 网本身的内符合精度。另一种为 GPS 网约束平差，以国家坐标系或地方坐标系中的某些点为固定条件，在平差中考虑 GPS 网与地面网之间的转换系数，在平差中，除了以 GPS 基线向量为观测值，甚至还可能包含地面观测数据。这种形式的平差是在地面参考坐标系中进行的，平差后获得网的坐标已是国家大地坐标系或地方坐标系的坐标，因此约束平差是目前进行 GPS 网成果转换的有效方法。约束平差分为三维约束平差与二维约束平差。

GPS 基线向量网无约束平差，是在 GPS 定位的 WGS-84 坐标系下，将基线向量 $[\Delta X_{ij}\ \ \Delta Y_{ij}\ \ \Delta Z_{ij}]^{\mathrm{T}}$ 作为观测值，将网中各点在该坐标系下的坐标 (X_i, Y_i, Z_i) 作为平差中的未知参数，因此其误差方程为

$$\boldsymbol{V}_{ij} = -\boldsymbol{X}_i + \boldsymbol{X}_j - \Delta\boldsymbol{X}_{ij} \tag{5.65}$$

矩阵形式为

$$\begin{bmatrix} V_{\Delta X_{ij}} \\ V_{\Delta Y_{ij}} \\ V_{\Delta Z_{ij}} \end{bmatrix} = -\begin{bmatrix} X_i \\ Y_i \\ Z_i \end{bmatrix} + \begin{bmatrix} X_j \\ Y_j \\ Z_j \end{bmatrix} - \begin{bmatrix} \Delta X_{ij} \\ \Delta Y_{ij} \\ \Delta Z_{ij} \end{bmatrix} \tag{5.66}$$

该方程是线性方程，求解非常简单方便。

GPS 基线向量网约束平差是在国家坐标系或地方坐标系中进行的，平差中将地面点已知的固定坐标、固定方位角和固定边长作为基准约束条件，顾及 WGS-84 坐标系与国家或地方坐标系之间的转换参数，即必须在 GPS 基线向量观测方程中考虑坐标系间的坐标转换，以便将 GPS 基线向量观测值与约束条件联系起来，实现平差后坐标转换。

根据式(5.61)知基线向量观测值间的坐标转换为

$$(\Delta\boldsymbol{X}_{jh})_{\mathrm{S}} = (1+k)\boldsymbol{R}(\varepsilon)(\Delta\boldsymbol{X}_{jh})_{\mathrm{T}} \tag{5.67}$$

式(5.67)是一种非线性模型，同时由于方位与边长约束条件均为非线性的，因此 GPS 网约束平差是非线性平差问题。

5.5.1　GPS 网三维约束平差

GPS 网三维约束平差可以在空间直角坐标系下进行，也可以在椭球大地坐标

系下进行，由于两者存在明确的关系式，因此可以很方便地实现平差后坐标表达方式的互换。本节主要讨论在空间直角坐标系下的三维约束平差。

GPS相对定位可获得WGS-84坐标系下的基线向量观测值$[\Delta x_{jh}\ \ \Delta y_{jh}\ \ \Delta z_{jh}]^{\mathrm{T}}$。约束平差时，对基线向量观测值列出的观测方程应包含WGS-84坐标系与地面坐标系之间的转换参数，方程表达式为

$$\begin{bmatrix}\Delta x_{jh}\\ \Delta y_{jh}\\ \Delta z_{jh}\end{bmatrix}_{\mathrm{S}}=(1+k)\boldsymbol{R}(\varepsilon)\begin{bmatrix}x_h-x_j\\ y_h-y_j\\ z_h-z_j\end{bmatrix}_{\mathrm{T}} \tag{5.68}$$

相应的误差方程为

$$\begin{bmatrix}v_{\Delta x_{jh}}\\ v_{\Delta y_{jh}}\\ v_{\Delta z_{jh}}\end{bmatrix}=(1+k)\boldsymbol{R}(\varepsilon)\begin{bmatrix}x_h-x_j\\ y_h-y_j\\ z_h-z_j\end{bmatrix}_{\mathrm{T}}-\begin{bmatrix}\Delta x_{jh}\\ \Delta y_{jh}\\ \Delta z_{jh}\end{bmatrix}_{\mathrm{S}} \tag{5.69}$$

式(5.68)和式(5.69)均为非线性方程。

由于地面已知点的坐标通常是以椭球大地坐标(B,L,H)表示，可由其与空间直角坐标系之间的关系式求解相应点的空间直角坐标，即

$$\begin{bmatrix}x\\ y\\ z\end{bmatrix}=\begin{bmatrix}(N+H)\cos B\cos L\\ (N+H)\cos B\sin L\\ (N(1-e^2)+H)\sin B\end{bmatrix} \tag{5.70}$$

式中，N为卯酉曲率半径，e为第一偏心率。那么，对于相应的已知点，有坐标约束条件为

$$\begin{bmatrix}x\\ y\\ z\end{bmatrix}_k-\begin{bmatrix}x\\ y\\ z\end{bmatrix}_{\text{已知}}=\begin{bmatrix}0\\ 0\\ 0\end{bmatrix} \tag{5.71}$$

实际平差中，是将式(5.71)代入误差方程，消除该点的坐标未知参数。

地面网中高精度的空间弦长可作为GPS网平差的尺度基准，其约束条件为

$$(S_{ik})_{\text{已知}}=\sqrt{(x_k-x_i)^2+(y_k-y_i)^2+(z_k-z_i)^2} \tag{5.72}$$

或为

$$((x_k-x_i)^2+(y_k-y_i)^2+(z_k-z_i)^2)^{\frac{1}{2}}-(S_{ik})_{\text{已知}}=0 \tag{5.73}$$

已知的大地方位角α_{jk}可作为GPS网平差的定向基准，其约束条件为

$$(\alpha_{jk})_{\text{已知}}=\arctan\frac{\sin L_j(x_k-x_j)-\cos L_j(y_k-y_j)}{\sin B_j\cos L_j(x_k-x_j)+\sin B_j\sin L_j(y_k-y_j)-\cos B_j(z_k-z_j)}$$

或为

$$\arctan \frac{\sin L_j(x_k - x_j) - \cos L_j(y_k - y_j)}{\sin B_j \cos L_j(x_k - x_j) + \sin B_j \sin L_j(y_k - y_j) - \cos B_j(z_k - z_j)} - (\alpha_{jk})_{\text{已知}} = 0 \tag{5.74}$$

式中，B_j、L_j 为 j 点的大地纬度与大地经度，可视为常量；$(\alpha_{jk})_{\text{已知}}$ 为 j 点至 k 点的已知大地方位角。

对于由 n 条基线构成的 GPS 基线向量网，平差时应列 $3n$ 个误差方程式，其矩阵形式为

$$\underset{3n\times 1}{\boldsymbol{V}} = \boldsymbol{f}(\boldsymbol{X}) - \boldsymbol{L} \tag{5.75}$$

式中

$$\underset{3n\times 1}{\boldsymbol{V}} = [v_{\Delta x_1} \quad v_{\Delta y_1} \quad v_{\Delta z_1} \quad v_{\Delta x_2} \quad v_{\Delta y_2} \quad v_{\Delta z_2} \quad \cdots \quad v_{\Delta x_n} \quad v_{\Delta y_n} \quad v_{\Delta z_n}]^{\mathrm{T}}$$

$$\boldsymbol{f}(\boldsymbol{X}) = (1+k)\boldsymbol{R}(\varepsilon)[\cdots \quad x_i - x_j \quad y_i - y_j \quad z_i - z_j \quad \cdots]^{\mathrm{T}} \quad (i、j = 1,2,\cdots,n)$$

$$\boldsymbol{L} = [\Delta x_1 \quad \Delta y_1 \quad \Delta z_1 \quad \cdots \quad \Delta x_n \quad \Delta y_n \quad \Delta z_n]^{\mathrm{T}}$$

而网中约束条件的矩阵形式可写为

$$\boldsymbol{g}(\boldsymbol{X}) + \boldsymbol{W} = \boldsymbol{0} \tag{5.76}$$

将式(5.75)和式(5.76)联立起来即为带有约束条件的非线性平差模型。由带有约束条件的非线性最小二乘，有目标函数为

$$\Phi = \boldsymbol{V}^{\mathrm{T}}\boldsymbol{P}\boldsymbol{V} + 2\boldsymbol{K}^{\mathrm{T}}(\boldsymbol{g}(\boldsymbol{X}) + \boldsymbol{W})$$

式中，$\boldsymbol{K}$ 为约束平差中的联系系数。为求 Φ 的极小值，将其对 $\boldsymbol{X}$ 求偏导数，并令该偏导数为零，则有

$$\frac{\partial \Phi}{\partial \boldsymbol{X}} = 2\boldsymbol{V}^{\mathrm{T}} P \frac{\partial \boldsymbol{V}}{\partial \boldsymbol{X}} + 2\boldsymbol{K}^{\mathrm{T}} \frac{\partial \boldsymbol{g}(\boldsymbol{X})}{\partial \boldsymbol{X}} = \boldsymbol{0}$$

将式(5.75)代入上式有

$$\boldsymbol{V}^{\mathrm{T}}\boldsymbol{P} \frac{\partial \boldsymbol{f}(\boldsymbol{X})}{\partial \boldsymbol{X}} + \boldsymbol{K}^{\mathrm{T}} \frac{\partial \boldsymbol{g}(\boldsymbol{X})}{\partial \boldsymbol{X}} = \boldsymbol{0}$$

或

$$\left(\frac{\partial \boldsymbol{f}(\boldsymbol{X})}{\partial \boldsymbol{X}}\right)^{\mathrm{T}} \boldsymbol{P}\boldsymbol{V} + \left(\frac{\partial \boldsymbol{g}(\boldsymbol{X})}{\partial \boldsymbol{X}}\right)^{\mathrm{T}} \boldsymbol{K} = \boldsymbol{0} \tag{5.77}$$

对式(5.77)采用非线性同伦求解法，则有同伦函数为

$$\boldsymbol{H} = t(\widetilde{\boldsymbol{X}} - \boldsymbol{a}) + (1-t)\left(\left(\frac{\partial \boldsymbol{f}(\boldsymbol{X})}{\partial \boldsymbol{X}}\right)^{\mathrm{T}} \boldsymbol{P}\boldsymbol{V} + \left(\frac{\partial \boldsymbol{g}(\boldsymbol{X})}{\partial \boldsymbol{X}}\right)^{\mathrm{T}} \boldsymbol{K}\right) \tag{5.78}$$

式中，$\widetilde{\boldsymbol{X}} = [\boldsymbol{X} \quad \boldsymbol{K}]^{\mathrm{T}}$。同伦函数对 t、$\widetilde{\boldsymbol{X}}$ 求偏导数，则有

$$\frac{\partial \boldsymbol{H}}{\partial \widetilde{\boldsymbol{X}}} = \left(\widetilde{\boldsymbol{X}} - \boldsymbol{a} - \left(\frac{\partial \boldsymbol{f}(\boldsymbol{X})}{\partial \boldsymbol{X}}\right)^{\mathrm{T}} \boldsymbol{P}\boldsymbol{V} - \left(\frac{\partial \boldsymbol{g}(\boldsymbol{X})}{\partial \boldsymbol{X}}\right)^{\mathrm{T}} \boldsymbol{K}\right) \frac{\partial t}{\partial s} +$$

$$\left[t\boldsymbol{I} + (1-t)\left(\left(\frac{\partial \boldsymbol{f}(\boldsymbol{X})}{\partial \boldsymbol{X}}\right)^{\mathrm{T}} \boldsymbol{P}\left(\frac{\partial \boldsymbol{f}(\boldsymbol{X})}{\partial \boldsymbol{X}}\right) + \left(\frac{\partial^2 \boldsymbol{f}(\boldsymbol{X})}{\partial \boldsymbol{X}^2}\right)^{\mathrm{T}} \boldsymbol{P}\boldsymbol{V} +\right.\right.$$

$$\left(\frac{\partial^2 \boldsymbol{g}(\boldsymbol{X})}{\partial \boldsymbol{X}^2}\right)^{\mathrm{T}} \boldsymbol{K}+\left(\frac{\partial \boldsymbol{g}(\boldsymbol{X})}{\partial \boldsymbol{X}}\right)^{\mathrm{T}}\Bigg)\Bigg] \frac{\partial \widetilde{\boldsymbol{X}}}{\partial s}=\mathbf{0} \tag{5.79}$$

在式(5.79)中，令 $\boldsymbol{B}=\frac{\partial \boldsymbol{f}(\boldsymbol{X})}{\partial \boldsymbol{X}}$、$\boldsymbol{C}=\frac{\partial \boldsymbol{g}(\boldsymbol{X})}{\partial \boldsymbol{X}}$、$\boldsymbol{G}=\frac{\partial^2 \boldsymbol{f}(\boldsymbol{X})}{\partial \boldsymbol{X}^2}$、$\boldsymbol{D}=\frac{\partial^2 \boldsymbol{g}(\boldsymbol{X})}{\partial \boldsymbol{X}^2}$，则式(5.79)可写为

$$(\widetilde{\boldsymbol{X}}-\boldsymbol{a}-\boldsymbol{B}^{\mathrm{T}}\boldsymbol{P}\boldsymbol{V}-\boldsymbol{C}^{\mathrm{T}}\boldsymbol{K}) \frac{\partial t}{\partial s}+[t\boldsymbol{I}+(1-t)(\boldsymbol{B}^{\mathrm{T}}\boldsymbol{P}\boldsymbol{B}+\boldsymbol{G}^{\mathrm{T}}\boldsymbol{P}\boldsymbol{V}+\boldsymbol{D}^{\mathrm{T}}\boldsymbol{K}+\boldsymbol{C}^{\mathrm{T}})] \frac{\partial \widetilde{\boldsymbol{X}}}{\partial s}=\mathbf{0} \tag{5.80}$$

已知 $(t, \widetilde{\boldsymbol{X}})=(1, \boldsymbol{a})$，按同伦方法求式(5.80)可得 GPS 网非线性三维约束平差的解。

5.5.2　GPS 网二维约束平差

目前，在大多数工程和生产实际应用中，通常将某点在空间的位置分解为平面位置和高程位置表示，即分别用两个相对独立的坐标系——平面坐标系(经纬度、平面直角坐标)和高程坐标系(正常高或正高)叠加表述。因此，为了便于实际应用，同时也为了避免由地面已知点不准确的大地高造成的 GPS 网精度降低，且使 GPS 成果经平差后成为地面坐标系下的坐标，常常采用 GPS 网的二维约束平差。

首先将 GPS 三维基线向量网的观测向量及协方差矩阵投影到二维平面，即把三维基线向量转换成二维基线向量，在这个过程中应保证 GPS 网转换后整体和相对几何关系不变。为避免投影后的 GPS 二维基线向量网坐标与地面网点的坐标存在过大的差异，可对网中某点实行位置的强制约束，使该点的坐标与地面网中的坐标完全一致。同时，在投影中，往往还利用网中一条基线在空间方向上实行定向约束的方法，使投影后的 GPS 网与地面网在该基线方向上重合。这样转换后，二维基线向量网与地面网之间只存在尺度差 (k) 和残余定向差(ε_α)，该差异可通过 GPS 二维约束平差消除。

GPS 网二维约束平差中，基线向量观测方程应考虑 WGS-84 平面坐标系与地面平面坐标系间的残余系统差异，其严密平差模型应为

$$\begin{bmatrix}\Delta x_{ij}\\ \Delta y_{ij}\end{bmatrix}=(1+k)\begin{bmatrix}\cos\varepsilon_\alpha & -\sin\varepsilon_\alpha\\ \sin\varepsilon_\alpha & \cos\varepsilon_\alpha\end{bmatrix}\begin{bmatrix}x_j-x_i\\ y_j-y_i\end{bmatrix} \tag{5.81}$$

考虑 GPS 网投影到二维平面后只存在残余定向差 ε_α，且 ε_α 是一个较微小的量，因此可将其按泰勒级数展开，取一次项，舍去二次以上及交叉乘项 $R\varepsilon_\alpha$。处理后的方程仍能保持较好的近似度，因此式(5.81)的平差模型可表示为

$$\begin{bmatrix}\Delta x_{ij}\\ \Delta y_{ij}\end{bmatrix}=(1+k)\begin{bmatrix}x_j-x_i\\ y_j-y_i\end{bmatrix}+\begin{bmatrix}-(\Delta y_{ij},)/\rho\\ \Delta x_{ij}/\rho\end{bmatrix}\varepsilon_\alpha \tag{5.82}$$

或写成误差方程形式，为

$$\begin{bmatrix} V_{\Delta x_{ij}} \\ V_{\Delta y_{ij}} \end{bmatrix} = (1+k)\begin{bmatrix} x_j - x_i \\ y_j - y_i \end{bmatrix} + \begin{bmatrix} -\Delta y_{ij}/\rho \\ \Delta x_{ij}/\rho \end{bmatrix}\varepsilon_\alpha - \begin{bmatrix} \Delta x_{ij} \\ \Delta y_{ij} \end{bmatrix} \tag{5.83}$$

式(5.82)、式(5.83)为线性方程，对于由 n 条基线观测向量组成的 GPS 网，应列 $2n$ 个方程，方程中共含有 $2\mu+2$ 个未知参数(μ 为网中点的个数)。

当网中有已知点 $(\bar{x}_i,\bar{y}_i)$ 时，对各已知点有坐标约束条件为

$$\begin{bmatrix} x_i \\ y_i \end{bmatrix} = \begin{bmatrix} \bar{x}_i \\ \bar{y}_i \end{bmatrix} \tag{5.84}$$

实际平差中，一般将式(5.84)代入误差方程，消除各已知点所对应的未知坐标参数。对于地面网中已知的边长 S_{jh}，其约束条件方程为

$$((x_h - x_j)^2 + (y_h - y_j)^2)^{\frac{1}{2}} = S_{jh} \tag{5.85}$$

而对地面网中的已知方位角 α_{jk}，有约束条件方程为

$$\arctan\left(\frac{y_k - y_j}{x_k - x_j}\right) = \alpha_{jk} \tag{5.86}$$

由以上可知，约束条件主要为边长与方位约束，其约束方程的个数 q 等于网中已知边长数 q_2 加已知方位角数 $q_3(q=q_2+q_3)$，且这些约束条件方程均为非线性方程。因此，GPS 网二维约束平差的模型为

$$\left.\begin{aligned} \boldsymbol{V} &= \boldsymbol{BX} - \boldsymbol{l} \\ \boldsymbol{g}(\boldsymbol{X}) + \boldsymbol{W} &= \boldsymbol{0} \end{aligned}\right\} \tag{5.87}$$

对该方程组应按带有约束条件的非线性最小二乘方法进行求解，函数为

$$\boldsymbol{\Phi} = \boldsymbol{V}^{\mathrm{T}}\boldsymbol{V} + 2\boldsymbol{K}^{\mathrm{T}}(\boldsymbol{g}(\boldsymbol{X}) + \boldsymbol{W})$$

将 $\boldsymbol{\Phi}$ 对 $\boldsymbol{X}$ 求偏导数以求 $\boldsymbol{\Phi}$ 的极小值，则有

$$\frac{\partial \boldsymbol{\Phi}}{\partial \boldsymbol{X}} = 2\boldsymbol{V}^{\mathrm{T}}\boldsymbol{P}\frac{\partial \boldsymbol{V}}{\partial \boldsymbol{X}} + 2\boldsymbol{K}^{\mathrm{T}}\frac{\partial \boldsymbol{g}(\boldsymbol{X})}{\partial \boldsymbol{X}} = \boldsymbol{0}$$

由式(5.87)中的第一式知

$$\boldsymbol{V}^{\mathrm{T}}\boldsymbol{PB} + \boldsymbol{K}^{\mathrm{T}}\frac{\partial \boldsymbol{g}(\boldsymbol{X})}{\partial \boldsymbol{X}} = \boldsymbol{0}$$

或

$$\boldsymbol{B}^{\mathrm{T}}\boldsymbol{PV} + \left(\frac{\partial \boldsymbol{g}(\boldsymbol{X})}{\partial \boldsymbol{X}}\right)^{\mathrm{T}}\boldsymbol{K} = \boldsymbol{0} \tag{5.88}$$

由于方程中的约束条件方程是非线性方程，其一阶导数 $\frac{\partial \boldsymbol{g}(\boldsymbol{X})}{\partial \boldsymbol{X}}$ 仍是非线性的，所以式(5.88)仍是非线性方程，其求解可采用非线性同伦方法。构造同伦函数为

$$\boldsymbol{H} = t(\widetilde{\boldsymbol{X}} - \boldsymbol{a}) + (1-t)\left(\boldsymbol{B}^{\mathrm{T}}\boldsymbol{PV} + \left(\frac{\partial \boldsymbol{g}(\boldsymbol{X})}{\partial \boldsymbol{X}}\right)^{\mathrm{T}}\boldsymbol{K}\right) \tag{5.89}$$

式中，$\widetilde{\boldsymbol{X}}=[\boldsymbol{X}\ \ \boldsymbol{K}]^{\mathrm{T}}$。其中，$\boldsymbol{X}$ 为二维约束平差的未知参数，即各待定点的平面坐标未知数和尺度及残余定向系统转换参数，其个数为 $2\mu+2-2q_1$（μ 为网中点数，q_1 为网中已知点数）；$\boldsymbol{K}$ 为约束平差中的联系系数，其个数为 q_1+q_2。

由同伦求解方法，对式(5.89)求偏导数，得

$$\frac{\partial \boldsymbol{H}}{\partial(t,\widetilde{\boldsymbol{X}})}=\left(\widetilde{\boldsymbol{X}}-\boldsymbol{a}-\boldsymbol{B}^{\mathrm{T}}\boldsymbol{P}\boldsymbol{V}-\left(\frac{\partial \boldsymbol{g}(\boldsymbol{X})}{\partial \boldsymbol{X}}\right)^{\mathrm{T}}\boldsymbol{K}\right)\frac{\partial t}{\partial s}+$$
$$\left[t\boldsymbol{I}+(1-t)\left(\boldsymbol{B}^{\mathrm{T}}\boldsymbol{P}\boldsymbol{B}+\left(\frac{\partial^2 \boldsymbol{g}(\boldsymbol{X})}{\partial \boldsymbol{X}^2}\right)^{\mathrm{T}}\boldsymbol{K}+\left(\frac{\partial \boldsymbol{g}(\boldsymbol{X})}{\partial \boldsymbol{X}}\right)^{\mathrm{T}}\right)\right]\frac{\partial \boldsymbol{X}}{\partial s}=\boldsymbol{0}$$

或写为

$$(\widetilde{\boldsymbol{X}}-\boldsymbol{a}-\boldsymbol{B}^{\mathrm{T}}\boldsymbol{P}\boldsymbol{V}+\boldsymbol{C}^{\mathrm{T}}\boldsymbol{K})\frac{\partial t}{\partial s}+[t\boldsymbol{I}+(1-t)(\boldsymbol{B}^{\mathrm{T}}\boldsymbol{P}\boldsymbol{B}+\boldsymbol{D}^{\mathrm{T}}\boldsymbol{K}+\boldsymbol{C}^{\mathrm{T}})]\frac{\partial \widetilde{\boldsymbol{X}}}{\partial s}=\boldsymbol{0} \tag{5.90}$$

式中，$\boldsymbol{B}$ 为 $2n\times(2\mu+2-2q_1)$ 的误差方程系数矩阵；$\boldsymbol{C}$ 为非线性约束条件一阶偏导数矩阵，为 $q\times(2\mu+2-2q_1)$ 矩阵。其中的元素主要分为两类：一类是与已知边长有关的，另一类是与已知方位角有关的。由端点为 j、k 的已知边长决定的某行中的各元素为

$$\frac{\partial g_i(\boldsymbol{X})}{\partial x_j}=-\frac{x_k-x_j}{S_{jk}},\ \frac{\partial g_i(\boldsymbol{X})}{\partial y_j}=-\frac{y_k-y_j}{S_{jk}}$$
$$\frac{\partial g_i(\boldsymbol{X})}{\partial x_k}=\frac{x_k-x_j}{S_{jk}},\ \frac{\partial g_i(\boldsymbol{X})}{\partial y_k}=\frac{y_k-y_j}{S_{jk}}$$

且该行中其余元素均为零。由端点为 h、k 的已知方位角决定的某行中的各元素为

$$\frac{\partial g_j(\boldsymbol{X})}{\partial x_h}=\frac{\rho(y_k-y_h)}{S_{hk}^2},\ \frac{\partial g_j(\boldsymbol{X})}{\partial y_h}=\frac{\rho(x_k-x_h)}{S_{hk}^2}$$
$$\frac{\partial g_j(\boldsymbol{X})}{\partial x_k}=-\frac{\rho(y_k-y_h)}{S_{hk}^2},\ \frac{\partial g_j(\boldsymbol{X})}{\partial y_h}=-\frac{\rho(x_k-x_h)}{S_{hk}^2}$$

同样，该行中其余元素也为零。

$\boldsymbol{D}$ 为非线性约束条件的二阶偏导数，为 $q\times(2\mu+2-2q_1)\times(2\mu+2-2q_1)$ 的立体矩阵，其中端点为 j、k 的已知边约束条件的二阶偏导数子矩阵 $\underset{(2\mu+2-2q_1)\times(2\mu+2-2q_1)}{\boldsymbol{D}_i}$ 中的元素为

$$\frac{\partial^2 g_i(\boldsymbol{X})}{\partial x_j^2}=\frac{\partial^2 g_i(\boldsymbol{X})}{\partial x_k^2}=\frac{(y_k-y_j)^2}{S_{ik}^3}$$
$$\frac{\partial^2 g_i(\boldsymbol{X})}{\partial x_j\partial x_k}=\frac{\partial^2 g_i(\boldsymbol{X})}{\partial x_k\partial x_j}=\frac{(y_k-y_j)^2}{S_{jk}^3}$$
$$\frac{\partial^2 g_i(\boldsymbol{X})}{\partial y_j^2}=\frac{\partial^2 g_i(\boldsymbol{X})}{\partial y_k^2}=\frac{(x_k-x_j)^2}{S_{ik}^3}$$

$$\frac{\partial^2 g_i(\boldsymbol{X})}{\partial y_j \partial y_k}=\frac{\partial^2 g_i(\boldsymbol{X})}{\partial y_k \partial y_j}=-\frac{(x_k-x_j)^2}{S_{jk}^3}$$

$$\frac{\partial^2 g_i(\boldsymbol{X})}{\partial x_j \partial y_j}=\frac{\partial^2 g_i(\boldsymbol{X})}{\partial y_j \partial x_j}=\frac{\partial^2 g_i(\boldsymbol{X})}{\partial x_k \partial y_k}=\frac{\partial^2 g_i(\boldsymbol{X})}{\partial y_k \partial x_k}=-\frac{(x_k-x_j)(y_k-y_j)}{S_{jk}^3}$$

$$\frac{\partial^2 g_i(\boldsymbol{X})}{\partial x_j \partial y_k}=\frac{\partial^2 g_i(\boldsymbol{X})}{\partial y_j \partial x_k}=\frac{\partial^2 g_i(\boldsymbol{X})}{\partial x_k \partial y_j}=\frac{\partial^2 g_i(\boldsymbol{X})}{\partial y_k \partial x_j}=-\frac{(x_k-x_j)(y_k-y_j)}{S_{jk}^3}$$

$\boldsymbol{D}_i$ 中除以上元素外，其余均为零。

$\boldsymbol{D}$ 中端点为 h、k 的已知方位角约束条件的二阶偏导数子矩阵 $\underset{(2\mu-2-2q_1)\times(2\mu-2-2q_1)}{\boldsymbol{D}_j}$ 中的元素为

$$\frac{\partial^2 g_j(\boldsymbol{X})}{\partial x_h^2}=\frac{\partial^2 g_j(\boldsymbol{X})}{\partial y_h^2}=\frac{\partial^2 g_j(\boldsymbol{X})}{\partial x_k^2}=\frac{\partial^2 g_j(\boldsymbol{X})}{\partial y_k^2}=\frac{2\rho(x_k-x_h)(y_k-y_h)}{S_{hk}^4}$$

$$\begin{aligned}\frac{\partial^2 g_j(\boldsymbol{X})}{\partial x_h \partial x_k}=\frac{\partial^2 g_j(\boldsymbol{X})}{\partial x_k \partial x_h}=\frac{\partial^2 g_j(\boldsymbol{X})}{\partial y_h \partial y_k}=\frac{\partial^2 g_j(\boldsymbol{X})}{\partial y_k \partial y_h}\\ =-2\rho\frac{(x_k-x_h)(y_k-y_h)}{S_{hk}^4}\end{aligned}$$

$$\frac{\partial^2 g_j(\boldsymbol{X})}{\partial x_h \partial y_h}=\frac{\partial^2 g_j(\boldsymbol{X})}{\partial y_h \partial x_h}=\frac{\partial^2 g_j(\boldsymbol{X})}{\partial x_k \partial y_k}=\frac{\partial^2 g_j(\boldsymbol{X})}{\partial y_k \partial x_k}=-\rho\frac{(x_k-x_h)^2-(y_k-y_h)^2}{S_{jk}^4}$$

$$\frac{\partial^2 g_j(\boldsymbol{X})}{\partial x_h \partial y_k}=\frac{\partial^2 g_j(\boldsymbol{X})}{\partial y_h \partial x_k}=\frac{\partial^2 g_j(\boldsymbol{X})}{\partial x_k \partial y_h}=\frac{\partial^2 g_j(\boldsymbol{X})}{\partial y_k \partial x_h}=\rho\frac{(x_k-x_h)^2-(y_k-y_h)^2}{S_{jk}^4}$$

同样，该子矩阵中其余元素也均为零。

第6章　非线性动态GPS定位卡尔曼滤波

GPS动态实时定位主要是以伪距观测值提供实时定位及速度而进行的导航，即提供瞬时载体的位置和速度。连续实时GPS动态定位是一个非线性动态系统，其求解常采用动态扩展卡尔曼滤波(extended Kalman filter，EKF)的方法，也就是将滤波中的非线性状态方程和观测方程按泰勒级数展开，取一次项将其线性化，成为线性卡尔曼滤波模型。实际上，该方法并不是真正的卡尔曼滤波，其存在发散倾向，且估计量为有偏估计，残差不是高斯噪声(即使当动态系统噪声为高斯噪声时)。产生这种现象的原因是动态扩展卡尔曼滤波存在忽略项，这使其成为一种次优的梯度下降方法。一些学者提出采用基于泰勒级数展开至二阶项的非线性卡尔曼滤波，但是统计验证及实际计算表明，二阶非线性卡尔曼滤波不仅没有改善估计量的偏差，有时结果会更差，即得到偏差更大的估值。

本书提出一个基于闭合式的GPS非线性代数解的卡尔曼滤波法，该方法将GPS滤波中的空间与时间分离，首先采用班克罗夫特方法利用伪距观测值直接求出移动载体接收机天线的位置与钟差，再将位置值和钟差视为观测值代入卡尔曼滤波动态系统，对状态参数进行滤波，即按时间进行状态参数平滑。由于班克罗夫特方法是一种球形非线性最小二乘方法，求解过程中无信息丢失，因此具有良好的统计性。

§6.1　线性动态卡尔曼滤波

在动态系统中，通常称随时间不断变化的待估随机向量 $\boldsymbol{X}_k$ 为系统在 t_k 时刻的状态向量，它是确定动态系统运动状况最少的一组参数。一个动态系统的状态遵循一定的物理规律，因此不同时刻对状态所做的观测也是互相联系的。描述各状态随时间变化规律的方程称为状态(动态)方程，观测向量 $\boldsymbol{Y}_k$ 与状态向量 $\boldsymbol{X}_k$ 之间存在的函数关系为观测方程，因此 t_{k+1} 时刻的状态方程和观测方程为

$$\left.\begin{aligned}\boldsymbol{X}_{k+1}&=\boldsymbol{\Phi}_{(k+1)k}\boldsymbol{X}_k+\boldsymbol{\psi}_{(k+1)k}\boldsymbol{U}_{k+1}+\boldsymbol{\Gamma}_{k+1}\boldsymbol{w}_{k+1}\\ \boldsymbol{Y}_{k+1}&=\boldsymbol{B}_{k+1}\boldsymbol{X}_{k+1}+\boldsymbol{G}_{k+1}\boldsymbol{U}_{k+1}+\boldsymbol{\Delta}_{k+1}\end{aligned}\right\}\tag{6.1}$$

式中，$k=0、1、\cdots$；$\boldsymbol{X}_{k+1}$ 为 t_{k+1} 时刻的状态向量；$\boldsymbol{Y}_{k+1}$ 为该时刻的观测向量(输出向量)；$\boldsymbol{U}_{k+1}$ 为该时刻的控制向量(输入向量)；$\boldsymbol{\psi}_{(k+1)k}$ 和 $\boldsymbol{G}_{k+1}$ 为控制矩阵；$\boldsymbol{w}_{k+1}$ 为具有零均值和协方差矩阵 $\boldsymbol{Q}_{k+1}$ 的动态白噪声高斯随机序列，$\boldsymbol{w}_{k+1}\sim N(\boldsymbol{0},\boldsymbol{Q}_{k+1})$ 和 $E(\boldsymbol{w}_i,\boldsymbol{w}_j^{\mathrm{T}})=\boldsymbol{Q}_i\delta_{ij}$，此处 δ_{ij} 为狄拉克(Dirac)函数，$i=j$ 时为1，$i\neq j$ 时为0；$\boldsymbol{\Delta}_{k+1}$ 为

观测白噪声高斯随机序列，其均值为零，协方差矩阵为 $\boldsymbol{R}_{\Delta}$，即 $\boldsymbol{\Delta}_{k+1} \sim N(\boldsymbol{0},\boldsymbol{R}_{\Delta})$ 和 $E(\boldsymbol{\Delta}_i,\boldsymbol{\Delta}_j^{\mathrm{T}})=\boldsymbol{R}_j\delta_{ij}$；$\boldsymbol{\Phi}_{(k+1)k}$ 是 n 阶状态转移矩阵；$\boldsymbol{B}_{k+1}$ 为观测方程的系数矩阵；$\boldsymbol{\Gamma}_{k+1}$ 为状态系统随机噪声系数矩阵。当不考虑系统的确定性输入时，式(6.1)可表示为

$$\left.\begin{aligned}\boldsymbol{X}_{k+1}&=\boldsymbol{\Phi}_{(k+1)k}\boldsymbol{X}_k+\boldsymbol{\Gamma}_{k+1}\boldsymbol{w}_{k+1}\\ \boldsymbol{Y}_{k+1}&=\boldsymbol{B}_{k+1}\boldsymbol{X}_{k+1}+\boldsymbol{\Delta}_{k+1}\end{aligned}\right\} \tag{6.2}$$

进一步对动态系统进行假设，其满足的随机模型如下：系统的初始状态 $\boldsymbol{X}_0$ 具有已知的均值和方差矩阵，即

$$\left.\begin{aligned}E(\boldsymbol{X}_0)&=\boldsymbol{\mu}_{X_0}\\ \mathrm{Var}(\boldsymbol{X}_0)&=\boldsymbol{D}_{X_0}\end{aligned}\right\} \tag{6.3}$$

且 $\boldsymbol{X}_0$、$\boldsymbol{w}_j$、$\boldsymbol{\Delta}_j$ 互不相关($j=0,\cdots,k+1$)，即满足

$$\left.\begin{aligned}\mathrm{cov}(\boldsymbol{X}_0,\boldsymbol{w}_{k+1})&=\boldsymbol{0}\\ \mathrm{cov}(\boldsymbol{X}_0,\boldsymbol{\Delta}_{k+1})&=\boldsymbol{0}\\ \mathrm{cov}(\boldsymbol{X}_i,\boldsymbol{w}_j)&=\boldsymbol{0}\end{aligned}\right\} \tag{6.4}$$

一组观测值 $\{Y_1,Y_2,\cdots,Y_k\}$ 用 $\boldsymbol{Y}_{k-1}$ 表示，且在 t_k 时刻状态向量 $\boldsymbol{X}_k$ 的贝叶斯估计是先验概率密度函数 $p(\boldsymbol{X}_K \mid \boldsymbol{Y}_K)$ 的极大值。由于假设状态噪声 $\boldsymbol{w}_k(k=0,1,\cdots)$ 为白噪声高斯随机序列，且状态向量 $\boldsymbol{X}_k(k=0,1,\cdots)$ 也是高斯序列。因此有概率密度函数的极大值为

$$p(\boldsymbol{X}_k \mid \boldsymbol{Y}_k)=\frac{p(\boldsymbol{Y}_k \mid \boldsymbol{X}_k)p(\boldsymbol{X}_k \mid \boldsymbol{Y}_{k-1})}{p(\boldsymbol{Y}_k \mid \boldsymbol{X}_k)p(\boldsymbol{X}_k \mid \boldsymbol{Y}_{k-1})\mathrm{d}\boldsymbol{X}_k} \tag{6.5}$$

式(6.5)分母与 $\boldsymbol{X}_k$ 无关，因此可以将其视为常数。假设 $\boldsymbol{X}_0$ 是正态分布，可预测 $\boldsymbol{X}_k$ 也是正态分布，状态向量 $\boldsymbol{X}_k$ 的条件均值为

$$\boldsymbol{X}_k=E(\boldsymbol{X}_k \mid \boldsymbol{Y}_{k-1})=\boldsymbol{\Phi}_{k(k-1)}\hat{\boldsymbol{X}}_{k-1} \tag{6.6}$$

条件协方差矩阵为

$$\boldsymbol{D}_{k(k-1)}=\boldsymbol{\Phi}_{k(k-1)}\boldsymbol{D}_{k-1}\boldsymbol{\Phi}_{k(k-1)}^{\mathrm{T}}+\boldsymbol{\Gamma}_{k(k-1)}\boldsymbol{Q}_k\boldsymbol{\Gamma}_{k(k-1)}^{\mathrm{T}} \tag{6.7}$$

式中，$\hat{\boldsymbol{X}}_{k-1}$ 为 t_{k-1} 时刻具有协方差矩阵 $\boldsymbol{D}_{k-1}$ 的状态向量估值。由于 $\boldsymbol{X}_k$、$\boldsymbol{Y}_k$ 为正态分布，因而先验概率密度函数 $p(\boldsymbol{X}_k \mid \boldsymbol{Y}_k)$ 也是正态分布，根据贝叶斯估计可知概率密度的最大值，状态向量估值 $\hat{\boldsymbol{X}}_k$ 的条件均值为

$$\begin{aligned}\hat{\boldsymbol{X}}_k&=E(\boldsymbol{X}_k \mid \boldsymbol{Y}_k)=E(\boldsymbol{X}_k \mid \boldsymbol{Y}_{k-1})+\boldsymbol{J}_k(\boldsymbol{Y}_k-E(\boldsymbol{X}_k \mid \boldsymbol{Y}_{k-1}))\\ &=\boldsymbol{X}_k+\boldsymbol{J}_k(\boldsymbol{Y}_k-\boldsymbol{B}_k\boldsymbol{X}_k)\end{aligned} \tag{6.8}$$

相应的协方差矩阵为

$$\boldsymbol{D}_k=\boldsymbol{D}_{k(k-1)}-\boldsymbol{J}_k\boldsymbol{B}_k\boldsymbol{D}_{k(k-1)} \tag{6.9}$$

式中，$\boldsymbol{J}_k$ 为滤波增益矩阵，具体为

$$\boldsymbol{J}_k=\boldsymbol{D}_{k(k-1)}\boldsymbol{B}_k^{\mathrm{T}}(\boldsymbol{B}_k\boldsymbol{D}_{k(k-1)}\boldsymbol{B}_k^{\mathrm{T}}+\boldsymbol{R}_k)^{-1} \tag{6.10}$$

卡尔曼滤波分两步进行：第一步根据 t_{k-1} 时刻的估值和方差，由式(6.6)、式(6.7)求出一步预测值和方差；第二步再由 t_k 时刻观测值，采用式(6.8)、式(6.9)求出状态向量最优估值和方差。式(6.10)为增益矩阵，该矩阵与观测值无关，与观测值的方差矩阵 $\boldsymbol{R}$ 有关，增益矩阵 $\boldsymbol{J}_k$ 与 $\boldsymbol{R}_k$ 成反比。由统计观点可以证明线性卡尔曼滤波估计量 $\hat{\boldsymbol{X}}_k$ 是无偏估计量，而方差矩阵 $\boldsymbol{D}_k$ 为所有估计中的最小方差矩阵，且相应的滤波误差 $\boldsymbol{\Delta}_X=\widetilde{\boldsymbol{X}}_k-\hat{\boldsymbol{X}}_k$ 是一个零均值的高斯白噪声。

§6.2　扩展卡尔曼滤波

在现实中动态系统基本都是非线性系统，其模型关系与求解问题较线性动态系统要复杂得多，因此应研究非线性动态系统的求解。非线性动态系统最常用的方法是基于泰勒级数展开至一次项的线性卡尔曼滤波，即扩展卡尔曼滤波。

离散随机非线性动态系统和测量系统的方程为

$$\left.\begin{aligned}\boldsymbol{X}_{k+1}&=\boldsymbol{\phi}(\boldsymbol{X}_k,\boldsymbol{w}_{k+1})\quad(k=0,1,\cdots)\\ \boldsymbol{Y}_k&=\boldsymbol{h}(\boldsymbol{X}_k)+\boldsymbol{V}_k\quad(k=1,2,\cdots)\end{aligned}\right\}\tag{6.11}$$

式中，$\boldsymbol{\phi}(\cdot)$ 为状态向量 $\boldsymbol{X}_k$ 和系统噪声向量 $\boldsymbol{w}_{k+1}$ 的 n 维非线性向量函数，$\boldsymbol{h}(\cdot)$ 为状态向量 $\boldsymbol{X}_k$ 的 l 维非线性向量函数。

扩展卡尔曼滤波的基本思想是在某个特定区域内以一个切平面近似取代非线性曲面。实际就是将式(6.11)按泰勒级数展开，取一次项，线性化为

$$\left.\begin{aligned}\boldsymbol{X}_{k+1}&=\dot{\boldsymbol{\phi}}_{X_k}\boldsymbol{X}_k+\dot{\boldsymbol{\phi}}_{w_k}\boldsymbol{w}_{k+1}\\ \boldsymbol{Y}_k&=\dot{\boldsymbol{h}}_{k+1}\boldsymbol{X}_k+\boldsymbol{V}_k\end{aligned}\right\}\tag{6.12}$$

式中，$\dot{\boldsymbol{\phi}}_{X_k}$ 为 $\boldsymbol{\phi}(\boldsymbol{X}_k,\boldsymbol{w}_{k+1})$ 在 $(\hat{\boldsymbol{X}}_k,\boldsymbol{0})$ 上对 $\boldsymbol{X}_k^{\mathrm{T}}$ 的偏导数矩阵，$\dot{\boldsymbol{\phi}}_{w_k}$ 为 $\boldsymbol{\phi}(\boldsymbol{X}_k,\boldsymbol{w}_{k+1})$ 在 $(\hat{\boldsymbol{X}}_k,\boldsymbol{0})$ 上对 $\boldsymbol{w}_k^{\mathrm{T}}$ 的偏导数矩阵，$\dot{\boldsymbol{h}}_k$ 为非线性函数 $\boldsymbol{h}(\boldsymbol{X}_k)$ 在 $(\hat{\boldsymbol{X}}_k,\boldsymbol{0})$ 上对 $\boldsymbol{X}_k^{\mathrm{T}}$ 的雅可比矩阵。对于线性化后的式(6.12)可应用标准线性卡尔曼方法求解，即

$$\hat{\boldsymbol{X}}_k=\hat{\boldsymbol{X}}_{k(k-1)}+\boldsymbol{J}_k(\boldsymbol{Y}_k-\boldsymbol{h}(\boldsymbol{X}_{k(k-1)}))\tag{6.13}$$

相应的协方差矩阵为

$$\boldsymbol{D}_k=\boldsymbol{D}_{k(k-1)}-\boldsymbol{J}_k\dot{\boldsymbol{h}}_k\boldsymbol{D}_{k(k-1)}\tag{6.14}$$

式中

$$\left.\begin{aligned}\hat{\boldsymbol{X}}_{k(k-1)}&=\boldsymbol{\phi}(\hat{\boldsymbol{X}}_{k-1},\boldsymbol{0})\\ \boldsymbol{D}_{k(k-1)}&=\dot{\boldsymbol{\phi}}_{X_{k(k-1)}}\boldsymbol{D}_{k-1}\dot{\boldsymbol{\phi}}_{X_{k(k-1)}}^{\mathrm{T}}+\dot{\boldsymbol{\phi}}_{w_{k(k-1)}}\boldsymbol{Q}_k\dot{\boldsymbol{\phi}}_{w_{k(k-1)}}^{\mathrm{T}}\end{aligned}\right\}\tag{6.15}$$

式(6.15)分别为对应由 $\boldsymbol{Y}_{k-1}$ 给出的 $\boldsymbol{X}_k$ 的条件均值和条件协方差矩阵。增益矩阵 $\boldsymbol{J}_k$ 为

$$\boldsymbol{J}_k=\boldsymbol{D}_{k(k-1)}\dot{\boldsymbol{h}}_k^{\mathrm{T}}(\dot{\boldsymbol{h}}_k\boldsymbol{D}_{k(k-1)}\dot{\boldsymbol{h}}_k^{\mathrm{T}}+\boldsymbol{R}_k)^{-1}\tag{6.16}$$

式(6.12)至式(6.16)构成了扩展卡尔曼滤波的全过程,其关键步骤为泰勒级数展开线性化。尽管线性化后的动态模型仍采用标准卡尔曼滤波方法,但解的统计性质发生较大变化,使参数估值有偏,且残差也为有偏,不完全服从高斯正态分布。扩展卡尔曼滤波有偏主要是由以平面近似地代替非线性曲面,且展开式中忽略高次项引起的。在下面的有偏性证明中,为了便于推导,仅考虑忽略二次项造成的偏差,且忽略状态参数和偏导数的随机性,认为其均为非随机矩阵。

为不失一般性,假设状态估值 $\boldsymbol{X}_k$ 为有偏估计,其偏差为

$$\boldsymbol{b}_{X_k} = E(\hat{\boldsymbol{X}}_k - \bar{\boldsymbol{X}}_k) = \boldsymbol{m}_{x_k} - \bar{\boldsymbol{X}}_k \tag{6.17}$$

式中,$\bar{\boldsymbol{X}}_k$ 为状态向量 $\boldsymbol{X}_k$ 的真值;$\boldsymbol{m}_{X_k}$ 为状态向量的期望,并记 $\boldsymbol{\varepsilon}_X = \bar{\boldsymbol{X}}_k - \boldsymbol{m}_{X_k}$。

有偏值 $\boldsymbol{b}_{X_k}$ 是展开式中的二次项,在非线性动态系统由泰勒级数状态向量 $\boldsymbol{X}_k$ 和动态噪声 $\boldsymbol{w}_k$ 在$(\hat{\boldsymbol{X}}_k,\boldsymbol{0})$上展开到二阶项的滤波中有

$$\hat{\boldsymbol{X}}_k = E(\boldsymbol{\phi}(\boldsymbol{X}_k,\boldsymbol{w}_k) \mid \boldsymbol{Y}_k) + \boldsymbol{J}_k(\boldsymbol{h}(\bar{\boldsymbol{X}}_k) + \boldsymbol{V}_k - E(\boldsymbol{Y}_k \mid \boldsymbol{Y}_{k-1})) \tag{6.18}$$

式中

$$E(\boldsymbol{\phi}(\boldsymbol{X}_k,\boldsymbol{w}_h) \mid \boldsymbol{Y}_k) = \boldsymbol{X}_{k(k-1)} = \boldsymbol{\phi}(\hat{\boldsymbol{X}}_{k-1},\boldsymbol{0}) + \frac{1}{2}(\boldsymbol{b}_{\phi_X} + \boldsymbol{b}_{\varphi_w}) \tag{6.19}$$

$$E(\boldsymbol{Y}_k \mid \boldsymbol{Y}_{k-1}) = \boldsymbol{h}(\boldsymbol{X}_{k(k-1)}) + \frac{1}{2}(\boldsymbol{b}_{h_X} + \boldsymbol{b}_{h_w}) \tag{6.20}$$

而

$$\left.\begin{aligned} \boldsymbol{b}_{\phi_X} &= \mathrm{tr}(\ddot{\boldsymbol{\phi}}_{iX}\ \ \boldsymbol{D}_{k-1}) \\ \boldsymbol{b}_{\phi_w} &= \mathrm{tr}(\ddot{\boldsymbol{\phi}}_{iw}\ \ \boldsymbol{Q}_k) \end{aligned}\right\} \tag{6.21}$$

$$\left.\begin{aligned} \boldsymbol{b}_{h_X} &= \mathrm{tr}\Big(\Big(\sum_{i=1}^{n} \dot{h}_{ik}^{j}\ddot{\boldsymbol{\phi}}_{iX} + \dot{\boldsymbol{\phi}}_X^{\mathrm{T}}\ddot{\boldsymbol{h}}_k^{j}\dot{\boldsymbol{\phi}}_X\Big)\boldsymbol{D}_{k-1}\Big) \\ \boldsymbol{b}_{h_w} &= \mathrm{tr}\Big(\Big(\sum_{i=1}^{n} \dot{h}_{ik}^{j}\ddot{\boldsymbol{\phi}}_{iw} + \dot{\boldsymbol{\phi}}_w^{\mathrm{T}}\ddot{\boldsymbol{h}}_k^{j}\dot{\boldsymbol{\phi}}_w\Big)\boldsymbol{Q}_k\Big) \end{aligned}\right\} \tag{6.22}$$

其中,$\ddot{\boldsymbol{\phi}}_{iX}$ 是$\boldsymbol{\phi}(\boldsymbol{X}_{k-1},\boldsymbol{w}_k)$中第 i 个元素在$(\hat{\boldsymbol{X}}_{k-1},\boldsymbol{0})$上对 $\boldsymbol{X}_{k-1}$ 的二阶偏导数,$\ddot{\boldsymbol{\phi}}_{iw}$ 是$\boldsymbol{\phi}(\boldsymbol{X}_{k-1},\boldsymbol{w}_k)$的第 i 个元素在$(\hat{\boldsymbol{X}}_{k-1},\boldsymbol{0})$上对 $\boldsymbol{w}_k$ 的二阶偏导数,$\dot{h}_{ik}^{j}$ 是 $\boldsymbol{h}(\boldsymbol{X}_k)$ 的第 j 元素对 $\boldsymbol{X}_k$ 第 i 元素的导数,$\ddot{\boldsymbol{h}}_k^{j}$ 为向量 $\boldsymbol{h}(\boldsymbol{X}_k)$ 的第 j 元素在 $\boldsymbol{X}_{k(k-1)}$ 对 $\boldsymbol{X}_k$ 的二阶偏导矩阵,r 为多余观测数。式(6.19)与式(6.20)中的第二项均为动态系统的非线性项。

如果将 $\boldsymbol{X}_{k(k-1)}$ 在$(\boldsymbol{m}_{X_k},\boldsymbol{0})$上对 $\boldsymbol{\varepsilon}_X$ 和 $\boldsymbol{w}_k$ 按泰勒级数展开至二阶近似,则有

$$\begin{aligned} \boldsymbol{X}_{k(k-1)} = {} & \boldsymbol{\phi}(\boldsymbol{m}_{X_k},\boldsymbol{0}) + \dot{\boldsymbol{\phi}}_X\boldsymbol{\varepsilon}_X + \dot{\boldsymbol{\phi}}_w\boldsymbol{w}_k + \\ & \frac{1}{2}(\boldsymbol{H}_{11}\boldsymbol{\varepsilon}_X + \boldsymbol{H}_{12}\boldsymbol{\varepsilon}_X + \boldsymbol{H}_{21}\boldsymbol{w}_k + \boldsymbol{H}_{22}\boldsymbol{w}_k) \end{aligned} \tag{6.23}$$

式中，$\underset{n\times n}{\boldsymbol{H}_{11}}=[\boldsymbol{\varepsilon}_X^{\mathrm{T}}\ddot{\boldsymbol{\phi}}_{iX}]$、$\underset{n\times r}{\boldsymbol{H}_{12}}=[\boldsymbol{\varepsilon}_X^{\mathrm{T}}\ddot{\boldsymbol{\phi}}_{iw}]$、$\underset{n\times n}{\boldsymbol{H}_{21}}=[\boldsymbol{w}_k^{\mathrm{T}}\ddot{\boldsymbol{\phi}}_{iwX}]$、$\underset{n\times r}{\boldsymbol{H}_{22}}=[\boldsymbol{w}_k^{\mathrm{T}}\ddot{\boldsymbol{\phi}}_{iw}]$，其中，$n$ 为观测值数目。

由式(6.17)知 $\hat{\boldsymbol{X}}_k$ 为有偏估计，即 $\hat{\boldsymbol{X}}_k$ 的期望 $\boldsymbol{m}_{X_k}\neq\bar{\boldsymbol{X}}_k$，因此可将 $\boldsymbol{\phi}(\boldsymbol{m}_{X_k},\boldsymbol{0})$ 在 $\bar{\boldsymbol{X}}_k$ 上按泰勒级数展开，即

$$\boldsymbol{\phi}(\boldsymbol{m}_{X_k},\boldsymbol{0})=\boldsymbol{\phi}(\bar{\boldsymbol{X}}_k,\boldsymbol{0})+\dot{\boldsymbol{\phi}}_X\boldsymbol{b}_{X_k}=\bar{\boldsymbol{X}}_k+\dot{\boldsymbol{\phi}}_X\boldsymbol{b}_{X_k} \tag{6.24}$$

由于 $E(\boldsymbol{\varepsilon}_X)=E(\boldsymbol{w}_k)=\boldsymbol{0}$，那么由式(6.23)和式(6.24)可得条件均值 $\boldsymbol{X}_{k(k-1)}$ 的期望，即

$$\begin{aligned}\boldsymbol{m}_{X_{k(k-1)}}&=E(\boldsymbol{X}_{k(k-1)})=E(\boldsymbol{\phi}(\hat{\boldsymbol{X}}_{k-1},\boldsymbol{0})+\frac{1}{2}(\mathrm{tr}(\ddot{\boldsymbol{\phi}}_{iX}\boldsymbol{D}_{k-1})+\mathrm{tr}(\ddot{\boldsymbol{\phi}}_{iw}\boldsymbol{Q}_k)))\\&=\boldsymbol{\phi}(\boldsymbol{m}_{X_{k-1}},\boldsymbol{0})+\frac{1}{2}(\boldsymbol{b}_{\phi_X}+\boldsymbol{b}_{\phi_w})\\&=\bar{\boldsymbol{X}}_{k-1}+\dot{\boldsymbol{\phi}}_X\boldsymbol{b}_{X_{k-1}}+\frac{1}{2}(\boldsymbol{b}_{\phi_X}+\boldsymbol{b}_{\phi_w})\end{aligned} \tag{6.25}$$

采用相同的方法，可将 $\boldsymbol{h}(\boldsymbol{X}_{(k+1)k})$ 在$(\boldsymbol{m}_k,\boldsymbol{0})$上对 $\boldsymbol{\varepsilon}_X$ 和 $\boldsymbol{w}_k$ 按泰勒级数展开至二阶项，即

$$\begin{aligned}\boldsymbol{h}(\boldsymbol{X}_{k(k-1)})=&\boldsymbol{h}(\boldsymbol{\phi}(\boldsymbol{m}_{X_{k-1}},\boldsymbol{0}))+\dot{\boldsymbol{h}}_k\dot{\boldsymbol{\phi}}_X\boldsymbol{\varepsilon}_X+\dot{\boldsymbol{h}}_k\dot{\boldsymbol{\phi}}_w\boldsymbol{w}_k+\\&\frac{1}{2}(\boldsymbol{A}_{11}\boldsymbol{\varepsilon}_X+\boldsymbol{A}_{12}\boldsymbol{\varepsilon}_X+\boldsymbol{A}_{21}\boldsymbol{w}_k+\boldsymbol{A}_{22}\boldsymbol{w}_k)\end{aligned} \tag{6.26}$$

式中

$$\boldsymbol{A}_{11}=[\boldsymbol{\varepsilon}_X^{\mathrm{T}}(\sum_{i=1}^{n}\dot{\boldsymbol{h}}_{ik}^{i}\ddot{\boldsymbol{\phi}}_{iX}+\dot{\boldsymbol{\phi}}_X^{\mathrm{T}}\ddot{\boldsymbol{h}}_k^{j}\dot{\boldsymbol{\phi}}_X)]_{l\times n},\ \boldsymbol{A}_{21}=[\boldsymbol{w}_k^{\mathrm{T}}(\sum_{i=1}^{n}\dot{\boldsymbol{h}}_{ik}^{i}\ddot{\boldsymbol{\phi}}_{iwX}+\dot{\boldsymbol{\phi}}_w^{\mathrm{T}}\ddot{h}_k^{j}\dot{\boldsymbol{\phi}}_X)]_{l\times n}$$

$$\boldsymbol{A}_{12}=[\boldsymbol{\varepsilon}_X^{\mathrm{T}}(\sum_{i=1}^{n}\dot{\boldsymbol{h}}_{ik}^{i}\ddot{\boldsymbol{\phi}}_{iXw}+\dot{\boldsymbol{\phi}}_X^{\mathrm{T}}\ddot{\boldsymbol{h}}_k^{j}\dot{\boldsymbol{\phi}}_w)]_{l\times r},\boldsymbol{A}_{22}=[\boldsymbol{w}_k^{\mathrm{T}}(\sum_{i=1}^{n}\dot{\boldsymbol{h}}_{ik}^{i}\ddot{\boldsymbol{\phi}}_{iw}+\dot{\boldsymbol{\phi}}_w^{\mathrm{T}}\ddot{\boldsymbol{h}}_k^{j}\dot{\boldsymbol{\phi}}_w)]_{l\times r}$$

由式(6.24)可知，式(6.26)中的第一项为

$$\boldsymbol{h}(\boldsymbol{\phi}(\boldsymbol{m}_{X_{k-1}},\boldsymbol{0}))=\boldsymbol{h}(\bar{\boldsymbol{X}}_k)+\dot{\boldsymbol{h}}_k\dot{\boldsymbol{\phi}}_X\boldsymbol{b}_{X_{k-1}} \tag{6.27}$$

由式(6.26)和式(6.27)式可求得 $\boldsymbol{h}(\boldsymbol{x}_k)$ 的期望为

$$\begin{aligned}\boldsymbol{m}_h&=E(\boldsymbol{h}(\boldsymbol{X}_{k(k-1)}))\\&=E(\boldsymbol{h}(\boldsymbol{\phi}(\boldsymbol{m}_{X_{k-1}},\boldsymbol{0}))+\frac{1}{2}\mathrm{tr}\Big(\sum_{i=1}^{n}(\dot{\boldsymbol{h}}_{ik}^{j}\ddot{\boldsymbol{\phi}}_{iX}+\dot{\boldsymbol{\phi}}_X^{\mathrm{T}}\ddot{\boldsymbol{h}}_k^{j}\dot{\boldsymbol{\phi}}_X)\boldsymbol{D}_{k-1}\Big)+\\&\quad\frac{1}{2}\mathrm{tr}\Big((\sum_{i=1}^{n}(\dot{\boldsymbol{h}}_{ik}^{j}\ddot{\boldsymbol{\phi}}_{iw}+\dot{\boldsymbol{\phi}}_w^{\mathrm{T}}\ddot{\boldsymbol{h}}_k^{j}\boldsymbol{\phi}_w)\boldsymbol{Q}_k\Big)\\&=\boldsymbol{h}(\bar{\boldsymbol{X}}_k)+\dot{\boldsymbol{h}}_k\dot{\boldsymbol{\phi}}_X\boldsymbol{b}_{X_{k-1}}+\frac{1}{2}(\boldsymbol{b}_{h_X}+\boldsymbol{b}_{h_w})\end{aligned} \tag{6.28}$$

那么，由式(6.19)、式(6.25)和式(6.28)可以求得扩展卡尔曼滤波的有偏量为

$$\boldsymbol{b}_{X_k}=E(\hat{\boldsymbol{X}}_k-\bar{\boldsymbol{X}}_k)$$

$$
\begin{aligned}
&= E(\boldsymbol{X}_{k(k-1)} + \boldsymbol{J}_k(\boldsymbol{h}(\bar{\boldsymbol{X}}_k) + \boldsymbol{V}_k - \boldsymbol{h}(\boldsymbol{X}_{k(k-1)}))) - \bar{\boldsymbol{X}}_k \\
&= \boldsymbol{m}_{k(k-1)} + \boldsymbol{J}_k(E(\boldsymbol{Y}_k) - \boldsymbol{m}_h) - \bar{\boldsymbol{X}}_k \\
&= \frac{1}{2}(\boldsymbol{b}_{\phi_X} + \boldsymbol{b}_{\phi_w}) + \dot{\boldsymbol{\phi}}_X \boldsymbol{b}_{X_{k-1}} - \boldsymbol{J}_k(\dot{\boldsymbol{h}}_k \dot{\boldsymbol{\phi}}_X \boldsymbol{b}_{X_{k-1}} + \frac{1}{2}(\boldsymbol{b}_{h_X} + \boldsymbol{b}_{h_w}))
\end{aligned}
\tag{6.29}
$$

由此可得出有关扩展卡尔曼滤波的有偏性结论。

对于具有式(6.11)的离散型非线性动态系统和非线性观测系统，如果状态参数 $\boldsymbol{X}_0$、状态噪声 $\boldsymbol{w}_j$ 和观测噪声 $\boldsymbol{V}_j$ 互不相关，且二阶中心矩存在，则扩展卡尔曼滤波方程的有偏解为

$$
\begin{aligned}
\boldsymbol{b}_{X_k} &= E(\hat{\boldsymbol{X}}_k - \bar{\boldsymbol{X}}_k) \\
&= \frac{1}{2}(\boldsymbol{b}_{\phi_X} + \boldsymbol{b}_{\phi_w}) + \dot{\boldsymbol{\phi}}_X \boldsymbol{b}_{X_{k-1}} - \boldsymbol{J}_k\left[\dot{\boldsymbol{h}}_k \dot{\boldsymbol{\phi}}_X \boldsymbol{b}_{X_{k-1}} + \frac{1}{2}(\boldsymbol{b}_{h_X} + \boldsymbol{b}_{h_w})\right]
\end{aligned}
\tag{6.30}
$$

由于扩展卡尔曼滤波是有偏的，因此所求得的观测值残差也是有偏的，即期望不等于零。

观测系统的残差估值为

$$
\hat{\boldsymbol{V}}_y = \boldsymbol{Y}_k - \boldsymbol{h}(\hat{\boldsymbol{X}}_k) \tag{6.31}
$$

已知 $\boldsymbol{Y}_k = \boldsymbol{h}(\bar{\boldsymbol{X}}_k) + \boldsymbol{V}_k$，将式(6.18)代入式(6.31)中，有

$$
\hat{\boldsymbol{V}}_y = \boldsymbol{h}(\bar{\boldsymbol{X}}_k) + \boldsymbol{V}_k - \boldsymbol{h}(\boldsymbol{\phi}(\hat{\boldsymbol{X}}_k, \boldsymbol{w}_k) + \boldsymbol{J}_k(\boldsymbol{h}(\bar{\boldsymbol{X}}_k) + \boldsymbol{V}_k - \boldsymbol{h}(\boldsymbol{\phi}(\hat{\boldsymbol{X}}_{k-1}, \boldsymbol{w}_k))))
\tag{6.32}
$$

将式(6.32)在 $(\boldsymbol{m}_k, \boldsymbol{0}, \boldsymbol{0})$ 上展开，并忽略二阶近似后所有高阶，得

$$
\begin{aligned}
\hat{\boldsymbol{V}}_y = {} & \boldsymbol{h}(\bar{\boldsymbol{X}}_k) + \boldsymbol{V}_k - \boldsymbol{h}(\boldsymbol{\phi}(\boldsymbol{m}_{X_{k-1}}, \boldsymbol{0}) + \boldsymbol{J}_k(\boldsymbol{h}(\bar{\boldsymbol{X}}_k) - \boldsymbol{h}(\boldsymbol{\phi}(\boldsymbol{m}_{X_{k-1}}, \boldsymbol{0})))) - \\
& \boldsymbol{h}_k(\boldsymbol{I} - \boldsymbol{J}_k)\dot{\boldsymbol{\phi}}_X \boldsymbol{\varepsilon}_X - \boldsymbol{h}_k(\boldsymbol{I} - \boldsymbol{J}_k)\dot{\boldsymbol{\phi}}_X \boldsymbol{w}_k - \boldsymbol{h}_k \boldsymbol{J}_k \boldsymbol{V}_k - \\
& \frac{1}{2}(\boldsymbol{C}_{11}\boldsymbol{\varepsilon}_X + 2\boldsymbol{C}_{12}\boldsymbol{w}_k + 2\boldsymbol{C}_{13}\boldsymbol{V}_k + \boldsymbol{C}_{22}\boldsymbol{w}_k + 2\boldsymbol{C}_{23}\boldsymbol{V}_k + \boldsymbol{C}_{33}\boldsymbol{V}_k)
\end{aligned}
\tag{6.33}
$$

式中

$$
\begin{aligned}
\boldsymbol{C}_{11} &= \left[\boldsymbol{\varepsilon}_X^{\mathrm{T}}\left(\sum_{i=1}^{n} \dot{h}_{ik}^{j} \ddot{\boldsymbol{\phi}}_{iX} + \boldsymbol{\phi}_X^{\mathrm{T}}(\boldsymbol{I} - \boldsymbol{J}_k)^{\mathrm{T}} \ddot{\boldsymbol{h}}_k^j (\boldsymbol{I} - \boldsymbol{J}_k)\dot{\boldsymbol{\phi}}_X\right)\right]_{l\times r} = [\boldsymbol{\varepsilon}_X^{\mathrm{T}} \boldsymbol{M}_{11}^j]_{l\times r} \\
\boldsymbol{C}_{12} &= [\boldsymbol{\varepsilon}_X^{\mathrm{T}}(\dot{h}_{ik}^{j} \ddot{\boldsymbol{\phi}}_{iw} + \boldsymbol{\phi}_X^{\mathrm{T}}(\boldsymbol{I} - \boldsymbol{J}_k)^{\mathrm{T}} \ddot{\boldsymbol{h}}_k^j (\boldsymbol{I} - \boldsymbol{J}_k)\dot{\boldsymbol{\phi}}_w)]_{l\times r} = [\boldsymbol{\varepsilon}_X^{\mathrm{T}} \boldsymbol{M}_{12}^j]_{l\times r} \\
\boldsymbol{C}_{13} &= [\boldsymbol{\varepsilon}_X^{\mathrm{T}}(\dot{\boldsymbol{\phi}}_X^{\mathrm{T}}(\boldsymbol{I} - \boldsymbol{J}_k)^{\mathrm{T}} \ddot{\boldsymbol{h}}_k^j \boldsymbol{J}_k)^{\mathrm{T}} \ddot{\boldsymbol{h}}_k^j \boldsymbol{J}_k)]_{l\times l} = [\boldsymbol{\varepsilon}_X^{\mathrm{T}} \boldsymbol{M}_{13}^j]_{l\times l} \\
\boldsymbol{C}_{22} &= \left[\boldsymbol{w}_k^{\mathrm{T}}\left(\sum_{i=1}^{n} \dot{\boldsymbol{h}}_{ik}^{j} \ddot{\boldsymbol{\phi}}_{iw} + \dot{\boldsymbol{\phi}}_{iw}^{\mathrm{T}}(\boldsymbol{I} - \boldsymbol{J}_k)^{\mathrm{T}} \ddot{\boldsymbol{h}}_k^j (\boldsymbol{I} - \boldsymbol{J}_k)\dot{\boldsymbol{\phi}}_w\right)\right]_{l\times r} = [\boldsymbol{w}_k^{\mathrm{T}} \boldsymbol{M}_{22}^j]_{l\times r} \\
\boldsymbol{C}_{23} &= [\boldsymbol{w}_k^{\mathrm{T}} \dot{\boldsymbol{\phi}}_w^{\mathrm{T}} (\boldsymbol{I} - \boldsymbol{J}_k)^{\mathrm{T}} \ddot{\boldsymbol{h}}_k^j \boldsymbol{J}_k]_{l\times l} = [\boldsymbol{w}_k^{\mathrm{T}} \boldsymbol{M}_{23}^j]_{l\times l} \\
\boldsymbol{C}_{33} &= [\boldsymbol{V}_k^{\mathrm{T}} \boldsymbol{J}_k^{\mathrm{T}} \ddot{\boldsymbol{h}}_k^j \boldsymbol{J}_k]_{l\times l} = [\boldsymbol{V}_k^{\mathrm{T}} \boldsymbol{M}_3^j]_{l\times l}
\end{aligned}
$$

且 $[\dot{h}^j_{1k}\ \dot{h}^j_{2k}\ \cdots\ \dot{h}^j_{nk}]=\dfrac{\partial \boldsymbol{h}_j}{\partial \boldsymbol{X}_k^{\mathrm{T}}}(\boldsymbol{I}-\boldsymbol{J}_k)$，其中 $h_j(\boldsymbol{X}_k)$ 为 $\boldsymbol{h}(\boldsymbol{X}_k)$ 的第 j 个元素。

可将式(6.33)中的第三项在 $(\bar{\boldsymbol{X}}_k,\boldsymbol{0},\boldsymbol{0})$ 处按泰勒级数展开至二阶项，公式近似地表示为

$$\begin{aligned}&\boldsymbol{h}(\boldsymbol{\phi}(\boldsymbol{m}_{X_{k-1}},\boldsymbol{0})+\boldsymbol{J}_k(\boldsymbol{h}(\bar{\boldsymbol{X}}_k)-\boldsymbol{h}(\boldsymbol{\phi}(\boldsymbol{m}_{X_{k-1}}))))\\&=\boldsymbol{h}(\bar{\boldsymbol{X}}_k)+\dot{\boldsymbol{h}}_k(\boldsymbol{I}-\boldsymbol{J}_k)\dot{\boldsymbol{\phi}}_X\boldsymbol{b}_{X_{k-1}}\end{aligned}\tag{6.34}$$

由此可得残差的有偏估值差

$$\begin{aligned}\boldsymbol{b}_{V_y}=E(\hat{\boldsymbol{V}}_y)=-\dot{\boldsymbol{h}}_k(\boldsymbol{I}-\boldsymbol{J}_k)\dot{\boldsymbol{\phi}}_X\boldsymbol{b}_{X_{k-1}}-\frac{1}{2}(\mathrm{tr}(\boldsymbol{M}^j_{11}\boldsymbol{D}_{k-1})+\\\mathrm{tr}(\boldsymbol{M}^j_{22}\boldsymbol{Q}_k)+\mathrm{tr}(\boldsymbol{M}^j_{33}\boldsymbol{R}_k))\end{aligned}$$

因此，扩展卡尔曼滤波的残差不是零均值的高斯白噪声，即使观测噪声是高斯噪声。

严格地说，扩展卡尔曼滤波中参数的协方差矩阵 $\boldsymbol{D}_k(\boldsymbol{D}_{k(k-1)})$ 为随机矩阵，这是由于协方差计算方程式(6.14)和式(6.15)与一阶偏导阵有关，而一阶偏导矩阵的计算加入了随机向量 $\hat{\boldsymbol{X}}_k$ 和 $\boldsymbol{w}_k$。通常，卡尔曼滤波中的协方差矩阵与参数等数据的取值无关，可以独立于状态参数事先求得。然而正是由于扩展卡尔曼滤波协方差矩阵的增益矩阵依赖于状态参数，从而导致其滤波具有有偏性和发散性。因此，扩展卡尔曼滤波方法并不是真正的卡尔曼滤波方法，而是一种次优随机梯度下降方法。

§6.3 二阶非线性卡尔曼滤波

由于扩展卡尔曼滤波是以某区域内的切平面近似地取代滤波曲面，即一阶项线性模型中没有顾及非线性函数的曲率和高阶导数信息，因此导致了一阶滤波的有偏与发散。为了改善扩展卡尔曼滤波的近似精度和滤波性态，许多学者研究并提出采用二阶非线性滤波方法，即采用泰勒级数展开至二阶的非线性滤波方法。该方法是基于 $\hat{\boldsymbol{X}}_k$ 的状态参数为近似正态分布，取非线性函数的相关条件量至二阶近似，并将其代入标准卡尔曼滤波方法，则二阶近似的单步估值为

$$\begin{aligned}\boldsymbol{X}_{k(k-1)}&=E(\boldsymbol{\phi}(\boldsymbol{X}_k,\boldsymbol{w}_k)\mid \boldsymbol{Y}_{k-1})\\&=\boldsymbol{\phi}(\hat{\boldsymbol{X}}_{k-1},\boldsymbol{0})+\frac{1}{2}(\boldsymbol{b}_{\phi_X}+\boldsymbol{b}_{\phi_w})\end{aligned}\tag{6.35}$$

式中，$\boldsymbol{b}_{\phi_X}$、$\boldsymbol{b}_{\phi_w}$ 通过式(6.21)求得。预估值 $\boldsymbol{X}_{k(k-1)}$ 的方差-协方差矩阵由将误差传播律应用于非线性动态系统的二阶近似式中得出，其形式为

$$\boldsymbol{D}_{k(k-1)}=\dot{\boldsymbol{\phi}}_X\boldsymbol{D}_{k-1}\dot{\boldsymbol{\phi}}_X^{\mathrm{T}}+\dot{\boldsymbol{\phi}}_w\boldsymbol{Q}_k\dot{\boldsymbol{\phi}}_w^{\mathrm{T}}+\frac{1}{2}(\boldsymbol{A}_{\phi_1}+\boldsymbol{A}_{\phi_2}+\boldsymbol{A}_{\phi_3}+\boldsymbol{A}_{\phi_4})\tag{6.36}$$

式中

$$\underset{n\times n}{\boldsymbol{A}_{\phi_1}}=\mathrm{tr}(\ddot{\boldsymbol{\phi}}_{iXw}\boldsymbol{D}_{k-1}\ddot{\boldsymbol{\phi}}_{jwX}\boldsymbol{D}_{k-1})$$

$$\underset{n\times n}{\boldsymbol{A}_{\phi_2}}=\mathrm{tr}(\ddot{\boldsymbol{\phi}}_{iXw}\boldsymbol{Q}_k\ddot{\boldsymbol{\phi}}_{jwX}\boldsymbol{D}_{k-1})$$

$$\underset{n\times n}{\boldsymbol{A}_{\phi_3}}=\mathrm{tr}(\ddot{\boldsymbol{\phi}}_{iwX}\boldsymbol{D}_{k-1}\ddot{\boldsymbol{\phi}}_{jXw}\boldsymbol{Q}_k)$$

$$\underset{n\times n}{\boldsymbol{A}_{\phi_4}}=\mathrm{tr}(\ddot{\boldsymbol{\phi}}_{iwX}\boldsymbol{Q}_k\ddot{\boldsymbol{\phi}}_{jXw}\boldsymbol{Q}_k)$$

其中，$\ddot{\boldsymbol{\phi}}_{iwX}$ 为 $\boldsymbol{\phi}(\boldsymbol{X}_{k-1},\boldsymbol{w}_k)$ 第 i 元素在点$(\hat{\boldsymbol{X}}_{k-1},\boldsymbol{0})$ 处对 $\boldsymbol{X}_{k-1}$ 和 $\boldsymbol{w}_k$ 的二阶偏导数。对于非线性观测方程，应考虑二阶项的条件均值，即

$$E(\boldsymbol{y}_k\mid\boldsymbol{Y}_{k-1})=\boldsymbol{h}(\boldsymbol{X}_{k(k-1)})+\frac{1}{2}(\boldsymbol{b}_{h_X}+\boldsymbol{b}_{h_w})\tag{6.37}$$

式中，$\boldsymbol{b}_{h_X}$、$\boldsymbol{b}_{h_w}$ 由式(6.22)求得，式(6.37)相应的条件协方差矩阵为

$$\boldsymbol{R}_y=\dot{\boldsymbol{h}}_k\boldsymbol{D}_{k(k-1)}\dot{\boldsymbol{h}}_k^{\mathrm{T}}+\boldsymbol{D}_{sh}\tag{6.38}$$

其中

$$\boldsymbol{D}_{sh}=\frac{1}{2}(\boldsymbol{A}_{h_1}+\boldsymbol{A}_{h_2}+\boldsymbol{A}_{h_3}+\boldsymbol{A}_{h_4})$$

$$\underset{r\times r}{\boldsymbol{A}_{h_1}}=\mathrm{tr}(\boldsymbol{G}_{jX}\boldsymbol{D}_{k-1}\boldsymbol{G}_{jX}\boldsymbol{D}_{k-1})$$

$$\underset{r\times r}{\boldsymbol{A}_{h_2}}=\mathrm{tr}(\boldsymbol{G}_{jwX}\boldsymbol{D}_{k-1}\boldsymbol{G}_{jXw}\boldsymbol{Q}_k)=\boldsymbol{A}_{h_3}$$

$$\underset{r\times r}{\boldsymbol{A}_{h_4}}=\mathrm{tr}(\boldsymbol{G}_{jwX}\boldsymbol{Q}_k\boldsymbol{G}_{jXw}\boldsymbol{Q}_k)$$

$$\boldsymbol{G}_{jX}=\sum_{i=1}^{n}\dot{h}_{ik}^{j}\ddot{\boldsymbol{\phi}}_{iX}+\dot{\boldsymbol{\phi}}_X^{\mathrm{T}}\ddot{\boldsymbol{h}}_k^{j}\dot{\boldsymbol{\phi}}_X$$

$$\boldsymbol{G}_{jw}=\sum_{i=1}^{n}\dot{h}_{ik}^{j}\ddot{\boldsymbol{\phi}}_{iw}+\dot{\boldsymbol{\phi}}_w^{\mathrm{T}}\ddot{\boldsymbol{h}}_k^{j}\dot{\boldsymbol{\phi}}_w$$

$$\boldsymbol{G}_{jwX}=\sum_{i=1}^{n}\dot{h}_{ik}^{j}\ddot{\boldsymbol{\phi}}_{iwX}+\dot{\boldsymbol{\phi}}_w^{\mathrm{T}}\ddot{\boldsymbol{h}}_k^{j}\dot{\boldsymbol{\phi}}_X=\boldsymbol{G}_{jXw}^{\mathrm{T}}$$

将式(6.35)至式(6.37)代入标准卡尔曼滤波，可得到二阶非线件动态系统的解，即

$$\hat{\boldsymbol{X}}_k=\boldsymbol{X}_{k(k-1)}+\boldsymbol{J}_k\left[\boldsymbol{y}_k-\boldsymbol{h}(\boldsymbol{X}_{k(k-1)})-\frac{1}{2}(\boldsymbol{b}_{h_X}+\boldsymbol{b}_{h_w})\right]\tag{6.39}$$

状态参数方差—协方差矩阵为

$$\boldsymbol{D}_k=\boldsymbol{D}_{k(k-1)}-\boldsymbol{J}_k\dot{\boldsymbol{h}}_k\boldsymbol{D}_{k(k-1)}\tag{6.40}$$

式中，增益矩阵为

$$\boldsymbol{J}_k=\boldsymbol{D}_{k(k-1)}\dot{\boldsymbol{h}}_k^{\mathrm{T}}(\dot{\boldsymbol{h}}_k\boldsymbol{D}_{k(k-1)}\dot{\boldsymbol{h}}_k^{\mathrm{T}}+\boldsymbol{R}_k+\boldsymbol{D}_{sh})^{-1} \tag{6.41}$$

式(6.35)至式(6.41)给出了二阶非线性卡尔曼滤波的基本公式。提出二阶非线性卡尔曼滤波的目的是改善一阶扩展滤波算法的精度，减少状态向量估值的偏差值，但是以下推导将证明：二阶非线性卡尔曼滤波并不能改善估值的偏差量。

类似扩展卡尔曼滤波，可以进一步将二阶非线性状态向量写为

$$\begin{aligned}\hat{\boldsymbol{X}}_k=&\boldsymbol{\phi}(\hat{\boldsymbol{X}}_{k-1},\boldsymbol{w}_k)+\frac{1}{2}(\boldsymbol{b}_{\phi_X}+\boldsymbol{b}_{\phi_w})+\\&\boldsymbol{J}_k\left\{\boldsymbol{h}(\bar{\boldsymbol{X}}_k)+\boldsymbol{V}_k-\boldsymbol{h}\left[\boldsymbol{\phi}(\hat{\boldsymbol{X}}_{k-1},\boldsymbol{w}_k)+\frac{1}{2}(\boldsymbol{b}_{\phi_X}+\boldsymbol{b}_{\phi_w})\right]-\frac{1}{2}(\boldsymbol{b}_{h_X}+\boldsymbol{b}_{h_w})\right\}\end{aligned} \tag{6.42}$$

式(6.23)和式(6.24)给出了 $\boldsymbol{\phi}(\hat{\boldsymbol{X}}_{k-1},\boldsymbol{w}_k)$ 关于真值和期望的泰勒级数的展开式，由此可以给出观测向量一步预估值的近似值为

$$\begin{aligned}&\boldsymbol{h}\left[\boldsymbol{\phi}(\hat{\boldsymbol{X}}_{k-1},\boldsymbol{w}_k)+\frac{1}{2}(\boldsymbol{b}_{\phi_X}+\boldsymbol{b}_{\phi_w})\right]\\&=\boldsymbol{h}(\boldsymbol{\phi}(\hat{\boldsymbol{X}}_{k-1},\boldsymbol{w}_k))+\frac{1}{2}\dot{\boldsymbol{h}}_k(\boldsymbol{b}_{\phi_X}+\boldsymbol{b}_{\phi_w})\end{aligned} \tag{6.43}$$

对式(6.43)两边取期望，得

$$\begin{aligned}&E\left(\boldsymbol{h}\left[\boldsymbol{\phi}(\hat{\boldsymbol{X}}_{k-1},\boldsymbol{w}_k)+\frac{1}{2}(\boldsymbol{b}_{\phi_X}+\boldsymbol{b}_{\phi_w})\right]\right)\\&=E\left(\boldsymbol{h}(\boldsymbol{\phi}(\hat{\boldsymbol{X}}_{k-1},\boldsymbol{w}_k))+\frac{1}{2}\dot{\boldsymbol{h}}_k(\boldsymbol{b}_{\phi_X}+\boldsymbol{b}_{\phi_w})\right)\\&=\boldsymbol{m}_h+\frac{1}{2}\dot{\boldsymbol{h}}(\boldsymbol{b}_{\phi_X}+\boldsymbol{b}_{\phi_w})\end{aligned} \tag{6.44}$$

对式(6.42)求期望，并将式(6.43)、式(6.44)代入，可得到二阶非线性卡尔曼滤波的偏差为

$$\begin{aligned}\boldsymbol{b}_{X_k}=&E(\hat{\boldsymbol{X}}_k)-\bar{\boldsymbol{X}}_k=E(\boldsymbol{\phi}(\hat{\boldsymbol{X}}_{k-1},\boldsymbol{w}_k))+\frac{1}{2}(\boldsymbol{b}_{\phi_X}+\boldsymbol{b}_{\phi_w})+\\&\boldsymbol{J}_k\left\{\boldsymbol{h}(\bar{\boldsymbol{X}}_k)-E\left(\boldsymbol{h}\left[\boldsymbol{\phi}(\hat{\boldsymbol{X}}_{k-1},\boldsymbol{w}_k)+\frac{1}{2}(\boldsymbol{b}_{\phi_X}+\boldsymbol{b}_{\phi_w})\right]\right)-\frac{1}{2}(\boldsymbol{b}_{h_X}+\boldsymbol{b}_{h_w})\right\}\end{aligned} \tag{6.45}$$

将式(6.44)、式(6.25)和式(6.28)代入式(6.45)有

$$\boldsymbol{b}_{X_k}=\dot{\boldsymbol{\phi}}\boldsymbol{b}_{X_{k-1}}+\boldsymbol{b}_{\phi_X}+\boldsymbol{b}_{\phi_w}-\boldsymbol{J}_k\left[\dot{\boldsymbol{h}}_k\dot{\boldsymbol{\phi}}_X\boldsymbol{b}_{X_{k-1}}+\boldsymbol{b}_{h_X}+\boldsymbol{b}_{h_w}+\frac{1}{2}\dot{\boldsymbol{h}}(\boldsymbol{b}_{\phi_X}+\boldsymbol{b}_{\phi_w})\right] \tag{6.46}$$

式(6.46)表明，二阶非线性卡尔曼滤波仍是有偏的。将该式与扩展卡尔曼滤波的偏差(式(6.30))比较可以看出，一般情况下二阶非线性卡尔曼滤波的偏差量

比扩展卡尔曼滤波大，因此二阶非线性滤波非但不能改善一阶滤波估值的偏差，甚至会得到偏差更大的估值。当然，有时也可能存在二阶滤波估值的偏差小于一阶滤波的情况。研究表明，直接将误差传播律应用到标准卡尔曼滤波所得的方差—协方差矩阵是不正确的。因此，对于非线性动态系统和非线性测量系统，采用直接由泰勒级数二阶展开式代入标准线性卡尔曼方法导出的二阶非线性滤波的方法不可行。

§6.4　GPS 动态卡尔曼滤波

卡尔曼滤波在动态系统状态参数估值中，不但利用了当前观测时刻的观测值，还充分利用了以前的观测数据，并根据线性最小方差原理求出最优估计。此外，在求解时不需要存储大量的观测数据，仅需前一个时刻的估值、相应的方差矩阵和必要的先验信息。当得到新的观测数据时，可利用以前所有观测信息得到新实时的滤波值。因此，卡尔曼滤波技术在 GPS 动态定位中被广泛采用。本节主要研究伪距动态定位的卡尔曼滤波。

动态 GPS 需要确定一系列随时间变化的点位坐标和速度，即要确定七维状态参数（三维位置坐标、三维速度和一维时间）。由于在动态定位中，时间是已知的自变量，因此取位置坐标和速度为状态参数，表示为

$$\boldsymbol{X}(t)=[\boldsymbol{S}(t)\quad \boldsymbol{V}(t)]^{\mathrm{T}} \tag{6.47}$$

式中，$\boldsymbol{S}(t)=[x(t)\quad y(t)\quad z(t)\quad \delta t_R]$，$\boldsymbol{V}(t)=[V_x(t)\quad V_y(t)\quad V_z(t)\quad V_{\delta t}(t)]$。取动态运动的随机加速度为状态系统噪声，即

$$\boldsymbol{a}(t)=[a_x(t)\quad a_y(t)\quad a_z(t)\quad a_{\delta t}]^{\mathrm{T}}$$

则有状态方程为

$$\dot{\boldsymbol{X}}(t)=\boldsymbol{F}(t)\boldsymbol{X}(t)+\boldsymbol{\Gamma}(t)\boldsymbol{w}(t) \tag{6.48}$$

式中

$$\boldsymbol{F}(t)=\begin{bmatrix}\boldsymbol{0} & \boldsymbol{I}\\ \boldsymbol{0} & \boldsymbol{0}\end{bmatrix},\ \boldsymbol{w}(t)=\boldsymbol{a}\left(t\begin{bmatrix}0\\ \boldsymbol{I}\end{bmatrix}\right)$$

其中，$\boldsymbol{I}$ 为 4 阶的单位矩阵。

由于用 GPS 信号测量动态用户的实时位置时，点位是在时间区间 $[t_0,t_n]$ 上一个一个地进行测量的，因此它是一个离散型动态系统。那么有离散型动态系统的状态方程为

$$\boldsymbol{X}_k=\boldsymbol{\Phi}_{k(k-1)}\boldsymbol{X}_{k-1}+\boldsymbol{\Gamma}_{k(k-1)}\boldsymbol{w}_{k-1} \tag{6.49}$$

式中，$\boldsymbol{\Phi}_{k(k-1)}$ 为 8 阶的状态转移矩阵，其值为

$$\boldsymbol{\Phi}_{k(k-1)}=\begin{bmatrix}\boldsymbol{I} & \Delta t_{k-1}\boldsymbol{I}\\ \boldsymbol{0} & \boldsymbol{I}\end{bmatrix}$$

$$\Delta t_{k-1}=t_k-t_{k-1}$$

状态系统随机噪声系数矩阵为

$$\boldsymbol{\Gamma}_{k(k-1)}=\begin{bmatrix}\frac{1}{2}\Delta t_{k-1}^2\boldsymbol{I}\\ \Delta t_{k-1}\boldsymbol{I}\end{bmatrix}$$

因此式(6.49)的离散化的状态方程为

$$\boldsymbol{X}_k=\begin{bmatrix}\boldsymbol{I} & \Delta t_{k-1}\boldsymbol{I}\\ \boldsymbol{0} & \boldsymbol{I}\end{bmatrix}\boldsymbol{X}_{k-1}+\begin{bmatrix}\frac{1}{2}\Delta t_{k-1}^2\mathbf{I}\\ \Delta t_{k-1}\mathbf{I}\end{bmatrix}\boldsymbol{a}_{k-1} \tag{6.50}$$

对于动态用户，在离散时域上观测GPS信号，获取伪距观测值$D(t_k)$，则有观测值向量的观测方程为

$$\tilde{\boldsymbol{\rho}}_k=h(\boldsymbol{X}_k)+\boldsymbol{\Delta}_k \tag{6.51}$$

式中，$\tilde{\boldsymbol{\rho}}_k$为$t_k$时刻$m$维观测向量，$\boldsymbol{\Delta}_k$为$m$维观测噪声向量，并且

$$h(\boldsymbol{X}_k)=((X_s^j-X)^2+(Y_s^j-Y)^2+(Z_s^j-Z)^2)^{\frac{1}{2}}+C\delta t_k \tag{6.52}$$

由式(6.52)可知，GPS观测方程是非线性方程，为了能采用线性卡尔曼滤波方法进行GPS动态定位，通常是利用泰勒级数取一次项，将式(6.52)线性化，即对点位坐标取近似值有

$$\hat{X}=X^0+\delta X,\ \hat{Y}=Y^0+\delta Y,\ \hat{Z}=Z^0+\delta Z$$

得到

$$\begin{aligned}h(\boldsymbol{X}_k)&=-\frac{(X_s^j-X_k^0)}{D_k^0}\delta X-\frac{(Y_s^j-Y_k^0)}{D_k^0}\delta Y-\frac{(Z_s^j-Z_k^0)}{D_k^0}\delta Z+C\delta t_k+\rho_k^0\\&=[\dot{\boldsymbol{h}}_k\quad \mathbf{0}]\begin{bmatrix}\boldsymbol{S}\\ \mathbf{V}\end{bmatrix}+\rho_k^0\end{aligned} \tag{6.53}$$

式中

$$\dot{\boldsymbol{h}}_k=\begin{bmatrix}-\frac{X_s^j-X_k^0}{D_k^0} & -\frac{Y_s^j-Y_k^0}{D_k^0} & -\frac{Z_s^j-Z_k^0}{D_k^0} & C\end{bmatrix}$$

$$\rho_k^0=((X_s^j-X_k^0)^2+(Y_s^j-Y_k^0)^2+(Z_s^j-Z_k^0)^2)^{\frac{1}{2}}$$

将式(6.53)代入式(6.51)，则有线性观测方程为

$$\boldsymbol{\rho}_k^j=[\dot{\boldsymbol{h}}_k\quad \mathbf{0}]\boldsymbol{X}_k+\rho_k^0+\boldsymbol{\Delta}_k \tag{6.54}$$

那么式(6.50)的状态方程和式(6.54)的观测方程就组成了一个完整的离散型GPS动态系统，即

$$\left.\begin{aligned}\boldsymbol{X}_k&=\begin{bmatrix}\boldsymbol{I} & \Delta t_{k-1}\boldsymbol{I}\\ \boldsymbol{0} & \boldsymbol{I}\end{bmatrix}\boldsymbol{X}_{k-1}+\begin{bmatrix}\frac{1}{2}\Delta t_{k-1}^2\boldsymbol{I}\\ \Delta t_{k-1}\boldsymbol{I}\end{bmatrix}\boldsymbol{a}_{k-1}\\ \tilde{\boldsymbol{\rho}}_k^j&=[\dot{\boldsymbol{h}}_k\quad \mathbf{0}]\boldsymbol{X}_k+\rho_k^0+\boldsymbol{\Delta}_k\end{aligned}\right\} \tag{6.55}$$

对式(6.55)按标准的卡尔曼滤波可进行动态定位，步骤如下。

(1)根据状态向量估值 $\hat{\boldsymbol{X}}_{k-1}$，计算状态向量一步预测值 $\hat{\boldsymbol{X}}_{k(k-1)}$，即

$$\begin{aligned}\hat{\boldsymbol{X}}_{k(k-1)} &= \boldsymbol{\Phi}_{k(k-1)}\hat{\boldsymbol{X}}_{k-1}\\ &= \begin{bmatrix}\boldsymbol{I} & \Delta t_{k-1}\boldsymbol{I}\\ \boldsymbol{0} & \boldsymbol{I}\end{bmatrix}\begin{bmatrix}\hat{\boldsymbol{S}}_{k-1}\\ \boldsymbol{V}_{k-1}\end{bmatrix}\\ &= \begin{bmatrix}\hat{\boldsymbol{S}}_{k-1}+\Delta t_{k-1}\boldsymbol{V}_{k-1}\\ \boldsymbol{V}_{k-1}\end{bmatrix}\end{aligned} \tag{6.56}$$

(2)根据状态向量方差矩阵 $\boldsymbol{D}_{\hat{X}_{k-1}}$ 和系统噪声方差矩阵 $\boldsymbol{D}_{w_{k-1}}$ 计算 $\hat{\boldsymbol{X}}_{k(k-1)}$ 的方差阵 $\boldsymbol{D}_{\hat{X}_{k(k-1)}}$，即

$$\begin{aligned}\boldsymbol{D}_{\hat{X}_{k(k-1)}} &= \boldsymbol{\Phi}_{k(k-1)}\boldsymbol{D}_{\hat{X}_{k-1}}\boldsymbol{\Phi}_{k(k-1)}^{\mathrm{T}} + \boldsymbol{D}_{w_{k-1}}\\ &= \begin{bmatrix}\boldsymbol{I} & \Delta t_{k-1}\boldsymbol{I}\\ \boldsymbol{0} & \boldsymbol{I}\end{bmatrix}\begin{bmatrix}\boldsymbol{D}_{S_{k-1}} & \boldsymbol{D}_{SV_{k-1}}\\ \boldsymbol{D}_{VS_{k-1}} & \boldsymbol{D}_{V_{k-1}}\end{bmatrix}\begin{bmatrix}\boldsymbol{I} & \boldsymbol{0}\\ \Delta t_{k-1}\boldsymbol{I} & \boldsymbol{I}\end{bmatrix} + \begin{bmatrix}\frac{1}{4}\Delta t_{k-1}^{4}\boldsymbol{D}_{a_{k-1}} & \frac{\Delta t_{k-1}^{3}}{2}\boldsymbol{D}_{a_{k-1}}\\ \frac{\Delta t_{k-1}^{3}}{2}\boldsymbol{D}_{a_{k-1}} & \Delta t_{k-1}^{2}\boldsymbol{D}_{a_{k-1}}\end{bmatrix}\\ &= \begin{bmatrix}\boldsymbol{D}_{S_{k-1}}+2\Delta t_{k-1}\boldsymbol{D}_{VS_{k-1}}+\Delta t_{k-1}^{2}\boldsymbol{D}_{V}+\frac{\Delta t_{k-1}^{4}}{4}\boldsymbol{D}_{a_{k-1}} & \boldsymbol{D}_{SV_{k-1}}+\Delta t_{k-1}\boldsymbol{D}_{V_{k-1}}+\frac{\Delta t_{k-1}^{3}}{2}\boldsymbol{D}_{a_{k-1}}\\ \boldsymbol{D}_{VS_{k-1}}+\Delta t\boldsymbol{D}_{V_{k-1}}+\frac{\Delta t_{k-1}^{3}}{2}\boldsymbol{D}_{a_{k-1}} & \boldsymbol{D}_{V_{k-1}}+\Delta t_{k-1}^{2}\boldsymbol{D}_{a_{k-1}}\end{bmatrix}\\ &= \begin{bmatrix}\boldsymbol{D}_{S_{k(k-1)}} & \boldsymbol{D}_{SV_{k(k-1)}}\\ \boldsymbol{D}_{VS_{k(k-1)}} & \boldsymbol{D}_{V_{k(k-1)}}\end{bmatrix}\end{aligned} \tag{6.57}$$

式中，$\boldsymbol{D}_{VS}=\boldsymbol{D}_{SV}$。

(3)计算卡尔曼滤波增益矩阵 $\boldsymbol{J}_k$ 为

$$\begin{aligned}\boldsymbol{J}_k &= \begin{bmatrix}\boldsymbol{D}_{S_{k(k-1)}} & \boldsymbol{D}_{SV_{k(k-1)}}\\ \boldsymbol{D}_{VS_{k(k-1)}} & \boldsymbol{D}_{V_{k(k-1)}}\end{bmatrix}\begin{bmatrix}\dot{\boldsymbol{h}}_k^{\mathrm{T}}\\ \boldsymbol{0}\end{bmatrix}\left(\begin{bmatrix}\dot{\boldsymbol{h}}_k & \boldsymbol{0}\end{bmatrix}\begin{bmatrix}\boldsymbol{D}_{S_{k(k-1)}} & \boldsymbol{D}_{SV_{k(k-1)}}\\ \boldsymbol{D}_{VS_{k(k-1)}} & \boldsymbol{D}_{V_{k(k-1)}}\end{bmatrix}\begin{bmatrix}\dot{\boldsymbol{h}}_k^{\mathrm{T}}\\ \boldsymbol{0}\end{bmatrix}+\boldsymbol{D}_{\Delta k}\right)^{-1}\\ &= \begin{bmatrix}\boldsymbol{D}_{S_{k(k-1)}}\dot{\boldsymbol{h}}_k^{\mathrm{T}}\\ \boldsymbol{D}_{VS_{k(k-1)}}\dot{\boldsymbol{h}}_k^{\mathrm{T}}\end{bmatrix}(\dot{\boldsymbol{h}}_k\boldsymbol{D}_{S_{k(k-1)}}\dot{\boldsymbol{h}}_k^{\mathrm{T}}+\boldsymbol{D}_{\Delta k})^{-1}\end{aligned} \tag{6.58}$$

(4)由状态向量预测值 $\hat{\boldsymbol{X}}_{k(k-1)}$、方差 $\boldsymbol{D}_{X_{k(k-1)}}$ 和增益矩阵 $\boldsymbol{J}_k$ 求 t_k 时刻状态向量的最优估值 $\hat{\boldsymbol{X}}_k$ 和方差 $\boldsymbol{D}_{\hat{X}_k}$，即

$$\begin{aligned}\hat{\boldsymbol{X}}_k &= \hat{\boldsymbol{X}}_{k(k-1)}+\boldsymbol{J}_k(\tilde{\boldsymbol{\rho}}_k-[\dot{\boldsymbol{h}}_k\ \ \boldsymbol{0}]\hat{\boldsymbol{X}}_{k(k-1)})\\ &= \begin{bmatrix}\hat{\boldsymbol{S}}_{k(k-1)}+\boldsymbol{D}_{S_{k(k-1)}}\dot{\boldsymbol{h}}_k^{\mathrm{T}}(\dot{\boldsymbol{h}}_k\boldsymbol{D}_{S_{k(k-1)}}+\boldsymbol{D}_{\Delta k})^{-1}(\tilde{\boldsymbol{\rho}}_k-\dot{\boldsymbol{h}}_k\hat{\boldsymbol{S}}_{k(k-1)})\\ \boldsymbol{V}_{k(k-1)}+\boldsymbol{D}_{VS_{k(k-1)}}\dot{\boldsymbol{h}}_k^{\mathrm{T}}(\dot{\boldsymbol{h}}_k\boldsymbol{D}_{S_{k(k-1)}}+\boldsymbol{D}_{\Delta k})^{-1}\tilde{\boldsymbol{\rho}}_k\end{bmatrix}\end{aligned} \tag{6.59}$$

$$\begin{aligned} \boldsymbol{D}_{\hat{X}_k} &= (\boldsymbol{I} - \boldsymbol{J}_k[\dot{\boldsymbol{h}}_k \quad \boldsymbol{0}])\boldsymbol{D}_{\hat{X}_{k(k-1)}} \\ &= \begin{bmatrix} \boldsymbol{I} - \boldsymbol{D}_{S_{k(k-1)}} \dot{\boldsymbol{h}}_k^{\mathrm{T}} (\dot{\boldsymbol{h}}_k \boldsymbol{D}_{S_{k(k-1)}} \dot{\boldsymbol{h}}_k^{\mathrm{T}} + \boldsymbol{D}_{\Delta k})^{-1} \dot{\boldsymbol{h}}_k & \boldsymbol{I} \\ \boldsymbol{I} - \boldsymbol{D}_{SV} \dot{\boldsymbol{h}}_k^{\mathrm{T}} (\dot{\boldsymbol{h}}_k \boldsymbol{D}_{S_{k(k-1)}} \dot{\boldsymbol{h}}_k^{\mathrm{T}} + \boldsymbol{D}_{\Delta k})^{-1} \dot{\boldsymbol{h}}_h & \boldsymbol{I} \end{bmatrix} \boldsymbol{D}_{\hat{X}_{k(k-1)}} \end{aligned} \tag{6.60}$$

式(6.56)至式(6.60)给出了 GPS 动态伪距定位的卡尔曼滤波方程,由系统的基本方程可知,GPS 动态伪距定位实际上是扩展卡尔曼滤波,并由 §6.2 知扩展卡尔曼滤波的状态估值不是最优解,而是一种有偏估值,具有发散倾向。研究证明,对于动态 GPS 伪距定位,由于坐标精度较低,采用扩展卡尔曼滤波,解的发散性倾向更明显。本书提出一种基于班克罗夫特方法的改进动态卡尔曼滤波,对动态定位解进行改进。

§6.5 班克罗夫特球形非线性最小二乘

到目前为止,GPS 单点绝对定位求解基本采用传统的泰勒级数展开方法将非线性观测方程线性化,在这个过程中,点位近似值的选取对解的最终结果有着重要影响。线性化后的方程按最小二乘求得的解是一个局部区域内的最优解,在求解时,为了提高点位精度,往往采用迭代计算方法。由于近似坐标的取值不同或接收机的位置不同(如其不位于地球表面),故求解结果可能不同,甚至不正确。因此,希望寻求一种解析方法,能够直接进行伪距方程的非线性求解,不必进行线性化和迭代计算。美国的班克罗夫特于 1985 年提出一种称为“闭合形求解”的全局性非线性最小二乘方法,该方法是一种不需已知的定位先验信息、具有代数解析非迭代性的直接解算方法,在计算上有效且结果数值稳定。

班克罗夫特方法主要是依据 $\mathbb{R}^4$ 维空间下的洛伦兹(Lorentz)内积,该洛伦兹内积定义为:在 $\mathbb{R}^4$ 维空间,有向量 $\boldsymbol{g}$、$\boldsymbol{h} \in \mathbb{R}^4$,$\underset{4\times1}{\boldsymbol{g}} = [\underset{3\times1}{\boldsymbol{u}^{\mathrm{T}}} \quad a]^{\mathrm{T}}$,$\underset{4\times1}{h} = [\underset{3\times1}{\boldsymbol{v}^{\mathrm{T}}} \quad b]^{\mathrm{T}}$,定义

$$\langle \boldsymbol{g}, \boldsymbol{h} \rangle = \boldsymbol{g}^{\mathrm{T}} \boldsymbol{M} \boldsymbol{h} = \boldsymbol{u}^{\mathrm{T}} \boldsymbol{v} - ab \tag{6.61}$$

式中

$$\underset{4\times4}{\boldsymbol{M}} = \begin{bmatrix} \underset{3\times3}{\boldsymbol{I}} & \boldsymbol{0} \\ \boldsymbol{0} & -1 \end{bmatrix}$$

根据洛伦兹内积,考查 GPS 伪距方程,由前所述知,对于第 i 颗卫星至用户间的伪距观测值,有方程为

$$\rho^i = \sqrt{(x^i - x)^2 + (y^i - y)^2 + (z^i - z)^2} + C\delta t \tag{6.62}$$

式中,ρ^i 为伪距观测值,δt 为用户接收机钟差。由于 C 为信号传播速度,是一个常数,因此可令 $b = C\delta t$,则式(6.62)为

$$\rho^i - b = \sqrt{(x^i - x)^2 + (y^i - y)^2 + (z^i - z)^2} \tag{6.63}$$

对式(6.63)两边同时平方，有

$$(\rho^i)^2 - 2\rho^i b + b^2 = (x^i - x)^2 + (y^i - y)^2 + (z^i - z)^2$$
$$= (x^i)^2 - 2x^i x + x^2 + (y^i)^2 - 2y^i y + y^2 + (z^i)^2 - 2z^i z + z^2 \tag{6.64}$$

将式(6.64)各项重新组合，可得

$$(x^i)^2 + (y^i)^2 + (z^i)^2 - (\rho^i)^2 - 2(x^i x + y^i y + z^i z - \rho^i b)$$
$$= -(x^2 + y^2 + z^2 - b^2) \tag{6.65}$$

令 GPS 卫星的位置向量为

$$\boldsymbol{S}^i = [x^i \quad y^i \quad z^i]^{\mathrm{T}}$$
$$\boldsymbol{T}^i = [(\boldsymbol{S}^i)^{\mathrm{T}} \quad \rho^i]^{\mathrm{T}}$$

用户位置向量为

$$\boldsymbol{\mu} = [x \quad y \quad z]^{\mathrm{T}}$$
$$\boldsymbol{W} = [\boldsymbol{\mu}^{\mathrm{T}} \quad b]^{\mathrm{T}}$$

那么，根据洛伦兹内积，式(6.65)可表示为

$$\frac{1}{2}\left\langle \begin{bmatrix} \boldsymbol{S}^i \\ \rho^i \end{bmatrix}, \begin{bmatrix} \boldsymbol{S}^i \\ \rho^i \end{bmatrix} \right\rangle - \left\langle \begin{bmatrix} \boldsymbol{S}^i \\ \rho^i \end{bmatrix}, \begin{bmatrix} \boldsymbol{\mu} \\ b \end{bmatrix} \right\rangle + \frac{1}{2}\left\langle \begin{bmatrix} \boldsymbol{\mu} \\ b \end{bmatrix}, \begin{bmatrix} \boldsymbol{\mu} \\ b \end{bmatrix} \right\rangle = 0 \tag{6.66}$$

即

$$\frac{1}{2}\langle \boldsymbol{T}^i, \boldsymbol{T}^i \rangle - \langle \boldsymbol{T}^i, \boldsymbol{W} \rangle + \frac{1}{2}\langle \boldsymbol{W}, \boldsymbol{W} \rangle = 0$$

对每一个观测伪距 $\rho^i (i = 1, 2, \cdots, n)$ 和对应的卫星 S^i，均可列出一个如式(6.66)的方程式。当 $n=4$ 时，即观测 4 颗卫星，获得 4 个伪距观测值，可提供足够的进行定位与求解接收机钟差的相关信息。观测卫星坐标和伪距的矩阵为

$$\boldsymbol{B} = \begin{bmatrix} x^1 & y^1 & z^1 & \rho^1 \\ x^2 & y^2 & z^2 & \rho^2 \\ x^3 & y^3 & z^3 & \rho^3 \\ x^4 & y^4 & z^4 & \rho^4 \end{bmatrix}$$

另外，定义

$$\alpha_i = \frac{1}{2}\langle \boldsymbol{T}^i, \boldsymbol{T}^i \rangle = \frac{1}{2}\left\langle \begin{bmatrix} \boldsymbol{S}^i \\ \rho^i \end{bmatrix}, \begin{bmatrix} \boldsymbol{S}^i \\ \rho^i \end{bmatrix} \right\rangle \tag{6.67}$$

$$\lambda = \frac{1}{2}\langle \boldsymbol{W}, \boldsymbol{W} \rangle = \frac{1}{2}\left\langle \begin{bmatrix} \boldsymbol{\mu} \\ b \end{bmatrix}, \begin{bmatrix} \boldsymbol{\mu} \\ b \end{bmatrix} \right\rangle \tag{6.68}$$

$$\boldsymbol{\tau} = [1 \quad 1 \quad 1 \quad 1]^{\mathrm{T}} \tag{6.69}$$

$$\boldsymbol{\alpha} = [\alpha_1 \quad \alpha_2 \quad \alpha_3 \quad \alpha_4]^{\mathrm{T}} \tag{6.70}$$

那么，由 4 颗观测卫星的伪距列出的式(6.66)可表示为

$$\boldsymbol{\alpha}-\boldsymbol{BM}\begin{bmatrix}\boldsymbol{\mu}\\ b\end{bmatrix}+\lambda\boldsymbol{\tau}=\boldsymbol{0} \tag{6.71}$$

由式(6.71)求解待定未知参数,得

$$\begin{bmatrix}\boldsymbol{\mu}\\ b\end{bmatrix}=\boldsymbol{MB}^{-1}(\lambda\boldsymbol{\tau}+\boldsymbol{\alpha}) \tag{6.72}$$

或 $\boldsymbol{W}=\boldsymbol{MB}^{-1}(\lambda\boldsymbol{\tau}+\boldsymbol{\alpha})$。

由于在式(6.72)中,λ 仍是未知数,且由式(6.68)知 $\lambda=\frac{1}{2}\left\langle\begin{bmatrix}\boldsymbol{\mu}\\ b\end{bmatrix},\begin{bmatrix}\boldsymbol{\mu}\\ b\end{bmatrix}\right\rangle$,因此必须先求出 λ。对式(6.72)两边同乘 $\boldsymbol{M}$,且注意到 $\boldsymbol{MM}=\boldsymbol{I}$,则有

$$\boldsymbol{MW}=\boldsymbol{B}^{-1}(\lambda\boldsymbol{\tau}+\boldsymbol{\alpha}) \tag{6.73}$$

再将式(6.72)转置后,左乘式(6.73),得

$$\begin{aligned}\boldsymbol{W}^{\mathrm{T}}\boldsymbol{MW}&=(\boldsymbol{B}^{-1}(\lambda\boldsymbol{\tau}+\boldsymbol{\alpha}))^{\mathrm{T}}\boldsymbol{M}(\boldsymbol{B}^{-1}(\lambda\boldsymbol{\tau}+\boldsymbol{\alpha}))\\&=(\boldsymbol{B}^{-1}\lambda\boldsymbol{\tau})^{\mathrm{T}}\boldsymbol{M}(\boldsymbol{B}^{-1}\lambda\boldsymbol{\tau})+2(\boldsymbol{B}^{-1}\lambda\boldsymbol{\tau})^{\mathrm{T}}\boldsymbol{M}(\boldsymbol{B}^{-1}\boldsymbol{\alpha})+\\&\quad(\boldsymbol{B}^{-1}\boldsymbol{\alpha})^{\mathrm{T}}\boldsymbol{M}(\boldsymbol{B}^{-1}\boldsymbol{\alpha})\end{aligned} \tag{6.74}$$

根据洛伦兹内积定义式(6.61),并考虑 λ 为一个数值,则式(6.74)可写为

$$\begin{aligned}\langle\boldsymbol{W},\boldsymbol{W}\rangle&=\langle\boldsymbol{B}^{-1}\boldsymbol{\tau},\boldsymbol{B}^{-1}\boldsymbol{\tau}\rangle\lambda^{2}+2\langle\boldsymbol{B}^{-1}\boldsymbol{\tau},\boldsymbol{B}^{-1}\boldsymbol{\alpha}\rangle\lambda+\\&\quad\langle\boldsymbol{B}^{-1}\boldsymbol{\alpha},\boldsymbol{B}^{-1}\boldsymbol{\alpha}\rangle\end{aligned} \tag{6.75}$$

将式(6.68)代入式(6.75),得

$$2\lambda=\langle\boldsymbol{B}^{-1}\tau,\boldsymbol{B}^{-1}\boldsymbol{\tau}\rangle\lambda^{2}+2\langle\boldsymbol{B}^{-1}\boldsymbol{\tau},\boldsymbol{B}^{-1}\boldsymbol{\alpha}\rangle\lambda+\langle\boldsymbol{B}^{-1}\boldsymbol{\alpha},\boldsymbol{B}^{-1}\boldsymbol{\alpha}\rangle$$

或

$$\langle\boldsymbol{B}^{-1}\boldsymbol{\tau},\boldsymbol{B}^{-1}\boldsymbol{\tau}\rangle\lambda^{2}+2(\langle\boldsymbol{B}^{-1}\boldsymbol{\tau},\boldsymbol{B}^{-1}\boldsymbol{\alpha}\rangle-1)\lambda+\langle\boldsymbol{B}^{-1}\boldsymbol{\alpha},\boldsymbol{B}^{-1}\boldsymbol{\alpha}\rangle=0 \tag{6.76}$$

令 $E=\langle\boldsymbol{B}^{-1}\boldsymbol{\tau},\boldsymbol{B}^{-1}\boldsymbol{\tau}\rangle$、$F=\langle\boldsymbol{B}^{-1}\boldsymbol{\tau},\boldsymbol{B}^{-1}\boldsymbol{\alpha}\rangle-1$、$G=\langle\boldsymbol{B}^{-1}\boldsymbol{\alpha},\boldsymbol{B}^{-1}\boldsymbol{\alpha}\rangle$,并代入式(6.76),则有二次型方程为

$$E\lambda^{2}+2F\lambda+G=0 \tag{6.77}$$

对该二次型方程求解,可获得两个解 λ_1、λ_2,将它们代入式(6.72)有

$$\left.\begin{aligned}\begin{bmatrix}\boldsymbol{\mu}\\ b\end{bmatrix}_1&=\boldsymbol{MB}^{-1}(\lambda_1\boldsymbol{\tau}+\boldsymbol{\alpha})\\\begin{bmatrix}\boldsymbol{\mu}\\ b\end{bmatrix}_2&=\boldsymbol{MB}^{-1}(\lambda_2\boldsymbol{\tau}+\boldsymbol{\alpha})\end{aligned}\right\} \tag{6.78}$$

为检验式(6.78)中的两个解哪个为所求参数,可将其分别代入伪距方程反求其伪距值,与原伪距观测值一致的伪距所对应的一组解即为伪距方程的参数解。

式(6.72)给出的解是仅观测 4 颗卫星得到的,即 4 个伪距观测方程的解,但是实际观测时,所观测的卫星数往往大于 4 颗,可获得 n 个伪距观测值($n>4$),则有观测方程为

$$\boldsymbol{B}^{\mathrm{T}}\boldsymbol{P}\boldsymbol{\alpha}-\boldsymbol{B}^{\mathrm{T}}\boldsymbol{P}\boldsymbol{B}\boldsymbol{M}\begin{bmatrix}\boldsymbol{\mu}\\ b\end{bmatrix}+\boldsymbol{B}^{\mathrm{T}}\boldsymbol{P}\lambda\boldsymbol{\tau}=\boldsymbol{0} \tag{6.79}$$

式中，$\boldsymbol{P}$ 为 n 阶对称权矩阵，$\boldsymbol{B}$、$\boldsymbol{\alpha}$、$\boldsymbol{\tau}$ 分别为

$$\boldsymbol{B}=\begin{bmatrix}x^1 & y^1 & z^1 & \rho^1\\ x^2 & y^2 & z^2 & \rho^2\\ \vdots & \vdots & \vdots & \vdots\\ x^n & y^n & z^n & \rho^n\end{bmatrix}$$

$$\boldsymbol{\alpha}=[\alpha_1\quad \alpha_2\quad \cdots\quad \alpha_n]^{\mathrm{T}}$$

$$\underset{n\times 1}{\boldsymbol{\tau}}=[1\quad 1\quad \cdots\quad 1]^{\mathrm{T}}$$

计算 $\boldsymbol{B}^{\mathrm{T}}\boldsymbol{P}\boldsymbol{B}$ 的逆，并定义 $\boldsymbol{B}$ 的广义逆为

$$\boldsymbol{B}^{-}=(\boldsymbol{B}^{\mathrm{T}}\boldsymbol{P}\boldsymbol{B})^{-1}\boldsymbol{B}^{\mathrm{T}}\boldsymbol{P} \tag{6.80}$$

则参数 λ 可由二次方程解出，即

$$\langle\boldsymbol{B}^{-}\boldsymbol{\tau},\boldsymbol{B}^{-}\boldsymbol{\tau}\rangle\lambda^2+2(\langle\boldsymbol{B}^{-}\boldsymbol{\tau},\boldsymbol{B}^{-}\boldsymbol{\alpha}\rangle-1)\lambda+\langle\boldsymbol{B}^{-}\boldsymbol{\alpha},\boldsymbol{B}^{-}\boldsymbol{\alpha}\rangle=0 \tag{6.81}$$

而伪距方程的参数解为

$$\begin{bmatrix}\boldsymbol{\mu}\\ b\end{bmatrix}=\boldsymbol{M}\boldsymbol{B}^{-}(\lambda\boldsymbol{\tau}+\boldsymbol{\alpha}) \tag{6.82}$$

可以看出，式(6.82)实际上是一种最小二乘解，但是它不同于通常的迭代最小二乘。班克罗夫特方法通过解二次方程，获得两组参数解；而迭代最小二乘是一种局部区域解，仅获得一组解，无法获得另一组，而且该解有时可能是不正确的解。之所以存在这种现象，是因为 GPS 伪距方程实际上是洛伦兹内积表示的双曲方程，其几何性质是由卫星位置和包括钟差的伪距构成的四维向量空间定义的双曲空间。它不同于欧氏度量空间下的几何距离方程，且在双曲空间的最优估计和统计性质均与欧氏空间下的有所不同。例如，在欧氏旋转正交组下，几乎所有的高斯分布随机向量的统计性质和相应的统计检验结果不变；而在洛伦兹双曲空间下是相对于洛伦兹内积变换不变的。

式(6.66)可表示为

$$\langle\boldsymbol{T}^i-\boldsymbol{W},\ \boldsymbol{T}^i-\boldsymbol{W}\rangle=0\quad(i=1,2,\cdots,n) \tag{6.83}$$

该方程表示一组中心点位于 $\boldsymbol{T}^i$ 的双圆锥，同时式(6.83)说明，对于观测 4 颗卫星 ($n=4$) 的情况，参数解为所有圆锥的交点(且可能存在 2 个交点)；当观测卫星数多于 4 颗 ($n>4$) 时，由于观测存在观测噪声，故不存在所有圆锥的共同交点。此时班克罗夫特方法取 $\sum_{i=1}^{n}\langle\boldsymbol{T}^i-\boldsymbol{W},\boldsymbol{T}^i-\boldsymbol{W}\rangle^2=\min$，即使超平面 $\boldsymbol{W}$ 到所有圆锥距离最小的参数为方程的解，该参数解被称为洛伦兹范数全局非线性最小二乘解。对于该解的统计性质，一般认为，当伪距噪声服从高斯分布时，GPS 解的概率

密度服从双曲线分布。其统计性质还有待进一步研究。

班克罗夫特方法是一种直接有效求解伪距方程的方法，计算简单，解的几何特性接近GPS伪距方程的几何特性，且可得到一个全局的非线性最小二乘解，较迭代最小二乘方法具有明显的优点。

表6.1给出一个采用班克罗夫特方法的伪距定位实例，在某一观测历元，共观测了5颗GPS卫星，获得了5个相应的GPS伪距观测值。将每4颗卫星伪距观测值组成1组伪距方程，由班克罗夫特闭合解进行定位，共可获得5组闭合解，列于表6.1。

表6.1　班克罗夫特闭合形伪距定位解

组号	符号	定位坐标		
		x/m	y/m	z/m
1	λ_1	−776 901.10	7 011 222.27	−6 354 587.74
	λ_2	595 035.50	−4 856 359.62	4 078 237.14
2	λ_1	−1 303 230.47	4 642 879.48	−5 190 159.12
	λ_2	595 037.19	−4 856 354.13	4 078 234.98
3	λ_1	861 372.66	6 727 309.29	−4 550 450.65
	λ_2	595 030.92	−4 856 358.96	4 078 232.20
4	λ_1	−1 061 927.87	5 079 711.95	−2 948 006.26
	λ_2	595 036.73	−4 856 356.87	4 078 229.49
5	λ_1	−1 970 270.71	1 158 065.17	−8 385 168.84
	λ_2	595 038.09	−4 856 367.65	4 078 239.22

从表6.1可知，用户位置的定位坐标解均为λ_2。

另外，研究发现班克罗夫特非线性最小二乘方法对于粗差具有更强的灵敏性。例如，陶本藻(1998a)在用户自主式完备性监测(receiver autonomous integrity monitoring，RAIM)中进行了模拟计算研究，对6颗卫星的观测值分别用班克罗夫特非线性最小二乘方法和线性化最小二乘方法进行了计算：每组数据中包括1 000个样本子样，第一组是无粗差的，以后每次分别给1颗卫星上加上300 m的粗差，其均方差也为300 m，这样共有7组数据。表6.2和表6.3分别列出班克罗夫特方法和线性化最小二乘的结果。

在无误差时，两种结果相同，均没有发现粗差。而当第一颗卫星存在粗差时，班克罗夫特方法在1 000个样本中共探测出粗差862次，并且有76次准确地定位于卫星1上，而23次错误地定位于卫星3上。而线性化最小二乘方法在发现粗差和粗差定位的能力上均远不如班克罗夫特方法。例如，在卫星1上加粗差时，线性化最小二乘方法仅发现了442次，没有对粗差进行定位。

表 6.2　RAIM 的班克罗夫特方法(含 300 m 粗差)

含粗差卫星	探测次数	定位次数	卫星 1	卫星 2	卫星 3	卫星 4	卫星 5	卫星 6
卫星 1	862	99	76	0	23	0	0	0
卫星 2	769	46	0	31	6	9	0	0
卫星 3	764	46	7	5	34	0	0	0
卫星 4	852	80	0	26	0	54	0	0
卫星 5	995	573	0	0	0	0	571	2
卫星 6	566	9	0	0	0	0	0	9

表 6.3　RAIM 的线性化最小二乘方法(含 300 m 粗差)

含粗差卫星	探测次数	次数	卫星 1	卫星 2	卫星 3	卫星 4	卫星 5	卫星 6
卫星 1	442	0	0	0	0	0	0	0
卫星 2	306	0	0	0	0	0	0	0
卫星 3	293	0	0	0	0	0	0	0
卫星 4	437	1	0	0	0	1	0	0
卫星 5	959	58	0	0	0	0	34	24
卫星 6	199	9	0	0	0	0	0	0

§6.6　GPS 动态定位的非线性滤波法

动态系统的估计常采用卡尔曼滤波，这是由于它引入了状态空间的概念，借助系统的状态转移方程，根据前一时刻的状态估计和当前时刻的观测值来递推新的状态估值，因此卡尔曼滤波更适合于 GPS 动态定位数据的处理。而卡尔曼滤波的最优估计是在线性无偏最小方差估计原理下推得的一种递推滤波方法，即只有在系统的状态方程和观测方程均为线性时，所得到的估值才是无偏的，相应的协方差矩阵的迹最小。GPS 动态定位中，伪距观测值与状态参数(定位参数)是非线性，即为非线性观测方程，因此常采用扩展卡尔曼滤波方法。由 §6.2 可知，扩展卡尔曼滤波是有偏的，不是最优估计。卡尔曼滤波对舍入误差比较敏感，而 GPS 伪距定位中的近似值精度较差，特别是当滤波方程病态时，采用扩展卡尔曼滤波法不仅得不到最优估计，还可能造成滤波发散。同时，由 §6.5 可知，在伪距定位中，由于线性化后伪距方程的解是局部解，故可能丢失正确解值。另外，有人试图利用展开至二次项后的二阶非线性卡尔曼滤波改善扩展卡尔曼滤波估计的性态和结果，但是由 §6.3 可知二阶非线性卡尔曼滤波非但不能改善扩展卡尔曼滤波的性态和结果，有时甚至更差。因此，必须寻找一种对 GPS 伪距动态定位更有效的滤波方法。

本书研究一种基于班克罗夫特非线性闭合形 GPS 方程直接求解的非线性滤

波法。该方法采用一种空间和时间相分离的两步GPS滤波法：首先采用班克罗夫特直接求解法求出在该时刻用户的空间位置，并在这个过程中考虑抗差问题；然后再按时间序列采用滤波方法（如卡尔曼滤波）对GPS位置解进行平滑改正。由于在这种两步非线性GPS滤波中，把第一阶段的班克罗夫特算法的非线性解作为第二阶段滤波的观测值，因此滤波的状态方程和观测方程均为线性，即可以采用标准的卡尔曼滤波法。

GPS伪距动态滤波的第一步（阶段），采用班克罗夫特全局非线性最小二乘方法求该时刻的用户接收机位置的定位参数及接收机钟差，利用观测卫星的位置参数及相应的伪距观测值，建立伪距观测方程，即

$$\rho^i=\sqrt{(x^i-x)^2+(y^i-y)^2+(z^i-z)^2}+C\delta t\quad(i=1,2,\cdots,n)$$

或

$$(\rho^i-b)^2=\|\boldsymbol{S}^i-\boldsymbol{W}\|^2$$

式中，ρ^*、b、$\boldsymbol{S}^i$、$\boldsymbol{W}$等符号的意义与§6.5中对应符号的意义相同，且由洛伦兹内积有

$$\frac{1}{2}\langle\boldsymbol{T}^i,\boldsymbol{T}^i\rangle-\langle\boldsymbol{T}^i,\boldsymbol{W}\rangle+\frac{1}{2}\langle\boldsymbol{W},\boldsymbol{W}\rangle=0$$

或

$$\langle\boldsymbol{T}^i-\boldsymbol{W},\ \boldsymbol{T}^i-\boldsymbol{W}\rangle=0$$

当$n>4$时，由于观测中存在误差，伪距观测方程组中不存在使各方程同时等于零的定位参数，因此观测方程可表示为

$$v_i=\sqrt{(x^i-x^2)+(y^i-y)^2+(z^i-z)^2}-b-\rho^i\quad(i=1,2,\cdots,n)\tag{6.84}$$

并满足

$$\langle\boldsymbol{T}^i-\boldsymbol{W},\ \boldsymbol{T}^i-\boldsymbol{W}\rangle=\min\tag{6.85}$$

在式(6.85)的条件下求解定位参数及接收机钟差，由式(6.79)至式(6.82)的求解方程为

$$\boldsymbol{B}^{\mathrm{T}}\boldsymbol{P\alpha}-\boldsymbol{B}^{\mathrm{T}}\boldsymbol{PBMW}+\boldsymbol{B}^{\mathrm{T}}\boldsymbol{P}\lambda\boldsymbol{\tau}=0$$

$$\boldsymbol{W}=\begin{bmatrix}\boldsymbol{\mu}\\b\end{bmatrix}=\boldsymbol{MB}^{-}(\lambda\boldsymbol{\tau}+\boldsymbol{\alpha})$$

参数λ可由式(6.81)解出λ_1、λ_2，相应地将获得方程的两组解W_1、W_2，再将两组解分别代入伪距观测方程，可判断出哪个解为用户位置的定位参数，哪个为钟差。

由式(6.79)建立的方程利用了所有伪距观测及卫星位置信息。但是，在定位中，无论是卫星位置还是伪距观测值均可能由某种因素导致定义存在粗差，如不健康的卫星、伪距噪声码传播或复制问题等造成粗差。由带粗差的卫星坐标及伪距

建立的观测方程存在模型误差，将其加入求解方程必会影响定位结果。因此，在求解时必须考虑粗差的发现与定位，使方法具有抗差能力。尽管研究表明，班克罗夫特方法比线性化最小二乘方法对粗差灵敏，较容易发现存在的粗差，但对粗差定位仍存在问题。为了提高班克罗夫特方法的抗差能力，本节将稳健估计法引入班克罗夫特方法。设 GPS 观测噪声服从污染正态分布，认为存在随机模型误差，对不同的观测值选取不同的等价权，经迭代计算后，含粗差观测方程的权减小或等于零，从而达到定位粗差、消除或削弱其对参数解的不良影响的目的。

其基本思想为：将由班克罗夫特方法求出的定位参数代入式(6.84)，求出相应的改正数 $v_i(i=1,2,\cdots,n)$，再根据各改正数求相应的等价权，即

$$\bar{p}_{ij}=\begin{cases}p_{ij}, & |v_j/\sigma|<k_0\\ p_{ij}\omega_j, & k_0\leqslant|v_j/\sigma|<k_1\\ 0, & |v_j/\sigma|>k_1\end{cases} \tag{6.86}$$

式中，$\omega_j=\dfrac{k_0}{|v_j/\sigma|}d_j^2$、$d_j=\dfrac{k_1-|v_j/\sigma|}{k_1-k_0}(0\leqslant d_j\leqslant 1;0\leqslant\omega_j\leqslant 1)$。将由式(6.86)获得的等价权矩阵 $\bar{\boldsymbol{P}}$ 取代班克罗夫特方法的权矩阵 $\boldsymbol{P}$，有

$$\boldsymbol{B}_{m+1}^{-}=(\boldsymbol{B}^{\mathrm{T}}\bar{\boldsymbol{P}}_{m+1}\boldsymbol{B})^{-1}\boldsymbol{B}^{\mathrm{T}}\boldsymbol{P}_{m+1}^{-1}$$

将上式重新代入班克罗夫特方法中，求解定位参数 $\boldsymbol{W}_{m+1}=[\boldsymbol{\mu}_{m+1}\quad b_{m+1}]^{\mathrm{T}}$，$m$ 表示迭代次数。通过逐次迭代计算，使含有粗差的观测方程的权逐渐减小，相应的伪距观测方程在参数求解中的作用减弱，直到满足式(6.87)时，停止迭代，即

$$\max|\boldsymbol{W}_{m+1}-\boldsymbol{W}_m|<\varepsilon \tag{6.87}$$

此时，$\boldsymbol{W}_{m+1}$ 为抗差班克罗夫特方法在 t 时刻的解，即求得用户在该时刻的空间位置 $\boldsymbol{W}=[x\quad y\quad z\quad b]^{\mathrm{T}}$。

这时再进行第二步的滤波估计，将用户位置作为动态用户在时间序列上的量，把由班克罗夫特方法求得的空间参数作为观测向量，建立标准的卡尔曼滤波状态方程和观测方程，对其进行滤波平滑。该状态方程和观测方程为

$$\left.\begin{aligned}\boldsymbol{X}_k&=\boldsymbol{\Phi}_{k(k-1)}\boldsymbol{X}_{k-1}+\boldsymbol{\Gamma}_{k(k-1)}\boldsymbol{\Omega}_{k-1}\\ \boldsymbol{X}_k&=[\boldsymbol{I}\quad 0]\boldsymbol{X}_k+\boldsymbol{\Delta}_k\end{aligned}\right\} \tag{6.88}$$

式中，状态向量为 $\boldsymbol{X}_k=[\boldsymbol{W}_k\quad \boldsymbol{V}_k]$，$\boldsymbol{V}_k$ 为速度参数向量；$\boldsymbol{\Omega}_{(k-1)}$ 为状态噪声(此处为加速度)；$\boldsymbol{I}$ 为单位矩阵；$\boldsymbol{\Gamma}$ 为状态系统随机噪声系数矩阵。那么，标准卡尔曼滤波的增益矩阵为

$$\begin{aligned}\boldsymbol{J}_k&=\boldsymbol{D}_{X_{k(k-1)}}\begin{bmatrix}\boldsymbol{I}\\0\end{bmatrix}\left([\boldsymbol{I}\quad 0]\boldsymbol{D}_{X_{k(k-1)}}\begin{bmatrix}\boldsymbol{I}\\0\end{bmatrix}+\boldsymbol{D}_{B_{\Delta k}}\right)^{-1}\\ &=\begin{bmatrix}\boldsymbol{D}_{W_{k(k-1)}}\\ \boldsymbol{D}_{VW_{k(k-1)}}\end{bmatrix}(\boldsymbol{D}_{W_{k(k-1)}}+\boldsymbol{D}_{B_{\Delta k}})^{-1}\end{aligned} \tag{6.89}$$

采用班克罗夫特方法的位置向量和钟差作为卡尔曼滤波的观测量，用标准卡尔曼滤波求解的一个关键问题是获得其协方差矩阵 $\boldsymbol{D}_{B_{\Delta k}}$。该协方差矩阵在滤波中起重要作用。

定位的协方差矩阵取决于伪距的测量精度、卫星的健康状况、星历龄、卫星信号的噪声比等因素，此外，定位精度与观测卫星和用户之间构成的几何状态有极强的关系，因此通常取几何位置精度衰减因子(GDOP)为空间定位的衡量指标。其定义为

$$\mathrm{tr}(\boldsymbol{H}^{\mathrm{T}}\boldsymbol{P}\boldsymbol{H})-1=GDOP \tag{6.90}$$

因此班克罗夫特定位参数和钟差的协方差为

$$\boldsymbol{D}_{B_{\Delta k}}=(\boldsymbol{H}^{\mathrm{T}}\boldsymbol{P}\boldsymbol{H})^{-1} \tag{6.91}$$

式中，$\boldsymbol{H}=[n_1^{\mathrm{T}}\quad n_2^{\mathrm{T}}\quad\cdots\quad n_n^{\mathrm{T}}]$，$\boldsymbol{n}_i$ 为由第 i 颗卫星指向用户的单位矢量，即

$$\boldsymbol{n}_i=\begin{bmatrix}\dfrac{x^i-x}{r^i} & \dfrac{y^i-y}{r^i} & \dfrac{z^i-z}{r^i}\end{bmatrix}$$

$$r^i=\sqrt{(x^i-x)^2+(y^i-y)^2+(z^i-z)^2}$$

将定位及钟差观测值协方差矩阵代入式(6.89)中，可求出增益矩阵 $\boldsymbol{J}_k$，以及 t_k 时刻 $\boldsymbol{X}_k$ 的状态参数及其方差矩阵，即

$$\hat{\boldsymbol{X}}_k=\hat{\boldsymbol{X}}_{k(k-1)}+\boldsymbol{J}_k(\boldsymbol{X}_k-\hat{\boldsymbol{X}}_{k(k-1)}) \tag{6.92}$$

$$\boldsymbol{D}_{\hat{X}_k}=(\boldsymbol{I}-\boldsymbol{J}_k[\boldsymbol{I}\quad\boldsymbol{0}])\boldsymbol{D}_{\hat{X}_{k(k-1)}} \tag{6.93}$$

式中

$$\hat{\boldsymbol{X}}_{k(k-1)}=\boldsymbol{\Phi}_{k(k-1)}\hat{\boldsymbol{X}}_{k-1} \tag{6.94}$$

$$\boldsymbol{D}_{X_{k(k-1)}}=\boldsymbol{\Phi}_{k(k-1)}\boldsymbol{D}_{X_{(k-1)}}\boldsymbol{\Phi}_{k(k-1)}^{\mathrm{T}}+\boldsymbol{\Gamma}_{k(k-1)}\boldsymbol{D}_{k(k-1)}\boldsymbol{\Gamma}_{k(k-1)}^{\mathrm{T}} \tag{6.95}$$

为了进一步研究两步方法的有效性，对某 GPS 测站连续观测 8 颗卫星的数据，分别采用班克罗夫特非线性代数直接法、班克罗夫特方法加两步滤波平滑法和扩展卡尔曼滤波法，计算了每一个观测历元的解，如图 6.1、图 6.2 和图 6.3 所示。由于该测站能提供长期连续观测的数据，因此有较精确的测站坐标值，可将其视为标准值，并将所求得各解与其比较。图中的横坐标为历元时间，纵坐标为相对于标准坐标的差。三幅图中(a)、(b)、(c)分别代表 x 坐标差、y 坐标差、z 坐标差。比较图 6.1、图 6.2、图 6.3 和将三种解算图综合在一起的图 6.4，可以看出，两步滤波法较好地平滑了班克罗夫特非线性代数直接法的解，而扩展卡尔曼滤波法的效果最差。为了便于计算，本书采用了静态数据，而动态数据可获得相同的结果。

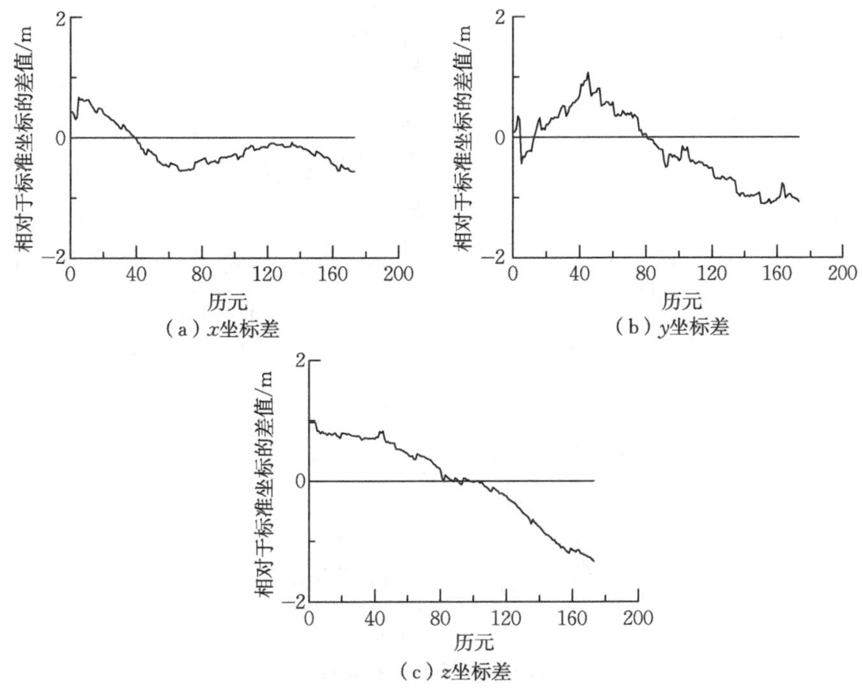

图 6.1　班克罗夫特非线性代数直接法

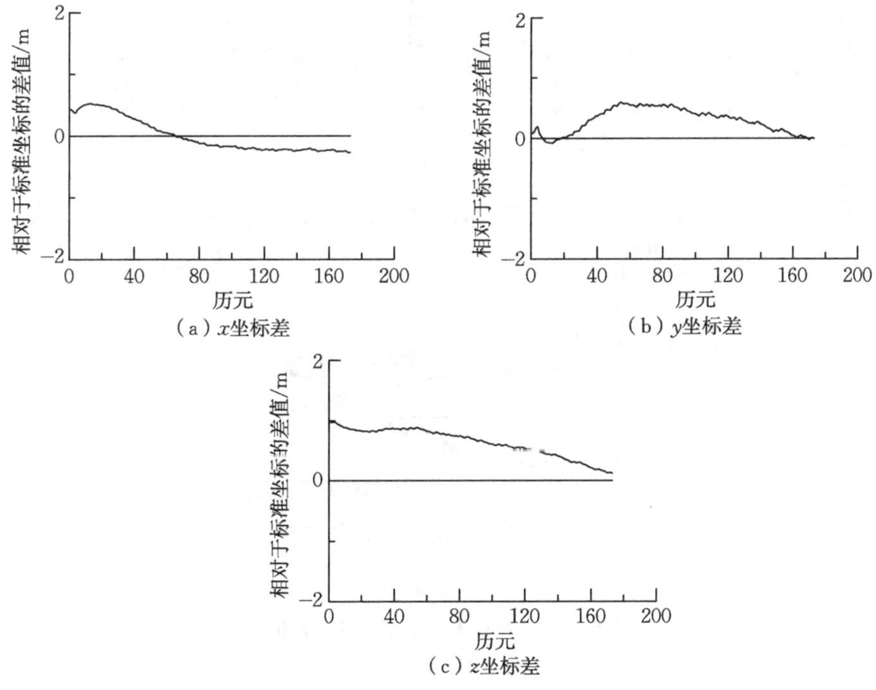

图 6.2　两步滤波平滑法

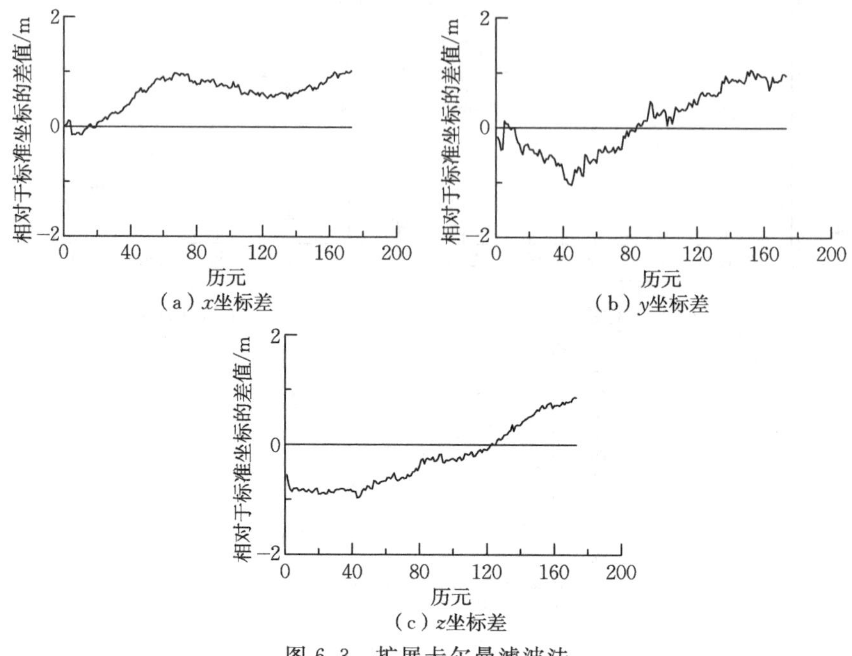

图 6.3 扩展卡尔曼滤波法

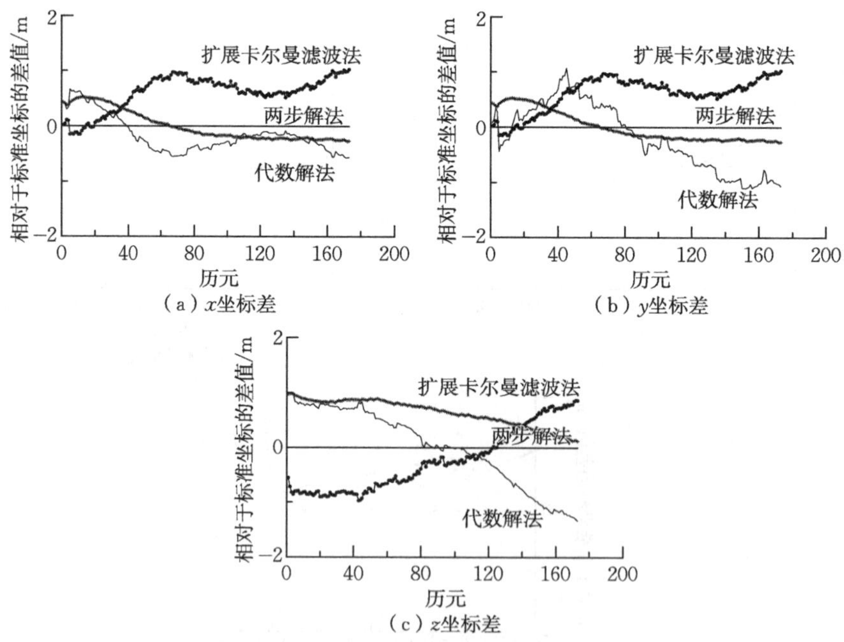

图 6.4 三种解非线性方法综合图法

第7章　结论与建议

进入21世纪，科学技术迅猛发展，世界进入了以信息时代为主要标志的知识经济社会。传统的测绘技术已从静态、单向、线性的应用模式，转变为动态、多向、非线性的应用模式。因此，不仅测绘者的观念需要根本的转变，而且测绘的相关理论也需要新的发展与变革。传统的以线性近似研究非线性问题的方法已完全不能满足现代测绘科技发展的需要，非线性理论及普适性的非线性数据处理方法成为重要的研究领域与课题。

本书的核心内容是研究基于非线性最小二乘的数据处理理论与方法，以及其在GPS空间定位领域的应用。针对在非线性测量数据处理理论与实际应用领域中存在的问题，本书在由非线性模型空间层次建立的相应的数据处理理论与方法、具有大范围收敛的非线性问题的数值解算方法、近代数据处理的非线性数据处理方法，特别是GPS中的非线性问题的处理理论和处理方法等方面，进行了较系统和较深入的研究，获得了一些有益的结论和建议。

§7.1　主要结论

(1)非线性参数估计理论及方法。非线性参数估计理论包括：在观测子样与估计参数间建立正确的函数模型，选择估计准则函数，选择参数估计的数值解算方法。非线性参数估计一般均选择非线性最小二乘准则，即

$$\boldsymbol{V}^{\mathrm{T}}\boldsymbol{V}=\|\boldsymbol{V}\|^{2}=\|\boldsymbol{f}(\hat{\boldsymbol{X}})-\boldsymbol{Y}\|^{2}=\min \tag{7.1}$$

非线性模型的非线性程度称为非线性强度，可由固有曲率和参数效应曲率(或曲率立体阵)来描述。非线性模型线性近似的容许曲率给出了判断某一非线性模型能否线性近似的指标。对于非线性强度较强的模型，应采用非线性的参数估计方法。本书分析、研究了应用最广泛的牛顿类迭代法，包括拟牛顿法、线性搜索下降法和信赖区域法。给出了各种常用迭代法之间的关系及其收敛特性。高斯-牛顿法、改进的高斯-牛顿法、阻尼最小二乘法分别是小余量残差时的拟牛顿法、线性搜索下降法和信赖域法取一阶偏导数的特例。牛顿类迭代法均存在对迭代初值依赖性强、局部收敛的问题，尽管线性搜索下降法和信赖域法收敛的区域增大，但仍不是全局收敛。本书分析了非线性模型展开至二阶项、三阶项参数估计的直接求解法，该方法无须迭代，且较线性化方法求解精度高。但是，由于求解过程中两次取近似值，存在大余量残差，仍存在求解模型误差。随机搜索法是一种无须求导、具有全

局收敛的非线性参数估计法,但是搜索时间长,且求解应用模型不成熟。

(2)非线性同伦方法。本书研究了由 Chow 等提出的连续同伦方法,该方法是一种具有大范围收敛、可进行并行计算的非线性模型的数值解法。同伦方法的基本思想是:对于非线性方程 $f(x)=0$,通过构造同伦函数

$$H(t,x)=\tan(x)+(1-t)f(x) \tag{7.2}$$

连续跟踪 $t\in[0,1]$ 的同伦曲线,当 $t=0$ 时,$H(t,x)=f(x)=0$ 时的解即为原非线性方程的解。同时,由微分拓扑概念证明了同伦函数解的唯一存在性和具有大范围收敛的特点。本书通过同伦方法的研究及非线性方程的实际算例,证明同伦方法具有大范围收敛的特点,特别当牛顿类迭代法不收敛时,该方法仍能基本保持原有的精度,收敛于原问题的参数解。因此,同伦方法是一种有效的解非线性方程的数值方法。

(3)非线性同伦最小二乘法。针对非线性最小二乘法的特点,本书研究并提出了基于同伦方法的非线性最小二乘平差方法,推导并建立了非线性同伦最小二乘模型与求解非线性最小二乘的同伦解算方法。研究表明,对于精度较差的初始值,采用非线性同伦最小二乘法,仍能精确地获得原方程的解,因此非线性同伦最小二乘平差可以使参数估计值大范围、稳定地收敛于原参数估值。

(4)近代平差问题中的非线性估计。当平差(参数估计)问题秩亏时,或当参数估计方程病态时,或当观测子样不仅包含偶然误差,还包含粗差、系统误差时,传统经典线性最小二乘均无法解决问题,只能应用现代平差理论。但是,对于非线性秩亏,特别是病态问题与含粗差的数据的处理,现代平差理论基本没有涉及。本书研究了非线性秩亏问题的参数估计,提供了可以同时求解秩亏模型和满秩模型的非线性同伦最小二乘参数估计统一模型。首次提出并研究了非线性病态最小二乘参数估计,讨论了非线性同伦理论用于病态方程的方法,采用该方法可有效改善方程的病态性,可获得较接近原问题解的稳定解。考虑观测子样中可能会含有粗差污染,将稳健估计引入非线性同伦最小二乘法,使该方法具有抗粗差干扰的能力。

(5)GPS 非线性问题的数据处理。在 GPS 数据处理中,存在不少的非线性模型,如 GPS 定位模型、GPS 基线向量模型、GPS 坐标转换模型及 GPS 网平差模型等。目前,流行的软件中基本采用线性化的高斯-牛顿迭代法。但是 GPS 数据处理时的坐标初始值精度往往不高,有时可能会偏离几十米,导致参数估值结果不正确或不收敛。针对这些问题,本书在研究 GPS 各种数据处理的非线性模型的形式及特点的基础上,将非线性同伦方法引入 GPS 非线性数据处理,推导建立了 GPS 伪距单点定位的非线性同伦模型、GPS 基线向量的非线性同伦最小二乘模型、GPS 坐标转换的非线性同伦模型及 GPS 平差的非线性同伦模型,并建立了相应的方法。计算表明,当 GPS 的坐标值精度较差时,该方法可获得较稳定的解。

(6)非线性 GPS 动态两步滤波法。GPS 动态定位常采用卡尔曼滤波方法。由

于 GPS 观测方程是非线性的，因此 GPS 动态数据处理实际上采用的是扩展卡尔曼滤波，即通过将观测方程展开至一次项线性化后的动态滤波。研究表明，扩展卡尔曼滤波存在忽略项，使其存在发散倾向，且估计量为有偏估计，并非真正的卡尔曼滤波。而二阶非线性卡尔曼滤波不仅难以改善估计量的偏差，有时还会使结果更坏。因此，本书引入球形非线性最小二乘的闭合方法——班克罗夫特数值方法，并以此方法为基础提出了两步滤波的非线性参数值代数解的卡尔曼滤波法。该方法将 GPS 滤波问题中的空间与时间分离：先在空间域上，利用基于非线性最小二乘的班克罗夫特代数解法，求解动态系统的观测方程；再在时间域上，以此为基础利用卡尔曼滤波平滑状态参数解算。两步非线性卡尔曼滤波无信息丢失，实例显示该方法具有较好的参数估计值解和统计特性。

§7.2　建议与展望

本书提出的非线性同伦方法如其他基于非线性空间的数据处理方法一样，不仅求解的理论模型较线性空间的求解模型复杂，而且计算工作量也较线性空间大得多。但是，当今计算机技术的高速发展，为各种复杂计算提供了强有力的计算工具。因此，无论在计算能力还是在计算速度上，现在的计算机技术完全可以胜任有关非线性问题的求解工作。而现代测绘技术的数据处理模型的复杂性和高精度性，要求人们研究、提出相应的接近客观实际的、高精度的数据处理方法，所以用较大的计算工作量换取精度的提高是值得且可行的。综上撰述，本书所提出的非线性同伦最小二乘法等方面的研究，是非常具有实际意义的。

由于非线性问题的理论研究远比线性问题的研究复杂得多、困难得多，因此其理论发展还很不成熟和完善，在未来仍是一个非常重要的研究领域。尽管本书在前人研究的基础上，从非线性空间出发，就非线性最小二乘的数值求解方法，特别是近代数据处理非线性模型的求解方法及其在 GPS 中的应用等几方面进行了较深入的研究，但是在有关非线性空间数据处理理论、非线性误差传播律和精度评定、非线性动态卡尔曼滤波、非线性数据处理方法在地理信息系统和航空摄影与遥感等现代测绘技术领域的应用方面，仍有许多待进一步研究、探讨的问题。总之，非线性理论与科学仍是一个充满未知、值得倾心研究的学科领域。

参考文献

白亿同,1991a.非线性最小二乘平差迭代解法的收敛性[J].武汉测绘科技大学学报,16(2):92-95.

白亿同,1991b.从黎曼流形的观点看非线性最小二乘平差[J].武汉测绘科技大学学报,16(4):78-84.

白中冶,1999.一类非线性代数方程组的并行迭代算法[J].计算数学,21(4):408-416.

柴洪洲,崔岳,2001.抗差卡尔曼滤波在GPS动态定位中的应用[J].测绘学院学报,18(1):12-15.

陈希孺,王松桂,1987.近代回归分析[M].合肥:安徽教育出版社.

陈小明,1997.高精度GPS动态定位的理论与实践[D].武汉:武汉测绘科技大学.

陈忠,黄惠,2003.求解非线性最小二乘问题的迭代法[J].武汉大学学报(理学版),49(1):14-16.

崔希璋,1992.广义测量平差[M].北京:测绘出版社.

侍乐媛,1987.求解非线性方程组的连续极小化方法[J].计算数学,9(4):438-445.

党亚民,1997.矩阵扰动分析及其在大地测量反演误差分析中的应用[J].大地测量与地球动力学(4):173-182.

党亚民,1998.基于反演理论的大地测量形变分析与解释的理论和方法[D],武汉:武汉测绘科技大学.

党亚民,陈俊勇,晁定波,1999.模拟退火算法及其在大地测量反演中的应用[J],测绘科学(1):13-17.

邓乃扬,1982.无约束最优化计算方法[M].北京:科学出版社.

董绪荣,1998.GPS/INS组合导航定位及其应用[M].长沙:国防科技大学出版社.

董绪荣,陶大欣,1997.一个快速Kalman滤波方法及其在GPS动态数据处理中的应用[J].测绘学报,26(3),221-227.

范东明,2001.非线性最小二乘参数平差迭代算法[J].测绘学院学报,18(3):173-175.

范萌,1995.非线性科学——21世纪极富挑战性的研究[J].科技导报(10):3-5.

方开泰,张金廷,1993.非线性回归模型参数估计的一个新算法[J].应用数学学报,16(3):366-377.

宫秀军,于华,陶华学,1999.非线性参数平差模型的非线性度量[J],勘察科学技术(5):44-48.

国家自然科学基金委员会,1994.大地测量学:自然科学学科发展战略报告[M].北京:科学出版社.

韩晓冬,2000.GPS定位技术中非线性理论与应用研究[D].徐州:中国矿业大学.

韩晓冬,郑作亚,卢秀山,等,1999.GPS基线向量非线性模型[J].矿山测量(3):7-9.

胡丛玮,刘大杰,2002.基于方差分量估计原理的自适应卡尔曼滤波及其应用[J].测绘学院学报,19(1):15-29.

胡桂武,刘晓斌,1999.非线性不可微方程的迭代解法[J].杭州大学学报,26(1):1-6.

胡家赣,1997.线性代数方程组的迭代解法[M].北京:科学出版社.

胡明诚,鲁福,1993.现代大地测量学(上、下)[M].北京:测绘出版社.

胡圣武,陶本藻,1997.非线性模型的误差传播及其在GIS中的应用[J].武汉测绘科技大学学报,22(2):129-131.

胡雁玲,1999.线性赋范空间一类非线性方程的迭代解[J].安徽大学学报,23(2):20-24.

胡召玲,刘国林,宫秀军,1999.变形监测网的非线性混合动态优化设计[J].勘察科学技术(1):45-50.

胡志刚,花向红,李昭,等,2008.基于同伦方法的非线性测量模型参数估计[J].武汉大学学报(信息科学版),33(9):930-933.

黄维彬,1992.近代平差理论及其应用[M].北京:解放军出版社.

黄象鼎,曾钟钢,马亚南,2000.非线性数值分析[M].武汉:武汉大学出版社.

黄幼才,1987.岭估计及其应用[J].武汉测绘科技大学学报,12(4):64-73.

孔敏,沈祖和,1999.解非线性方程组的极大熵方法[J].高等学校计算数学报(1):1-7.

李滨,马晓芳,赵英良,1999.拟高斯-牛顿法的收敛性分析[J].工程数学学报,16(2):104-108.

李朝奎,2001.非线性模型空间测量数据处理理论及其应用[D].长沙:中南大学.

李朝奎,黄力民,张玉池,等,2001a.线性与非线性函数空间测量平差效果比较[J].矿产与地质,15(1):392-395.

李朝奎,黄力民,曾卓乔,2001b.非线性测量平差与数据处理方法研究[J].勘察科学与技术(2):44-48.

李朝奎,黄力民,曾卓乔,等,2001c.非线性函数空间平差方程的解法及其特征[J].测绘学院学报,18(18):8-12.

李朝奎,黄力民,王志忠,2000.非线性函数泰勒一阶和二阶泰勒展开截留项下的平差效果[J].湘潭矿业学院学报,15(3):91-94.

李大侃,1994.常微分方程数值解[M].杭州:浙江大学出版社.

李德仁,1988.误差处理和可靠性理论[M].北京:测绘出版社.

李洪涛,1999.GPS应用程序设计[M].北京:科学出版社.

李庆海,陶本藻,1982.概率统计原理和在测量中的应用[M].北京:测绘出版社.

李庆扬,关治,白峰杉,2000.数值计算原理[M].北京:清华大学出版社.

李庆扬,莫孜中,祁力群,1999.非线性方程组的数值解法[M].北京:科学出版社.

李庆扬,谢金星,1991.解非线性最小二乘问题的连续极小化方法[J].数值计算与计算机应用,12(4):215-223.

李述山,2005.多源多维多类型多精度非线性数据处理中若干问题的研究[D].青岛:山东科技大学.

刘大杰,1997.大地坐标转换与GPS控制网平差计算及软件系统[M].上海:同济大学出版社.

刘大杰,黄加纳,1987.非线性最小二乘平差的迭代解法[J].武测科技(4):25-31.

刘国林,1998.非线性平差的理论研究[D].徐州:中国矿业大学.

刘国林,陶华学,1997a.非线性观测值函数的协方差和协因数传播及其权倒数[J].测绘工程(2):8-16.

刘国林,韩晓东,1997b.一种顾及二次项的非线性条件平差法[J].勘察科学与技术(6):46-51.

刘经南,佘彬彬,1990.不同类三维空间定位联合处理的坐标转换模型[J].武汉测绘科技大学学报,21(2):48-57.
刘勇,康主山,陈毓屏,1997.非数值并行算法——遗传算法[M].北京:科学出版社.
吕志平,1987.坐标转换中各种相似变换模型的等价性[J].解放军测绘学院学报(2):17-23.
马晓芳,1996.非线性最小二乘问题数值方法[D].西安:西安交通大学.
马晓芳,赵英良,1996.非线性最小二乘的一个分裂开关算法[J].工程数学学报(1):30-36.
宁伟,2005.非线性最小二乘测量平差与空间数据[D].青岛:山东科技大学.
欧阳全欢,2010.非线性同伦最小二乘理论研究及其应用[D].成都:西南交通大学.
隋立芬,1995.抗差岭估计的误差影响测度[J].测绘学报,24(5):14-19.
隋立芬,1994.抗差岭估计原理及其应用[J].测绘通报(1):9-12.
孙继广,1989.矩阵扰动分析[M].北京:科学出版社.
唐利民,2009a.NLS问题的正则化修正高斯-牛顿法[J].工程勘察,37(6):58-61.
唐利民,2009b.非线性最小二乘问题的一种正则同伦迭代解法[J].工程勘察,37(10):66-70.
陶本藻,1984.自由网平差与变形分析[M].北京:测绘出版社.
陶本藻,1992.测量数据统计分析[M].北京:测绘出版社.
陶本藻,1998a.非线性与线性平差偏差的分布特征[J].测绘工程(4):7-12.
陶本藻,1998b.关于测量中非线性模型估计问题[J].测绘通报(2):6-8.
陶本藻,胡圣武,1997.非线性模型的平差[J].测绘信息与工程(3):26-29,33.
陶华学,王尤选,1998.变形监测网的非线性混合优化设计[J].矿山测量(2):26-29.
陶华学,2000.监测网非线性二类动态优化设计不依赖导数的解算模型[J].矿山测量(1):33-35.
陶华学,李桂苓,1999a.现代变形监测布网方案的非线性多目标优化算法[J].山东矿业学院学报,18(1):1-3.
陶华学,王尤选,1999b.现代变形监测多目标非线性动态优化设计的一个新方法[J].勘察科学技术(3):52-54.
田玉刚,王新洲,花向红,2004.非线性最小二乘估计的遗传算法[J].测绘工程,13(4):6-8.
王德人,1979.非线性方程组解法与最优化方法[M].北京:人民教育出版社.
王德人,1981.非线性最小二乘问题的一个新算法[J].兰州大学学报(3):9-20.
王德人,孙宝云,1991.一类非线性代数方程组的并行算法——适用于MIMD系统[J].计算数学,13(3):297-306.
王广运,1996.差分GPS定位技术与应用[M].北京:电子工业出版社.
王松桂,杨振海,1996.广义逆矩阵及其应用[M].北京:北京工业大学出版社.
王新洲,1997.非线性模型线性近似的容许曲率[J].武汉测绘科技大学学报,22(2):119-121.
王新洲,1999a.非线性模型参数估计的直接解法[J].武汉测绘科技大学学报,24(1):64-67.
王新洲,1999b.非线性模型能否线性化的实用判据[J].武汉测绘科技大学学报,24(2):145-148.
王新洲,2000.非线性模型平差中单位权方差的估计[J].武汉测绘科技大学学报,25(4):358-361.
王新洲,2002.非线性模型参数估计理论与应用[M].武汉:武汉大学出版社.
王则柯,高堂安,1990.同伦方法引论[M].重庆:重庆出版社.

韦博成,1989.近代非线性回归分析[M].南京:东南大学出版社.

魏子卿,葛茂荣,1998.GPS相对定位的数学模型[M].北京:测绘出版社.

吴群英,1998.非线性模型最小二乘估计的渐近正态性[J].桂林工学院学报,18(4):393-400.

武汉测绘科技大学平差教研室,2000.测量平差基础[M].北京:测绘出版社.

徐成贤,1992.广义非线性最小二乘问题的一个分离解法[J].计算数学,14(1):20-26.

徐成贤,徐宗本,1991.矩阵分析[M].西安:西北工业大学出版社.

徐培亮,1986.非线性函数的协方差传播公式[J].武汉测绘科技大学学报,11(2):92-99.

徐庆,高永久,1999.用同伦算法求电子注聚焦理论中一个方程的周期解[J].吉林大学自然科学学报(3):17-20.

徐树方,1995.矩阵计算的理论与方法[M].北京:北京大学出版社.

杨元喜, 张双成, 高为广, 2005. GPS导航解算中几种非线性Kalman滤波的理论分析与比较[J]. 测绘工程, 14(3):4-7.

杨元喜,1993.抗差估计理论及其应用[M].北京:八一出版社.

游为,范东明,2009.基于改进同伦算法的非线性最小二乘平差[M].西南交通大学学报,44(2):181-185.

於宗俦,1993.平差模型误差理论及其应用论文集[M].北京:测绘出版社.

袁亚湘,1994.信赖域方法的收敛性[J].计算数学,16(3):333-346.

袁亚湘,孙文瑜,2001.最优化理论与方法[M].北京:科学出版社.

张勤,范一中,2001.地壳垂直运动的均衡理论及其分析模型[J].测绘学报,30(3):233-237.

张勤,李家权,2001.全球定位系统(GPS)测量原理及其数据处理基础[M].西安:西安地图出版社.

张勤,王利,2000.GPS拟合中的稳健估计[J].城市勘测(4):9-13.

张勤,王利,2001.GPS坐标转换中高程异常误差影响规律研究[J].测绘通报,30(6):12-14.

张勤, 王继刚,赵丽华,等,2002.地壳垂直形变场拟合技术在中国的发展[J].测绘科学,27(3):52-56.

张勤,赵超英,2002.球冠谐分析法用于区域地壳垂直形变场逼近的研究[C]//中国科协2002年学术年会测绘论文集.成都:成都地图出版社.

张双成, 杨元喜, 张勤,等,2007. 一种基于Bancroft算法的GPS动态抗差自适应滤波[J]. 武汉大学学报(信息科学版), 32(4):309-311.

张文修,梁怡,2001.遗传算法的数学基础[M].西安:西安交通大学出版社.

赵改善,1992.求解非线性最优化问题的遗传算法[J].地球物理学进展,7(1):90-97.

郑作亚, 韩晓冬, 黄珹,等,2004. GPS基线向量的非线性解算及精度分析[J]. 测绘学报, 33(1):27-32.

周红文,黄幼才,杨元喜,等,1995.抗差最小二乘法[M].武汉:华工理工大学出版社.

周世健,1996.广义方差—协方差传播律[C]//周江文研究员八十寿辰庆祝会暨现代数据处理学术研讨会.

周忠谟,1984.地面网与卫星网之间转换的数学模型[M].北京:测绘出版社.

周忠谟,易杰军,周琪,1997.GPS卫星测量与应用[M].北京:测绘出版社.

朱华统,1992.大地坐标系的建立[M].北京:测绘出版社.

朱华统,杨元喜,吕志平,1994.GPS坐标系统的变换[M].北京:测绘出版社.

ABEL J S, CHAFFEE J W, 1991. Existence and uniqueness of GPS solutions [J]. IEEE Transactions on Aerospace and Electronic Systems, 27(6):952-956.

AL-BAALI M, FLETCHER R,1985. Variation methods for nonlinear least-squares[J]. Journal of the Operational Research Society, 36(5): 405-421.

BAHR H G, 1985. Second order effects in Gaup-Helmert model [C]//Proceedings of 7th International Symposium on Geodetic Computations, Cracow, Doland.

BAI Z Z,1996. New comparison theorem for the nonlinear multisplitting relaxation method for the nonlinear complementarity problems[J]. Computers & Mathematics with Applications, 32(4): 41-48.

BAI Z Z, WANG D R,1996. A class of parallel nonlinear multisplitting relaxation methods for the large sparse nonlinear complementarity problems [J]. Computers & Mathematics with Applications,32 (8):79-95.

BANCROFT S, 1985. An algebraic solution of the gps equations [J]. IEEE Transactions on Aerospace and Electronic Systems,21(1):56-59.

BATES D M, WATTS D G,1988. Nonlinear regression analysis and its applications[M]. John Wiley & Sons.

BLAHA G,1994. Non-iterative approach to nonlinear least-squares adjustment[J]. Manuscripa Geodation(19):199-212.

BLAHA G,BESSETLER P,1989. Nonlinear least-squares method via an isomorphic geometrical setup[J]. Bulletin Géodésique,63(2):115-137.

BYRD R H, NOCEDAL J, YUAN Y X, 1987. Global convergence of a class of quasi-newton methods on convex problems[J]. SIAM Journal on Numerical Analysis, 24(5):1171-1190.

CERF R, 1998. Asymptotic convergence of genetic algorithms [J]. Advances in Applied Probability, 30(2):521-550.

CHAFFEE J W, ABEL J S, 1992. The GPS filtering problem[C]//IEEE PLANS 92 Position Location and Navigation Symposium Record, Monterey, CA, USA:12-20.

CHAFFEE J W, ABEL J S, 1994. On the exact solution of pseudoranges equations[J]. IEEE Transactions on Aerospace and Electronic Systems,30(4):1021-1029.

CHAFFE J W, KOVACH K, 1996. Bancroft's algorithm is global nonlinear least squares[C]// Proceedings of the 9th International Technical Meeting of the Satellite Division of The Institute of Navigation, Kansas City, MO:431-437.

CONN A R, GOULD N I M, TOINT P L, 1988. Global convergence of a class of trust region algorithms for optimization with simple bounds [J]. SIAM Journal on Numerical Analysis, 25(2): 433-460.

DERMANIS A, SANSÓ F, 1995. Nonlinear estimation problems for nonlinear models [J]. Manuscripta Geodaetica(20):110-122.

DEL MORAL P, 1998. A uniform convergence theorem for the numerical solving of the nonlinear filtering problem[J]. Journal of Applied Probability, 35(4): 873-884.

DENNIS J E, GAY D M, WELSCH R E, 1981. An adaptive nonlinear least-squares algorithm [J]. ACM Transactions on Mathematical Software, 7(3): 348-368.

FLETOHER R, XU C, 1987. Hybrid methods for nonlinear least squares[J]. IMA Journal of Numerical Analysis, 7(3): 371-389.

GRIEWANK A, TOINT P L, 1982. Local convergence analysis for partitioned quasi-newton updates[J]. Numerische Mathematik, 39(3): 429-448.

GULLIKSSON M, 1999. KKT conditions for rank-deficient nonlinear least-square problems with rank-deficient nonlinear constraints[J]. Journal of Optimization Theory and Applications, 100(1): 145-160.

HECK B, 1988. The nonlinear geodetic boundary value problem in quadratic approximation[J]. Manuscripta Geodaetica(13): 337-348.

HOFMONN-WELLENHOF B, LICHTENGGER H, COLLING J, 1992. Global positioning system[M]. Austria: Springer-Verlag.

KOCH K R, 1980. Parameterschätung and hypothesentests in linearnmodellen [M]. Bonn: Dümmler.

MACKIE R L, MADDEN T R, PARK S T, 1996. A three-dimensioned magnetotelluric investigation[J], Journal of Geophysical Research, 101(B7): 16211-16239.

MOHAMED A H, 1996. Robust and reliablekalmanfiltering of GPS data[C]//Proceedings of The 9th International Technical Meeting of The Satellite Division of The Institute of Navigation, Kansas City: 1441-1450.

NOCEDAL J, YUAN Y X, 1993. Analysis of a self-scaling Quasi-Newton method. Mathematical Programming, 61(1-3): 19-37.

TEUNISSEN P J G, 1985. The geometry of geodetic inverse linear mapping and nonlinear adjustment[J]. Publicationson Geodesy(New Series), 8(1).

TEUNISSEN P J G, 1989. First and second moments of non-linear least-squares estimators[J], Bulletin Géodésique, 63(3): 253-262.

TEUNISSEN P J G, 1990. Nonlinear least squares[J]. Manuscripta Geodaetica, 15(3): 137-150.

TEUNISSEN P J G, KLEUSBERG A, 1996. GPS for geodesy[M]. Berlin: Springer Verlag.

TEUNISSEN P J G, KNICKMEYER E H, 1988. Non-linearity and least-squares[J]. CISM Journal ACSGG, 42(4): 321-330.

SAGARA N, FUKUSHIMA M, 1995. A hybrid method for solving the nonlinear least squares problem with linear inequality constraints[J]. Journal of the Operations Research Society of Japan, 38(1): 55-69.

SAITO T, 1973. The nonlinear least squares of condition equations[J]. Bulletin Géodésique, 110(1): 367-395.

VANICEK P, 1979. Tensor structure and least squares[J]. Bulletin Géodésique, 53(3): 221-225.

WANG C,LI X,1998. Nonlinear programming algorithm and its convergence rate analysis[J]. Chinese Quarterly Journal of Mathematics,13(1):8-14.

WOLF H D,1961. FehlerfortpflanzugestzmitGliedern Ⅱ Ordnung. ZFV,Marz.

XU P L, 1997. A general solution in geodetic nonlinear rank-defect models[J]. Bollettino di Geodesia e Scienze Affini,56(1):1-25.

XU P L, 1999. Biases and accuracy of, and an alternative to, discrete non-linear filters[J]. Journal of Geodesy, 73(1):35-46.

YABE H, TAKAHASHI T,1991. Factorized Quasi-Newton methods for nonlinear least squares problems[J]. Mathematical Programming, 51(1-3): 75-100.

YABE H,YAMAKI N,1994. Convergence of a factorized Broyden-like family for nonlinear least squares problems[J]. SIAM Journal on Optimization,5(4):770-791.

YU S J, LAI T C, YAO J C,1996. Generalized nonlinear variation inequalities[J]. Computers & Mathematics with Applications, 32(7): 21-27.

ZHANG J H,1998. Comparison of GPS solution distributions with respect to different pseudorange error distributions between linearized least-squares and Bancroft's algorithm[C]// Proceedings of the 11th International Technical Meeting of the Satellite Division of The Institute of Navigation,Nashville, TN:1401-1410.

ZHANG Q,1997. Finite element method in determining local geoids by using GPS leveling[C]// Proceedings of International Symposium on Current Crustal Movement and Hazard Reduction in East Asia and South-east Asia(4-7):441-451.

附录 A　立体矩阵的定义、运算及其性质

已知，m 维向量函数 $\boldsymbol{f}(\boldsymbol{X})$ 关于 n 维向量 $\boldsymbol{X}$ 的一阶导数是一个 $m \times n$ 的矩阵函数，那么 $\boldsymbol{f}(\boldsymbol{X})$ 关于 $\boldsymbol{X}$ 的二阶偏导数是何形式呢？由于矩阵函数$\dfrac{\partial \boldsymbol{f}}{\partial \boldsymbol{X}}$的任一行（行 $i=1,2,\cdots,m$）都是一个 n 维向量函数$\dfrac{\partial f_{ij}(\boldsymbol{X})}{\partial \boldsymbol{X}}$（列 $j=1,2,\cdots,n$），这个 n 维向量函数$\dfrac{\partial f_{ij}(\boldsymbol{X})}{\partial \boldsymbol{X}}$关于 $\boldsymbol{X}$ 的一阶偏导数又是一个 n 阶矩阵，因此 m 个 n 维向量关于 $\boldsymbol{X}$ 的一阶偏导数共有 m 个 n 阶矩阵。若将这 m 个 n 阶矩阵按顺序上下叠置，就得到一个 m 层的三维数组。这样的三维数组称为立体矩阵。

立体矩阵及其方括号乘法最早由贝茨(Bates)等提出。蔡知令在他的博士论文中对立体矩阵进行过初步整理。我国学者韦博成在蔡知令的基础上进行了系统的总结和扩充。立体矩阵在非线性模型参数估计中占有非常重要的地位，将进行具体介绍。

1. 关于立体矩阵的若干定义

定义 A.1　称 $n \times p \times q$ 的三维数组 $\boldsymbol{X}=(x_{kij})$ 为立体矩阵，简称立阵。其中，n 表示此立体矩阵共有 n 层，$p \times q$ 表示每层都是一个 $p \times q$ 的矩阵；x_{kij} 为立体矩阵 $\boldsymbol{X}$ 的一个元素，下标 k、i、j 分别表示该元素所在的层、行和列，即 x_{kij} 表示立体矩阵 $\boldsymbol{X}$ 的第 k 层、第 i 行、第 j 列上的元素，如图 A.1 所示。

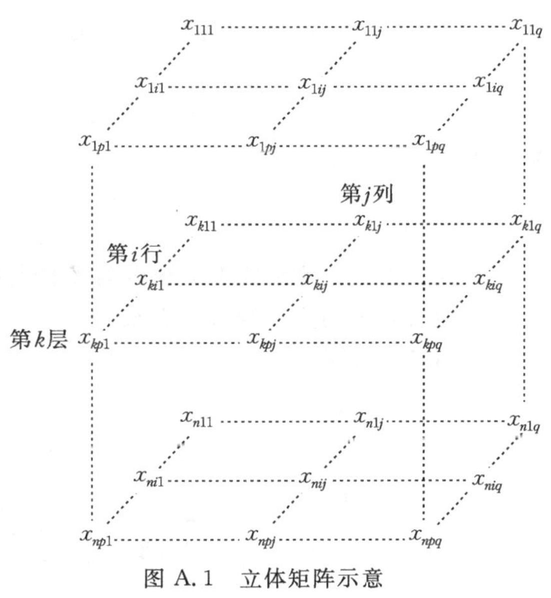

图 A.1　立体矩阵示意

可采用下列两种方式来理解立体矩阵：

(1) 立体矩阵 $\boldsymbol{X}$ 表示一个元素为向量的二维矩阵。该二维矩阵中的任一元素为 $\boldsymbol{X}_{ij}=[x_{1ij}\ \ x_{2ij}\ \ \cdots\ \ x_{nij}]^{\mathrm{T}}$

(2) 立体矩阵 $\boldsymbol{X}$ 由 n 个 $p \times q$ 矩阵 $\boldsymbol{X}_k(k=1,2,\cdots,n)$ 上下叠置而成。$\boldsymbol{X}_k$ 表示

立体矩阵 $\boldsymbol{X}$ 中第 k 层的那个矩阵。例如，一个 $3\times2\times2$ 的立体矩阵为

$$\boldsymbol{X}=\begin{bmatrix} & 1 & \text{——} & 3 \\ / & & / & \\ 5 & \text{——} & 7 & \\ & 2 & \text{——} & 4 \\ / & & / & \\ 6 & \text{——} & 8 & \\ & 9 & \text{——} & 11 \\ / & & / & \\ 13 & \text{——} & 15 & \end{bmatrix}$$

式中，$\boldsymbol{X}_1=\begin{bmatrix}1 & 3\\5 & 7\end{bmatrix}$，$\boldsymbol{X}_2=\begin{bmatrix}2 & 4\\6 & 8\end{bmatrix}$，$\boldsymbol{X}_3=\begin{bmatrix}9 & 11\\13 & 15\end{bmatrix}$。其中，$x_{212}=4$。

定义 A.2　若两个立体矩阵 $\boldsymbol{X}$ 和 $\boldsymbol{Y}$ 的对应元素一一相等，则这两个立体矩阵相等，即当 $x_{kij}=y_{kij}$ 时，有 $\boldsymbol{X}=\boldsymbol{Y}$。

定义 A.3　设 $\boldsymbol{X}$ 和 $\boldsymbol{Y}$ 均为 $n\times p\times q$ 立体矩阵，定义 $\boldsymbol{X}$ 与 $\boldsymbol{Y}$ 的和、差为

$$\boldsymbol{Z}=\boldsymbol{X}\pm\boldsymbol{Y}$$

且各元素的关系为

$$z_{kij}=x_{kij}\pm y_{kij} \tag{A.1}$$

定义 A.4　设 $\boldsymbol{A}$ 为 $r\times p$ 矩阵，$\boldsymbol{X}$ 为 $n\times p\times q$ 立体矩阵。矩阵 $\boldsymbol{A}$ 左乘立体矩阵 $\boldsymbol{X}$，等于 $\boldsymbol{A}$ 左乘 $\boldsymbol{X}$ 每一层的矩阵。然后将 n 个乘积矩阵按 $\boldsymbol{X}$ 的相同顺序叠放。其维数关系为

$$\boldsymbol{Y}=\boldsymbol{A}\boldsymbol{X} \tag{A.2}$$

$\boldsymbol{Y}$ 中各元素的计算公式为

$$y_{kij}=\sum_{s=1}^{p}a_{is}x_{ksj} \tag{A.3}$$

要注意的是，只有当 $\boldsymbol{A}$ 的列数与 $\boldsymbol{X}$ 的行数相同时，$\boldsymbol{A}$ 与 $\boldsymbol{X}$ 才可乘。仿照定义 A.4 可定义矩阵与立体矩阵的右乘。

例 A.1　已知

$$\boldsymbol{A}=\begin{bmatrix}1 & 2\\2 & 1\end{bmatrix},\boldsymbol{X}=\begin{bmatrix} & 2 & \text{——} & 1 \\ / & & / & \\ 1 & \text{——} & 2 & \\ & 3 & \text{——} & 4 \\ / & & / & \\ 4 & \text{——} & 3 & \\ & 6 & \text{——} & 5 \\ / & & / & \\ 5 & \text{——} & 6 & \end{bmatrix}$$

求 $\boldsymbol{A}$ 左乘 $\boldsymbol{X}$ 的积 $\boldsymbol{Y}$。

$$\boldsymbol{Y}=\boldsymbol{AX}=\begin{bmatrix}1&2\\2&1\end{bmatrix}\begin{bmatrix}\begin{array}{cc}&2\quad\text{———}\quad 1\\ \diagup&\qquad\qquad\diagup\\ 1\quad\text{———}\quad 2&\\ &3\quad\text{———}\quad 4\\ \diagup&\qquad\qquad\diagup\\ 4\quad\text{———}\quad 3&\\ &6\quad\text{———}\quad 5\\ \diagup&\qquad\qquad\diagup\\ 5\quad\text{———}\quad 6&\end{array}\end{bmatrix}=\begin{bmatrix}\begin{array}{cc}&4\quad\text{———}\quad 5\\ \diagup&\qquad\qquad\diagup\\ 5\quad\text{———}\quad 4&\\ &11\quad\text{———}\quad 10\\ \diagup&\qquad\qquad\diagup\\ 10\quad\text{———}\quad 11&\\ &16\quad\text{———}\quad 17\\ \diagup&\qquad\qquad\diagup\\ 17\quad\text{———}\quad 16&\end{array}\end{bmatrix}$$

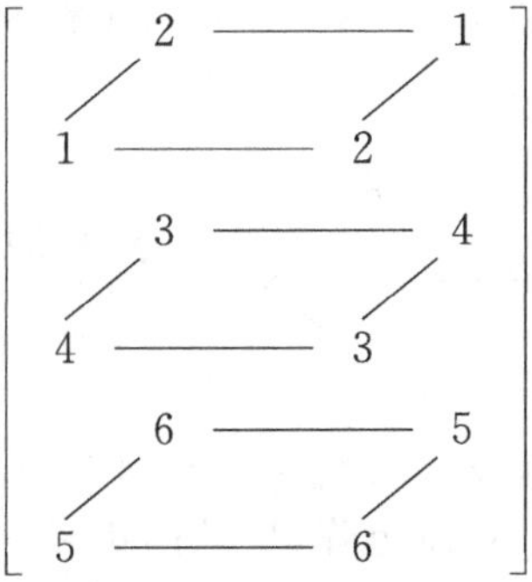

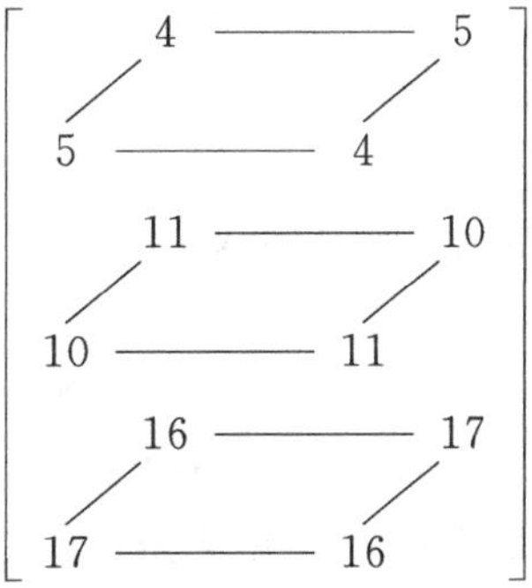

当 $\boldsymbol{A}$ 为 p 维行向量,$\boldsymbol{X}$ 为 $n\times p\times q$ 立体矩阵时,$\boldsymbol{A}$ 左乘 $\boldsymbol{X}$ 得到一个 $n\times q$ 的矩阵。

例 A.2　已知 $\boldsymbol{A}=[1\quad 2]$,$\boldsymbol{X}$ 如例 A.1 中所示,求 $\boldsymbol{A}$ 左乘 $\boldsymbol{X}$ 的积 $\boldsymbol{Y}$。

$$\boldsymbol{A}=\boldsymbol{AX}=[1\quad 2]\begin{bmatrix}\begin{array}{cc}&2\quad\text{———}\quad 1\\ \diagup&\qquad\qquad\diagup\\ 1\quad\text{———}\quad 2&\\ &3\quad\text{———}\quad 4\\ \diagup&\qquad\qquad\diagup\\ 4\quad\text{———}\quad 3&\\ &6\quad\text{———}\quad 5\\ \diagup&\qquad\qquad\diagup\\ 5\quad\text{———}\quad 6&\end{array}\end{bmatrix}=\begin{bmatrix}4&5\\11&10\\16&17\end{bmatrix}$$

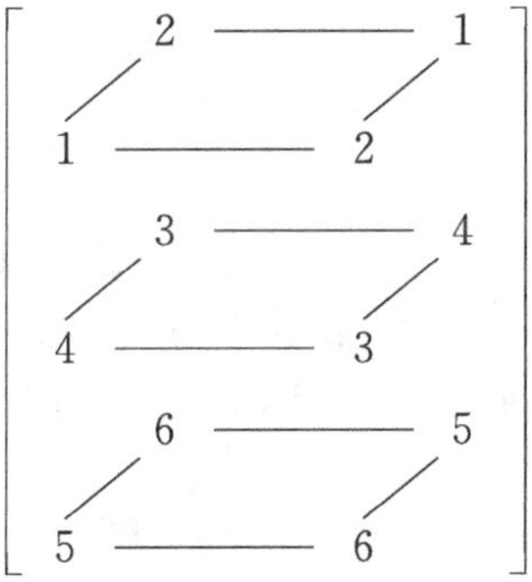

特别地,当 $\boldsymbol{A}$ 为 p 维列向量,$\boldsymbol{X}$ 为 $n\times p\times p$ 立体矩阵时,二次型 $\boldsymbol{A}^{\mathrm{T}}\boldsymbol{XA}$ 表示一个 n 维列向量,即

$$\begin{aligned}\boldsymbol{A}^{\mathrm{T}}\boldsymbol{XA}&=[\boldsymbol{A}^{\mathrm{T}}\boldsymbol{X}_1\boldsymbol{A}\quad \boldsymbol{A}^{\mathrm{T}}\boldsymbol{X}_2\boldsymbol{A}\quad\cdots\quad \boldsymbol{A}^{\mathrm{T}}\boldsymbol{X}_n\boldsymbol{A}]^{\mathrm{T}}\\&=\Big[\sum_{i=1}^{p}\sum_{j=1}^{p}x_{1ij}a_ia_j\quad \sum_{i=1}^{p}\sum_{j=1}^{p}x_{2ij}a_ia_j\quad\cdots\quad \sum_{i=1}^{p}\sum_{j=1}^{p}x_{nij}a_ia_j\Big]^{\mathrm{T}}\end{aligned}\tag{A.4}$$

例 A.3　已知 $\boldsymbol{A}=[1\quad 2]^{\mathrm{T}}$,$\boldsymbol{X}$ 如例 A.1 中所示,求二次型 $\boldsymbol{A}^{\mathrm{T}}\boldsymbol{XA}$。

$$\boldsymbol{Y}=\boldsymbol{A}^{\mathrm{T}}\boldsymbol{XA}=[1\quad 2]\begin{bmatrix}\begin{array}{cc}&2\quad\text{———}\quad 1\\ \diagup&\qquad\qquad\diagup\\ 1\quad\text{———}\quad 2&\\ &3\quad\text{———}\quad 4\\ \diagup&\qquad\qquad\diagup\\ 4\quad\text{———}\quad 3&\\ &6\quad\text{———}\quad 5\\ \diagup&\qquad\qquad\diagup\\ 5\quad\text{———}\quad 6&\end{array}\end{bmatrix}\begin{bmatrix}1\\2\end{bmatrix}=[14\quad 31\quad 50]^{\mathrm{T}}$$

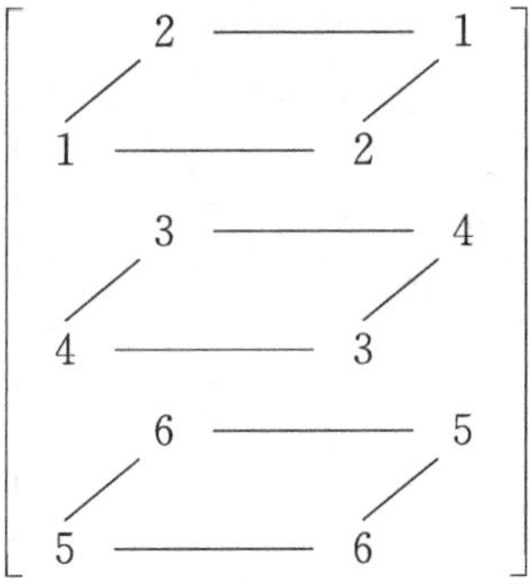

定义 A.5　设 $\boldsymbol{X}$ 为 $n\times p\times p$ 立体矩阵,$\boldsymbol{X}$ 的迹定义为一个 n 维列向量,记为

$\mathrm{tr}(\boldsymbol{X})$。向量为

$$\mathrm{tr}(\boldsymbol{X})=[\mathrm{tr}(\boldsymbol{X}_1)\quad \mathrm{tr}(\boldsymbol{X}_2)\quad \cdots\quad \mathrm{tr}(\boldsymbol{X}_n)]^{\mathrm{T}} \tag{A.5}$$

例 A.4　已知 $\boldsymbol{X}=\begin{bmatrix} & 8 & — & 5 \\ / & & / & \\ 7 & — & 9 & \\ & 6 & — & 8 \\ / & & / & \\ 3 & — & 2 & \end{bmatrix}$，求 $\boldsymbol{X}$ 的迹。

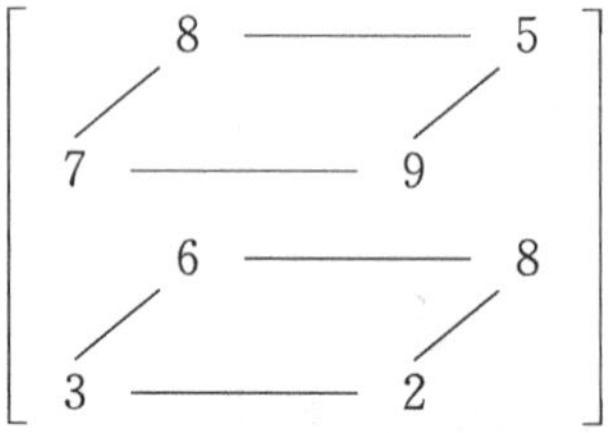

$$\mathrm{tr}(\boldsymbol{X})=[\mathrm{tr}(\boldsymbol{X}_1)\quad \mathrm{tr}(\boldsymbol{X}_2)]^{\mathrm{T}}=[17\quad 8]^{\mathrm{T}} \tag{A.6}$$

定义 A.6　设 $\boldsymbol{X}$ 为 $n\times p\times q$ 立体矩阵，$\boldsymbol{X}$ 的向量表示一个 $pq\times n$ 矩阵 $\boldsymbol{Y}$，记为 $\boldsymbol{Y}=\mathrm{Vec}(\boldsymbol{X})$，且该矩阵中元素 $y_{(p(j-1)+i)k}$ 对应的立体矩阵中元素 x_{kij}。

例 A.5　已知立体矩阵 $\boldsymbol{X}$ 如例 A.1 中所示，求 $\boldsymbol{X}$ 的向量表示 $\mathrm{Vec}(\boldsymbol{X})$。

$$\mathrm{Vec}(\boldsymbol{X})=\boldsymbol{Y}=\begin{bmatrix}2 & 3 & 6\\ 1 & 4 & 5\\ 1 & 4 & 5\\ 2 & 3 & 6\end{bmatrix}$$

当 $j=2,i=1,k=2$ 时，$y_{(p(j-1)+i)k}=y_{32}=x_{212}=4$。

定义 A.7　设 $\boldsymbol{A}$ 为 $m\times n$ 矩阵，$\boldsymbol{X}$ 为 $n\times p\times q$ 立体矩阵。$\boldsymbol{A}$ 与 $\boldsymbol{X}$ 的方括号左乘积 $\boldsymbol{Y}=[\boldsymbol{A}][\boldsymbol{X}]$ 表示矩阵 $\boldsymbol{A}$ 与立体矩阵 $\boldsymbol{X}$ 的层的乘法，即

$$y_{sij}=\sum_{k=1}^{n}a_{sk}x_{kij} \tag{A.7}$$

其维数关系为

$$\underset{m\times p\times q}{\boldsymbol{Y}}=[\underset{m\times n}{\boldsymbol{A}}][\underset{n\times p\times q}{\boldsymbol{X}}] \tag{A.8}$$

仿照定义 A.7 可定义方括号右乘。

例 A.6　已知 $\underset{4\times 3}{\boldsymbol{A}}=\begin{bmatrix}1 & 2 & 3\\ 3 & 4 & 5\\ 5 & 6 & 7\\ 7 & 8 & 9\end{bmatrix}$，$\underset{3\times 2\times 2}{\boldsymbol{X}}$ 如例 A.1，求 $\boldsymbol{A}$ 与 $\boldsymbol{X}$ 的方括号左乘积 $\boldsymbol{Y}$。

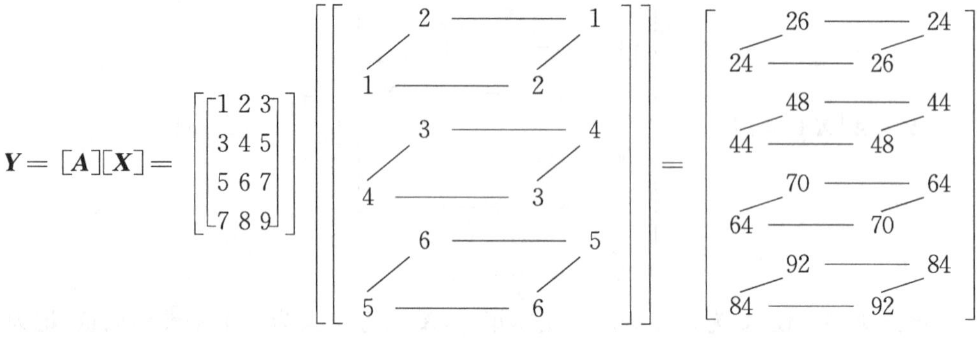

$$\boldsymbol{Y}=[\boldsymbol{A}][\boldsymbol{X}]=\left[\begin{bmatrix}1 & 2 & 3\\ 3 & 4 & 5\\ 5 & 6 & 7\\ 7 & 8 & 9\end{bmatrix}\right]\left[\begin{bmatrix} & 2 & — & 1 \\ / & & / & \\ 1 & — & 2 & \\ & 3 & — & 4 \\ / & & / & \\ 4 & — & 3 & \\ & 6 & — & 5 \\ / & & / & \\ 5 & — & 6 & \end{bmatrix}\right]=\begin{bmatrix} & 26 & — & 24 \\ 24 & — & 26 & \\ & 48 & — & 44 \\ 44 & — & 48 & \\ & 70 & — & 64 \\ 64 & — & 70 & \\ & 92 & — & 84 \\ 84 & — & 92 & \end{bmatrix}$$

定义 A.8 设 $\boldsymbol{X}=[x_{kij}]$ 为 $n\times p\times q$ 立体矩阵，则 $\boldsymbol{X}$ 的转置定义为 $\boldsymbol{X}^{\mathrm{T}}=[x_{kji}]$，为 $n\times q\times p$ 立体矩阵。

例 A.7 已知
$$\boldsymbol{X}=\begin{bmatrix} & 3 & & 5 & & 7\\ 2 & & 4 & & 6 & \\ & 1 & & 8 & & 9\\ 11 & & 13 & & 15 & \end{bmatrix}$$
，求 $\boldsymbol{X}^{\mathrm{T}}$。

$$\boldsymbol{X}^{\mathrm{T}}=\begin{bmatrix} & & 3 & & 2\\ & 5 & & 4 & \\ 7 & & 6 & & \\ & & 1 & & 11\\ & 8 & & 13 & \\ 9 & & 15 & & \end{bmatrix}$$

2. 立体矩阵运算的基本性质

立体矩阵的各种运算具有如下基本性质（$\boldsymbol{X}$、$\boldsymbol{Y}$、$\boldsymbol{Z}$ 为立体矩阵）。

性质 1：$[\boldsymbol{I}][\boldsymbol{X}]=\boldsymbol{X}$。

性质 2：$[\lambda\boldsymbol{A}][\boldsymbol{X}]=[\boldsymbol{A}][\lambda\boldsymbol{X}]=\lambda[\boldsymbol{A}][\boldsymbol{X}]$，其中 λ 为实数。

性质 3：$[\boldsymbol{A}+\boldsymbol{B}][\boldsymbol{X}]=[\boldsymbol{A}][\boldsymbol{X}]+[\boldsymbol{B}][\boldsymbol{X}]$。

性质 4：$[\boldsymbol{A}][\boldsymbol{X}+\boldsymbol{Y}]=[\boldsymbol{A}][\boldsymbol{X}]+[\boldsymbol{A}][\boldsymbol{Y}]$。

性质 5：$[\boldsymbol{A}][\boldsymbol{X}]=[\boldsymbol{X}][\boldsymbol{A}^{\mathrm{T}}]$。

性质 6：$[\boldsymbol{A}][\boldsymbol{L}\boldsymbol{X}\boldsymbol{M}]=\boldsymbol{L}[\boldsymbol{A}][\boldsymbol{X}]\boldsymbol{M}$。

证明：设 $\underset{n\times p\times q}{\boldsymbol{Y}}=\underset{p\times p}{\boldsymbol{L}}\ \underset{n\times p\times q}{\boldsymbol{X}}$，$\underset{n\times p\times q}{\boldsymbol{Z}}=[\underset{n\times n}{\boldsymbol{A}}][\underset{p\times p}{\boldsymbol{L}}\ \underset{n\times p\times q}{\boldsymbol{X}}]=[\boldsymbol{A}][\boldsymbol{Y}]$，$\underset{n\times p\times q}{\boldsymbol{W}}=[\boldsymbol{A}][\boldsymbol{X}]$，$\underset{n\times p\times q}{\boldsymbol{U}}=\boldsymbol{L}[\boldsymbol{A}][\boldsymbol{X}]=\boldsymbol{L}\boldsymbol{W}$。

由式(A.3)知

$$y_{kij}=\sum_{e=1}^{p}l_{ie}x_{kej}$$

由式(A.7)知

$$z_{sij}=\sum_{k=1}^{n}a_{sk}y_{kij}=\sum_{k=1}^{n}\sum_{e=1}^{p}a_{sk}l_{ie}x_{kej}$$

$$w_{sej}=\sum_{k=1}^{n}a_{sk}x_{kej}$$

而

$$u_{sij}=\sum_{e=1}^{p}l_{ie}w_{sej}=\sum_{e=1}^{p}l_{ie}\sum_{k=1}^{n}a_{sk}x_{kej}=z_{sij}$$

即 $\boldsymbol{U}=\boldsymbol{Z}$,所以有

$$[\boldsymbol{A}][\boldsymbol{LX}]=\boldsymbol{L}[\boldsymbol{A}][\boldsymbol{X}] \tag{A.9}$$

同理，当 $\boldsymbol{M}$ 为 q 阶方阵时，有

$$[\boldsymbol{A}][\boldsymbol{XM}]=[\boldsymbol{A}][\boldsymbol{X}]\boldsymbol{M} \tag{A.10}$$

综合式(A. 9)和式(A. 10)得

$$[\boldsymbol{A}][\boldsymbol{LXM}]=\boldsymbol{L}[\boldsymbol{A}][\boldsymbol{X}]\boldsymbol{M}$$

所以性质 6 成立。

性质 7：$[\boldsymbol{AB}][\boldsymbol{X}]=[\boldsymbol{A}][[\boldsymbol{B}][\boldsymbol{X}]]$。

证明：设 $\underset{m\times n}{\boldsymbol{C}}=\underset{m\times r}{\boldsymbol{A}}\ \underset{r\times n}{\boldsymbol{B}}$，$\underset{m\times p\times q}{\boldsymbol{Y}}=[\underset{m\times n}{\boldsymbol{C}}][\underset{n\times p\times q}{\boldsymbol{X}}]$，$\underset{r\times p\times q}{\boldsymbol{Z}}=[\underset{r\times n}{\boldsymbol{B}}][\underset{n\times p\times q}{\boldsymbol{X}}]$，$\underset{m\times p\times q}{\boldsymbol{W}}=[\underset{m\times r}{\boldsymbol{A}}][\underset{r\times p\times q}{\boldsymbol{Z}}]$。

由式(A. 7)知

$$y_{sij}=\sum_{k=1}^{n}c_{sk}x_{kij}=\sum_{k=1}^{n}\sum_{e=1}^{r}a_{se}b_{ek}x_{kij}$$

$$z_{eij}=\sum_{k=1}^{n}b_{ek}x_{kij}$$

$$w_{sij}=\sum_{e=1}^{r}a_{se}z_{eij}=\sum_{e=1}^{r}\sum_{k=1}^{n}a_{se}b_{ek}x_{kij}=y_{sij}$$

即 $\boldsymbol{Y}=\boldsymbol{W}$，所以性质 7 成立。

性质 8：$[\boldsymbol{Aa}][(\boldsymbol{Ba})(\boldsymbol{Cc})^{\mathrm{T}}]=\boldsymbol{B}[\boldsymbol{A}][[\boldsymbol{a}][\boldsymbol{bc}^{\mathrm{T}}]]\boldsymbol{C}^{\mathrm{T}}$。

性质 9：$\boldsymbol{d}^{\mathrm{T}}\boldsymbol{Xd}=(\boldsymbol{Xd})\boldsymbol{d}=\sum_{i=1}\sum_{j=1}d_i d_j x_{ij}$。式中，$\boldsymbol{d}$ 为 p 维列向量，$\boldsymbol{X}$ 为 $n\times p\times p$ 立体矩阵。

证明：令 $\underset{n\times p\times 1}{\boldsymbol{Y}}=\underset{n\times p\times p}{\boldsymbol{X}}\ \underset{p\times 1}{\boldsymbol{d}}$，$\underset{n\times 1\times 1}{\boldsymbol{W}}=(\boldsymbol{Xd})\boldsymbol{d}=\boldsymbol{Yd}$，$\underset{n\times 1\times 1}{\boldsymbol{Z}}=\boldsymbol{d}^{\mathrm{T}}\boldsymbol{Y}$，则

$$y_{sj}=\sum_{k=1}^{p}x_{sjk}d_k$$

$$w_s=\sum_{j=1}^{p}y_{sj}d_j=\sum_{j=1}^{p}\sum_{k=1}^{p}x_{sjk}d_k d_j$$

$$z_s=\sum_{j=1}^{p}d_j y_{sj}=\sum_{j=1}^{p}d_j\sum_{k=1}^{p}x_{sjk}d_k=\sum_{j=1}^{p}\sum_{k=1}^{p}x_{sjk}d_k d_j=w_s$$

即 $\boldsymbol{Z}=\boldsymbol{W}$，所以性质 9 成立。

性质 10：$\boldsymbol{A}(\boldsymbol{d}^{\mathrm{T}}\boldsymbol{Xd})=[\boldsymbol{A}][\boldsymbol{d}^{\mathrm{T}}\boldsymbol{Xd}]=\boldsymbol{d}^{\mathrm{T}}[\boldsymbol{A}][\boldsymbol{X}]\boldsymbol{d}$。式中，$\boldsymbol{d}$ 为 p 维列向量。

性质 11：$\mathrm{tr}(\boldsymbol{AX})=\mathrm{tr}(\boldsymbol{XA})$ 。

性质 12：$\boldsymbol{A}\,\mathrm{tr}(\boldsymbol{X})=\mathrm{tr}([\boldsymbol{A}][\boldsymbol{X}])$。

证明：令 $\underset{n\times n\times n}{\boldsymbol{Y}}=[\underset{n\times n}{\boldsymbol{A}}][\underset{n\times n\times n}{\boldsymbol{X}}]$，$\underset{n\times 1}{\boldsymbol{b}}=\mathrm{tr}([\boldsymbol{A}][\boldsymbol{X}])=\mathrm{tr}(\boldsymbol{Y})$，$\underset{n\times 1}{\boldsymbol{a}}=\boldsymbol{A}\,\mathrm{tr}(\boldsymbol{X})=\boldsymbol{AC}$，$\underset{n\times 1}{\boldsymbol{C}}=\mathrm{tr}(\boldsymbol{X})$。

由式(A.7)知

$$y_{sii}=\sum_{k=1}^{n}a_{sk}x_{kii}$$

$$c_k=\sum_{i=1}^{n}x_{kii}$$

$$b_s=\mathrm{tr}(\boldsymbol{y}_s)=\sum_{i=1}^{n}y_{sii}=\sum_{i=1}^{n}\sum_{k=1}^{n}a_{sk}x_{kii}$$

$$a_s=\sum_{k=1}^{n}a_{sk}c_k=\sum_{k=1}^{n}a_{sk}\sum_{i=1}^{n}x_{kii}=\sum_{i=1}^{n}\sum_{k=1}^{n}a_{sk}x_{kii}=b_s$$

即 $\boldsymbol{a}=\boldsymbol{b}$，所以性质 12 成立。

性质 13：$\mathrm{Vec}([\boldsymbol{A}][\boldsymbol{X}])=(\mathrm{Vec}(\boldsymbol{X}))\boldsymbol{A}^{\mathrm{T}}$。

证明：设 $\boldsymbol{A}$ 为 $m\times n$ 矩阵，$\boldsymbol{X}$ 为 $n\times p\times q$ 立体矩阵，$\boldsymbol{Y}=[\boldsymbol{A}][\boldsymbol{X}]$，$\boldsymbol{Z}=\mathrm{Vec}([\boldsymbol{A}][\boldsymbol{X}])$。

由式(A.7)知

$$y_{kij}=\sum_{s=1}^{n}a_{ks}x_{sij}$$

由定义 A.6 知 $\mathrm{Vec}([\boldsymbol{A}][\boldsymbol{X}])$ 中元素 $z_{(p(j-1)+i)k}$ 对应立体矩阵的元素为

$$y_{kij}=\sum_{s=1}^{n}a_{ks}x_{sij}$$

由定义 A.6 知

$$\mathrm{Vec}(\boldsymbol{X})=\begin{bmatrix}x_{111} & x_{211} & \cdots & x_{n11}\\ x_{121} & x_{221} & \cdots & x_{n21}\\ \vdots & \vdots & & \vdots\\ x_{1pq} & x_{2pq} & \cdots & x_{npq}\end{bmatrix}$$

$$(\mathrm{Vec}(\boldsymbol{X}))\boldsymbol{A}^{\mathrm{T}}=\begin{bmatrix}x_{111} & x_{211} & \cdots & x_{n11}\\ x_{121} & x_{221} & \cdots & x_{n21}\\ \vdots & \vdots & & \vdots\\ x_{1pq} & x_{2pq} & \cdots & x_{npq}\end{bmatrix}\begin{bmatrix}a_{11} & a_{21} & \cdots & a_{m1}\\ a_{12} & a_{22} & \cdots & a_{m2}\\ \vdots & \vdots & & \vdots\\ a_{1n} & a_{2n} & \cdots & a_{mn}\end{bmatrix}$$

$$
= \begin{bmatrix}
\sum_{s=1}^{n} x_{s11} a_{1s} & \sum_{s=1}^{n} x_{s11} a_{2s} & \cdots & \sum_{s=1}^{n} x_{s11} a_{ms} \\
\sum_{s=1}^{n} x_{s21} a_{1s} & \sum_{s=1}^{n} x_{s21} a_{2s} & \cdots & \sum_{s=1}^{n} x_{s21} a_{ms} \\
\vdots & \vdots & & \vdots \\
\sum_{s=1}^{n} x_{spq} a_{1s} & \sum_{s=1}^{n} x_{spq} a_{2s} & \cdots & \sum_{s=1}^{n} x_{spq} a_{ms}
\end{bmatrix}
$$

显然在 $(j-1)p+i$ 行 k 列处的元素为 $\sum_{s=1}^{n} x_{sij} a_{ks}$，所以性质 13 成立。

性质 14：$\mathrm{Vec}(\boldsymbol{AXB}) = (\boldsymbol{B}^{\mathrm{T}} \otimes \boldsymbol{A})\mathrm{Vec}(\boldsymbol{X})$。

性质 15：$([\boldsymbol{A}][\boldsymbol{X}])^{\mathrm{T}} = [\boldsymbol{X}^{\mathrm{T}}][\boldsymbol{A}^{\mathrm{T}}]$。

本书仅就所用到的立体矩阵运算做了一些一般定义，并总结了 15 条性质。由于立体矩阵的运算变化很多，因此还可定义多种运算，并可总结各自的性质，读者可根据实际需要进行定义和总结。

附录 B　蒙特卡罗方法

在贝叶斯估计中，往往要进行非常复杂的多重积分计算。由于被积函数非常复杂，无法用解析方法求出，故一般都要借助数值积分法。尽管存在很多数值积分方法，但其都是在计算多重积分时使用，这些方法工作量大、速度缓慢、效率很低。蒙特卡罗积分却能克服这些困难，因此在贝叶斯估计中常使用蒙特卡罗积分。蒙特卡罗积分是蒙特卡罗方法被引入计算数学的开端。在实际中，许多需要计算多重积分的复杂问题，用蒙特卡罗方法一般都能有效地予以解决。因此，附录 B 将扼要地介绍蒙特卡罗方法。

1. 蒙特卡罗方法的基本思想

蒙特卡罗方法的命名和系统的发展约始于 20 世纪 40 年代中期。但如果从方法特征的角度来说(尽管在当时方法雏形的出现是孤立的，而且也没有得到发展)，该方法可以追溯到 19 世纪后半叶的布丰(Buffon)随机投针试验，即著名的布丰问题。

蒙特卡罗方法又称随机模拟方法，有时也称作随机抽样技术或统计试验方法。它的基本思想是:为了解决数学、物理、工程技术及生产管理等方面的问题，首先建立一个概率模型或随机过程，使它的参数等于问题的解;然后通过模型，或过程的观察，或抽样试验计算所求参数的统计特征;最后给出所求参数的近似值。而解的精确度可用估计值的标准误差表示。

用蒙特卡罗方法求解参数时，最简单的情况是模拟一个发生概率为 p 的随机事件 A。考虑一个随机变量 ξ，若在一次试验中事件 A 出现，则 ξ 取值为 1，若事件 A 不出现，则 ξ 取值为 0。令 $q=1-p$，那么随机变量 ξ 的数学期望为 $E(\xi)=1\times p+0\times q=p$，即一次试验中事件 A 出现的概率。ξ 的方差为 $E((\xi-E(\xi))^2)=p-p^2=pq$。假设在 N 次试验中，事件 A 出现 ν 次，那么观察频数 ν 也是一个随机变量，其数学期望为 $E(\nu)=Np$，方差为 $\sigma_\nu^2=Npq$。令 $\bar{p}=\nu/N$，表示观察频率，那么按照强大数律，当 N 充分大时

$$\bar{p}=\frac{\nu}{N}\approx E(\xi)=p \tag{B.1}$$

式(B.1)成立的概率为 1。因此，由上述模型得到的频率 $\bar{p}=\nu/N$ 近似地等于所求量 p，说明频率收敛于概率。另外，可用样本方差

$$\sigma_p^2=\frac{\bar{p}(1-\bar{p})}{N-1} \tag{B.2}$$

作为理论方差的估值。

蒙特卡罗方法可以解决各种类型的问题,但总的来说,根据其是否涉及随机过程的性态和结果,蒙特卡罗方法处理的问题可以分为以下两类:

(1)确定性的数学问题。用蒙特卡罗方法求解这类问题的方法是:首先建立一个与所求解有关的概率模型,使所求的解成为建立模型的概率分布或数学期望;然后对这个模型进行随机抽样观察,即产生随机变量;最后用算术平均值作为所求解的近似估计值。计算多重积分、矩阵求逆、解线性方程组等都属于这一类。

(2)随机性问题。例如,电子在介质中的扩散就属于随机性问题。对于这类问题,虽然有时可表示为多重积分或某些函数方程,进而考虑用随机抽样方法求解,但是一般情况下都不采用这种间接模拟方法,而是采用直接模拟方法,即根据实际物理情况的概率法则,用电子计算机进行抽样试验。原子核物理问题、运筹学中的库存问题、随机服务系统中的排队问题等都属于这一类。

2. 蒙特卡罗方法的特点

蒙特卡罗方法是一种具有独特风格的数值计算方法,其优点及与其他数值计算方法的不同点可归纳为以下几个方面:

(1)蒙特卡罗方法及其程序结构简单。例如,用蒙特卡罗方法计算积分,只需做大量简单的重复抽样,而抽样的方法和程序都是很简单的。又如,用随机游动方法求解椭圆形差分方程边值问题时,可以只求解所需要的某个点上的值,而不需要求出全部网络点上的值。

(2)收敛的概率性和收敛速度与问题维数无关。蒙特卡罗方法的收敛是概率意义下的收敛,其收敛速度与一般数值方法相比是很慢的,故蒙特卡罗方法不宜解决精度要求很高的问题。蒙特卡罗方法的误差 ε 只与标准差 σ 和样本容量 N 有关,而与样本中元素所在空间无关,即蒙特卡罗方法的收敛速度与问题的维数无关,其他数值方法则不同。因此,这就决定了蒙特卡罗方法对多维问题的适用性。

(3)蒙特卡罗方法的适应性强。蒙特卡罗方法具有的广泛适应性是不可忽视的,因此蒙特卡罗方法在解决问题时,受问题条件限制的影响较小。

3. 蒙特卡罗积分

用蒙特卡罗方法计算定积分具有十分重要的意义,这是因为在实际工作中近似地计算定积分是经常碰到的数学问题。对于复杂的单重与多重定积分,人们通常选用矩形公式、辛普森公式等来完成积分的近似计算。在许多情况下,使用这些近似公式虽然能得到相当满意的结果,但计算量会随着积分重数的增加而显著增加,达到电子计算机都难以完成的程度。使用蒙特卡罗方法计算积分,将不存在这个问题,而蒙特卡罗方法积分的误差与积分重数无关。

设有一个 S 重积分为

$$I=\int\cdots\int_{\Omega} g(x_1,x_2,\cdots,x_s)\mathrm{d}x_1\cdots\mathrm{d}x_s \tag{B.3}$$

式中，Ω 为 S 维积分域，考虑 Ω 上的一个概率密度函数 $f(x_1,x_2,\cdots,x_s)$，它满足如下条件

$$f(x_1,x_2,\cdots,x_s)\neq 0$$

当 $(x_1,x_2,\cdots,x_s)\in\Omega$、$g(x_1,x_2,\cdots,x_s)\neq 0$ 时，令

$$g^*(x_1,\cdots,x_s)=\begin{cases}\dfrac{g(x_1,\cdots,x_s)}{f(x_1,\cdots,x_s)}, & f(x_1,\cdots,x_s)\neq 0\\ 0, & f(x_1,\cdots,x_s)=0\end{cases} \tag{B.4}$$

式(B.3)可改写为

$$I=\int\cdots\int_{\Omega} g^*(x_1,\cdots x_s)f(x_1,\cdots x_s)\mathrm{d}x_1\cdots\mathrm{d}x_s=E(g^*(x_1,\cdots,x_s)) \tag{B.5}$$

式(B.5)表明，S 重积分 I 是随机变量函数 $g^*(x_1,\cdots,x_s)$ 的数学期望。如果抽选服从 $f(x_1,\cdots,x_s)$ 的 N 个点 $(x_{i1},x_{i2},\cdots,x_{is})$，$i=1,2,\cdots,N$，并构成 N 个函数值 $g^*(x_{i1},x_{i2},\cdots,x_{is})$，那么就可用其算术平均值

$$\bar{I}=\frac{1}{N}\sum_{i=1}^{N}g^*(x_{i1},x_{i2},\cdots,x_{is}) \tag{B.6}$$

作为 I 的近似值，即

$$I\approx\bar{I}=\frac{1}{N}\sum_{i=1}^{N}g(x_{i1},\cdots,x_{is})/f(x_{i1},\cdots,x_{is}) \tag{B.7}$$

式(B.7)称为蒙特卡罗积分。由式(B.7)知，计算蒙特卡罗积分的主要问题是要寻找一个合适的密度函数 $f(x_1,\cdots,x_s)$。而且 $f(x_1,\cdots,x_s)$ 应接近原被积函数 $g(x_1,\cdots,x_s)$，使 $g^*(x_1,\cdots,x_s)$ 几乎为一常数。显然，这一要求是很难满足的。解决这个问题最简单的方法是在积分域 Ω 上均匀地抽选 N 个数据点 $(x_{i1},x_{i2},\cdots,x_{is})$。这就意味着 $f(x_{i1},\cdots,x_{is})$ 是 Ω 上的均匀分布的概率密度函数。于是有

$$f(x_1,\cdots,x_s)=\begin{cases}1/V_s, & (x_1,x_2,\cdots,x_s)\in\Omega\\ 0, & \text{其他}\end{cases} \tag{B.8}$$

式中，V_s 代表积分区域的体积。将式(B.8)代入式(B.7)，得

$$I\approx\bar{I}-\frac{V_s}{N}\sum_{i=1}^{N}g(x_{i1},x_{i2},\cdots,x_{is}) \tag{B.9}$$

特别地，当积分域 Ω 平行于坐标轴时，均匀分布的概率密度函数式(B.8)可写为

$$f(x_1,x_2,\cdots,x_s)=\begin{cases}\prod_{j=1}^{s}1/(b_j-a_j), & a_j\leqslant x_j\leqslant b_j\\ 0, & x_j<a_j、x_j>b_j\end{cases} \tag{B.10}$$

于是式(B.9)变为

$$I \approx \bar{I} = \left[\prod_{j=1}^{S}(b_j - a_j)\right]\frac{1}{N}\sum_{i=1}^{N} g \quad (x_{i1}, \cdots, x_{is}) \tag{B.11}$$

由蒙特卡罗积分方法知，用式(B.9)或式(B.11)计算定积分时，其误差的阶为 $O(N^{-\frac{1}{2}})$，与积分重数无关(徐钟济，1985)。而用矩形公式求 S 重定积分时，误差的阶为 $O(N^{-\frac{1}{S}})$。这时，N 表示求积分结点数。因此，当 $S > 3$ 时，使用蒙特卡罗方法求积分就可显示出其优越性了。

附录 C　解非线性方程组的一类离散牛顿方法[1]

1．引言

考虑非线性方程组

$$\left.\begin{aligned}&\boldsymbol{F}(\boldsymbol{x})=\boldsymbol{0}\\&\boldsymbol{F}(\boldsymbol{x})=[f_1(\boldsymbol{x})\quad f_2(\boldsymbol{x})\quad\cdots\quad f_n(\boldsymbol{x})]^{\mathrm{T}}\end{aligned}\right\}\tag{C.1}$$

设 $\boldsymbol{x}_i$ 是当前的迭代点，为计算下一个迭代点，牛顿法要求解方程

$$\boldsymbol{F}(\boldsymbol{x}_i)+\boldsymbol{F}'(\boldsymbol{x}_i)(\boldsymbol{x}-\boldsymbol{x}_i)=\boldsymbol{0}\tag{C.2}$$

若用差商代替导数，离散牛顿法要求解的方程为

$$\boldsymbol{F}(\boldsymbol{x}_i)+\boldsymbol{J}(\boldsymbol{x}_i,h)(\boldsymbol{x}-\boldsymbol{x}_i)=\boldsymbol{0}\tag{C.3}$$

式中

$$\boldsymbol{J}(\boldsymbol{x}_i,h)=\frac{1}{h}(f_j(\boldsymbol{x}_i+h\boldsymbol{e}_k)-f_j(\boldsymbol{x}_i))$$

这里为了计算 $\boldsymbol{J}(\boldsymbol{x}_i,h)$，需要计算 n^2 个函数值。为了提高效能，布朗(Brown)方法使用代入消元的办法来减少函数值计算量。它是通过一次内迭代，从 $\boldsymbol{x}_i$ 得到下一个迭代点 $\boldsymbol{x}_{i+1}$。

设 $\boldsymbol{x}_i=[\xi_1\quad\xi_2\quad\cdots\quad\xi_n]^{\mathrm{T}}$、$\boldsymbol{t}=[t_1\quad t_2\quad\cdots\quad t_n]^{\mathrm{T}}$，$\boldsymbol{t}$ 为变量。布朗方法的基本思想如下：

对 $f_1(\boldsymbol{x}_i)$ 在 $\boldsymbol{x}_i$ 处做线性近似，即

$$f_1(\boldsymbol{x}_i)+(f_1'(\boldsymbol{x}_i))^{\mathrm{T}}(\boldsymbol{t}-\boldsymbol{x}_i)=0\tag{C.4}$$

解出

$$t_1-\xi_1=L_1(t_2-\xi_2,\cdots,t_n-\xi_n)\tag{C.5}$$

然后代入第二个函数，得

$$f_2(L_1+\xi_1,t_2,\cdots,t_n)=g_2(t_2,\cdots,t_n)\tag{C.6}$$

这是关于 t_2、…、t_n 的函数。当 $[t_2\quad t_3\quad\cdots\quad t_n]^{\mathrm{T}}=[\xi_2\quad\xi_3\quad\cdots\quad\xi_n]^{\mathrm{T}}$ 时，由式(C.4)、式(C.5)得

$$t_1=L_1(0,\cdots,0)+\xi_1=-\frac{f_1(\boldsymbol{x}_i)}{f'_{1,1}(\boldsymbol{x}_i)}+\xi_1\tag{C.7}$$

这里 $f'_{1,1}$ 表示 f_1 对第一个分量的偏导数。由式(C.6)得

---

[1] 陈志，高旅端，邓乃扬，1998．解非线性方程组的一类离散的 Newton 算法[J]．计算数学，20(1)：57-68.

$$g_2(\xi_2,\cdots,\xi_n)=f_2\left(-\frac{f_1(\boldsymbol{x}_i)}{f'_{1,1}(\boldsymbol{x}_i)}+\xi_1,\xi_2,\cdots,\xi_n\right) \tag{C.8}$$

显然

$$g_2(\xi_2,\cdots,\xi_n)\neq f_2(\xi_1,\xi_2,\cdots,\xi_n) \tag{C.9}$$

同样,当在 $[\xi_2 \quad \xi_3 \quad \cdots \quad \xi_n]^{\mathrm{T}}$ 处展开时,可解出

$$t_2-\xi_2=L_2(t_3-\xi_3,\cdots,t_n-\xi_n)$$

以此类推,通过回代解得 $\boldsymbol{t}=\boldsymbol{x}_{i+1}$。

当用差商计算导数并考虑主元选取时,上述方法为离散布朗方法。完成从 $\boldsymbol{x}_i$ 到 $\boldsymbol{x}_{i+1}$ 的一次主迭代时,函数值的计算量减少,约为离散布朗法的一半。若利用坐标旋转,选取合适的坐标系,能够得到离散布朗方法。

布朗方法和布伦特(Brent)方法属于二次迭代牛顿型方法。当差商的步长 $h\to 0$ 时,布朗方法和布伦特方法实际求解的方程并不是对应 $\boldsymbol{x}_i$ 处的牛顿方程,而是如下线性方程

$$f_j(\boldsymbol{y}_j)+(f'_j(\boldsymbol{y}_j))^{\mathrm{T}}(\boldsymbol{y}-\boldsymbol{y}_j)=0 \quad (j=1,\cdots,n) \tag{C.10}$$

式中,$\boldsymbol{y}_1=\boldsymbol{x}_i$。式(C.6)、式(C.9)也能表明这一点。

当 $\|\boldsymbol{F}(\boldsymbol{x}_i)\|$ 值较大时,y_j 之间的距离也较大,从式(C.8)可以看出,约与 $\|\boldsymbol{F}(\boldsymbol{x}_i)\|/\|\boldsymbol{F}'(\boldsymbol{x}_i)\|$ 同阶,因此它们的收敛更依赖于初值。数值试验表明,当维数增加时,其总体收敛情况比离散牛顿法要差。

人们希望直接从式(C.2)获得一种方法:当用差商代替导数时,其效能与布朗方法相同;而当步长 $h\to 0$ 时,求解的方程就是在 $\boldsymbol{x}_i$ 处的牛顿方程。

注意,布朗方法中 $L_j(t_{j+1}-\xi_{j+1},\cdots,t_n-\xi_n)$ $(j=1,\cdots,k-1)$ 的 $t_i-\xi_i$ 是线性的。如果不是把它们代入 $f_k(\cdot)$,而是直接代入

$$f_k(\boldsymbol{x}_i)+(f'_k(\boldsymbol{x}_i))^{\mathrm{T}}(\boldsymbol{t}-\boldsymbol{x}_i)=0 \tag{C.11}$$

由于 $t_j-\xi_j=L_j(t_{j+1}-\xi_{j+1},\cdots,t_n-\xi_n)(j=1,\cdots,k-1)$,则 $\boldsymbol{t}-\boldsymbol{x}_i$ 可以写

$$\boldsymbol{t}-\boldsymbol{x}_i=[\boldsymbol{u}_k \quad \cdots \quad \boldsymbol{u}_n]\begin{bmatrix} t_k-\xi_k \\ \vdots \\ t_n-\xi_n \end{bmatrix}+\boldsymbol{q} \tag{C.12}$$

于是

$$(f'_k(\boldsymbol{x}_i))^{\mathrm{T}}(\boldsymbol{t}-\boldsymbol{x}_i)=[(f'_k(\boldsymbol{x}_i))^{\mathrm{T}}\boldsymbol{u}_k \ \cdots \ (f'_k(\boldsymbol{x}_i))^{\mathrm{T}}\boldsymbol{u}_n]\begin{bmatrix} t_k-\xi_k \\ \vdots \\ t_n-\xi_n \end{bmatrix}+(f'_k(\boldsymbol{x}_i))^{\mathrm{T}}\boldsymbol{q}$$

如用差商代替导数,则不必计算 $f'_k(\boldsymbol{x}_i)$,仅利用在 $\boldsymbol{u}_k$、$\boldsymbol{u}_n$、…、$\boldsymbol{q}$ 上差商,即

$$(f'_k(\boldsymbol{x}_i))^{\mathrm{T}}\boldsymbol{u}_l\approx\frac{f_k(\boldsymbol{x}_i+h\boldsymbol{u}_l)-f_k(\boldsymbol{x}_i)}{h} \quad (l=k,\cdots,n)$$

解得

$$t_k - \xi_k = L_k(t_{k+1} - \xi_{k+1}, \cdots, t_n - \xi_n)$$

相对于通常的离散牛顿法，其函数值的计算量减少。利用这种离散方法求解式(C.2)，计算量约为通常离散牛顿法的一半。这样，就得到一类新形式的离散牛顿法，且不同于布朗方法。下面将由零空间生成这一类方法，并称这类方法为零空间上的离散牛顿法。

2. 方法

设

$$\left.\begin{aligned} f'_j(\boldsymbol{x}_i) &= \boldsymbol{a}_j \\ -f_j(\boldsymbol{x}_i) &= b_j \end{aligned}\right\} \quad (j=1,\cdots,n) \tag{C.13}$$

则式(C.13)可以写为

$$\boldsymbol{a}_j^{\mathrm{T}}(\boldsymbol{y} - \boldsymbol{x}_i) = b_j \quad (j=1,\cdots,n) \tag{C.14}$$

利用线性方程组解的结构求解式(C.14)。由于

$$\boldsymbol{a}_j^{\mathrm{T}}(\boldsymbol{y} - \boldsymbol{x}_i) = b_j \quad (j=1,\cdots,k-1) \tag{C.15}$$

的解可以表示成解集流形 $S_k = \{\boldsymbol{y}_k + \boldsymbol{U}_k\boldsymbol{z}, \boldsymbol{z} \in \mathbb{R}^{n-k+1}\}$，这里 y_k 是式(C.15)的一个特解，$\boldsymbol{U}_k$ 是 $n \times (n-k+1)$ 矩阵，而 $\boldsymbol{R}(\boldsymbol{U}_k)$ 是 $[a_1 \quad \cdots \quad a_{k-1}]^{\mathrm{T}}$ 的零空间。下面将通过实用可行的方法构造零空间，并求解式(C.2)或式(C.3)。当 $\boldsymbol{F}'(\boldsymbol{x}_i)$ 不是稀疏矩阵时，可以通过在零空间上离散来提高方法的效能。

设

$$\left.\begin{aligned} \boldsymbol{y}_1 &= \boldsymbol{x}_i \\ \boldsymbol{U}_1 &= \boldsymbol{I}_n \end{aligned}\right\} \tag{C.16}$$

若 S_k 是式(C.15)的解集，显然

$$\boldsymbol{a}_j^{\mathrm{T}}\boldsymbol{U}_k = \boldsymbol{0} \quad (j=1,\cdots,k-1) \tag{C.17}$$

且 $\mathrm{rank}(\boldsymbol{U}_k) = n-k+1$。为求解

$$\boldsymbol{a}_j^{\mathrm{T}}(\boldsymbol{y} - \boldsymbol{y}_1) = b_j \quad (j=1,\cdots,k) \tag{C.18}$$

使用如下两种方法。

方法 1：

(1)计算

$$\boldsymbol{c}_k = \boldsymbol{U}_k^{\mathrm{T}}\boldsymbol{a}_k \tag{C.19}$$

$$\boldsymbol{c}_k = [\alpha_k \quad \cdots \quad \alpha_n]^{\mathrm{T}} \tag{C.20}$$

(2)构造

$$\boldsymbol{p}_k = \boldsymbol{U}_k\boldsymbol{z}_k \tag{C.21}$$

式中，$\boldsymbol{z}_k$ 的选取使 $\boldsymbol{c}_k^{\mathrm{T}}\boldsymbol{z}_k \neq 0$。

(3)解关于 λ 的方程

$$\boldsymbol{a}_k^{\mathrm{T}}(\boldsymbol{y}_k + \lambda\boldsymbol{p}_k - \boldsymbol{y}_1) = b_k$$

得

$$\lambda_k = \frac{b_k - \Delta_k}{\boldsymbol{a}_k^{\mathrm{T}} \boldsymbol{p}_k} = \frac{b_k - \Delta_k}{\boldsymbol{c}_k^{\mathrm{T}} \boldsymbol{z}_k} \tag{C.22}$$

这里 $\Delta_k = \boldsymbol{a}_k^{\mathrm{T}}(\boldsymbol{y}_k - \boldsymbol{y}_1)$。

(4)令

$$\boldsymbol{y}_{k+1} = \boldsymbol{y}_k + \lambda_k \boldsymbol{p}_k \tag{C.23}$$

(5)校正

$$\boldsymbol{U}_{k+1} = \boldsymbol{U}_k \boldsymbol{V}_k \tag{C.24}$$

式中，$\boldsymbol{V}_k$ 是$(n-k+1)\times(n-k)$列满秩矩阵，且满足

$$\boldsymbol{V}_k^{\mathrm{T}} \boldsymbol{c}_k = \boldsymbol{0} \tag{C.25}$$

由式(C.17)、式(C.19)、式(C.25)有

$$\boldsymbol{a}_j^{\mathrm{T}} \boldsymbol{U}_{k+1} = \boldsymbol{a}_j^{\mathrm{T}} \boldsymbol{U}_k \boldsymbol{V}_k = \boldsymbol{0} \quad (j = 1, \cdots, k) \tag{C.26}$$

由于 $\boldsymbol{V}_k$ 列满秩，则 $\boldsymbol{U}_{k+1}$ 也列满秩。这样得到式(C.18)的解集为

$$\boldsymbol{S}_{k+1} = \{\boldsymbol{y}_{k+1} + \boldsymbol{U}_{k+1}\boldsymbol{z}, \boldsymbol{z} \in \mathbb{R}^{n-k}\} \tag{C.27}$$

$\boldsymbol{V}_k$ 使用与列主元高斯消去法或 $\boldsymbol{QR}$ 分解相对应的选取方法，即通过对 $\boldsymbol{c}_k$ 的高斯变换或豪斯霍尔德变换来选取 $\boldsymbol{V}_k$。

如果对 $\boldsymbol{c}_k$ 做高斯变换，应先选主元，交换 $\boldsymbol{U}_k$ 中的列，使 $\boldsymbol{c}_k$ 中的第一个分量 $\boldsymbol{\alpha}_k$ 为

$$|\boldsymbol{\alpha}_k| = \max\{|\boldsymbol{\alpha}_i|\} \quad (i = k, \cdots, n) \tag{C.28}$$

设 $\boldsymbol{m} = \begin{bmatrix} 0 & \dfrac{\alpha_{k+1}}{\alpha_k} & \cdots & \dfrac{\alpha_n}{\alpha_k} \end{bmatrix}^{\mathrm{T}} = [0 \ \ m_{k+1} \ \cdots \ m_n]^{\mathrm{T}}$，则高斯初等下三角变换为

$$\boldsymbol{V}^{\mathrm{T}} = \boldsymbol{I} - \boldsymbol{m}\boldsymbol{e}_1^{\mathrm{T}}$$

使 $\boldsymbol{V}^{\mathrm{T}}\boldsymbol{c}_k = \boldsymbol{\alpha}_k \boldsymbol{e}_1$，划去 $\boldsymbol{V}$ 的第一列就可得到 $\boldsymbol{V}_k$ 为

$$\boldsymbol{V}_k = \begin{bmatrix} -m_{k+1} & \cdots & -m_n \\ 1 & \ddots & \vdots \\ & & 1 \end{bmatrix} \tag{C.29}$$

这时，$\boldsymbol{U}_k$ 可以表示为

$$\boldsymbol{U}_k = \begin{bmatrix} s_{1k} & \cdots & s_{1n} \\ \vdots & & \vdots \\ s_{(k-1)k} & \cdots & s_{(k-1)n} \\ & \boldsymbol{I}_{n-k+1} & \end{bmatrix} \tag{C.30}$$

当选主元时，需交换 $\boldsymbol{U}_k$ 的列。为了使 $\boldsymbol{I}_{n-k+1}$ 形式不变，仅需交换自变量 $\boldsymbol{x}$ 中与之相对应的两个分量之间的顺序。利用式(C.30)不难得到 $\boldsymbol{U}_k$，求解式(C.13)需 $n^3/3$ 次乘法运算，这与列主元高斯消去法相同。但其存储量仅为 $n^2/4$，而列主元高斯消去法的存储量为 n^2。

如果对 $\boldsymbol{c}_k$ 做豪斯霍尔德变换，取

$$\boldsymbol{V}=\boldsymbol{I}-\pi^{-1}\boldsymbol{u}\boldsymbol{u}^{\mathrm{T}}$$

式中，$\boldsymbol{u}=\boldsymbol{c}_k+\sigma\boldsymbol{e}_1$，$\sigma=\operatorname{sign}(\boldsymbol{\alpha}_k)\|\boldsymbol{c}_k\|$；$\pi=\dfrac{1}{2}\|\boldsymbol{u}\|^2$。事实上，这种方法相当于对 $[a_1 \quad \cdots \quad a_n]$ 进行 $\boldsymbol{QR}$ 分解，但不存储 $\boldsymbol{R}$，故仅需存储 $n^2/2$ 个元素。

如果使用 $f_j'(\boldsymbol{x}_i)$ 的差商表示 $\boldsymbol{a}_j$，由方法1所得到的结果与通常的离散牛顿法完全相同。如果 $\boldsymbol{F}'(\boldsymbol{x}_i)$ 不是稀疏矩阵，可以通过以下方法在零空间上进行离散，从而使函数值的计算量减少。

在方法 1 中，使用差商代替导数来计算 $\boldsymbol{U}_k^{\mathrm{T}}\boldsymbol{a}_k$。设 $\boldsymbol{U}_k=[\boldsymbol{u}_k \quad \cdots \quad \boldsymbol{u}_n]$，则

$$\boldsymbol{U}_k^{\mathrm{T}}\boldsymbol{a}_k=[\boldsymbol{u}_k^{\mathrm{T}}f_k'(\boldsymbol{y}_1) \quad \cdots \quad \boldsymbol{u}_n^{\mathrm{T}}f_k'(\boldsymbol{y}_1)]^{\mathrm{T}} \tag{C.31}$$

使用方向差商

$$\frac{\Delta f_k(\boldsymbol{y}_1)}{\Delta \boldsymbol{u}_j}=\frac{f_k(\boldsymbol{y}_1+h\boldsymbol{u}_j)-f_k(\boldsymbol{y}_1)}{h} \quad (j=k,\cdots,n) \tag{C.32}$$

代替方向导数 $\boldsymbol{u}_j^{\mathrm{T}}f_k'(\boldsymbol{y}_1)(j=k,\cdots,n)$，有

$$\boldsymbol{c}_k=\left[\frac{\Delta f_k(\boldsymbol{y}_1)}{\Delta \boldsymbol{u}_k} \quad \cdots \quad \frac{\Delta f_k(\boldsymbol{y}_1)}{\Delta \boldsymbol{u}_n}\right]^{\mathrm{T}} \tag{C.33}$$

对 $\Delta_k=\boldsymbol{a}_k^{\mathrm{T}}(\boldsymbol{y}_k-\boldsymbol{y}_1)(k>1)$，设

$$\left.\begin{aligned}\boldsymbol{y}_k-\boldsymbol{y}_1&=\boldsymbol{s}_k\\ \boldsymbol{u}_s&=\boldsymbol{s}_k/\|\boldsymbol{s}_k\|\end{aligned}\right\} \tag{C.34}$$

用

$$\Delta_k=\frac{f_k(\boldsymbol{y}_1+h\boldsymbol{u}_s)-f_k(\boldsymbol{y}_1)}{h}\|\boldsymbol{s}_k\| \tag{C.35}$$

代替 $f_k'(\boldsymbol{y}_1)^{\mathrm{T}}\boldsymbol{s}_k$。由式(C.22) 和 $b_k=-f_k(\boldsymbol{y}_1)$ 有

$$\lambda_k=\frac{-(f_k(\boldsymbol{y}_1)+\Delta_k)}{\boldsymbol{c}_k^{\mathrm{T}}\boldsymbol{z}_k} \tag{C.36}$$

为了进一步提高方法的效能，可选取适当的 r，采用 r 步重新计算一次雅可比矩阵 $\boldsymbol{F}'(\boldsymbol{x}_i)$。对方法 1，这等价于多步重新计算一组 $p_j(j=1,\cdots,n)$。设 $\boldsymbol{x}_i=\boldsymbol{x}_i^{(0)}$，若 $\boldsymbol{F}'(\boldsymbol{x}_i)$ 不变，得到的列向量设为 $\boldsymbol{x}_i^{(l)}(l=1,2,\cdots,r)$。为了实用起见，设 r 可变，并采用如下的准则

$$\|\boldsymbol{F}(\boldsymbol{x}_i^{(l)})\|\leqslant\beta\|\boldsymbol{F}(\boldsymbol{x}_i^{(l-1)})\| \quad (\beta\in(0,1)) \tag{C.37}$$

决定 r 的取值。当式(C.37) 成立时，可重新使用前一组 $\boldsymbol{p}_j$。

方法 2：

(1)令 $\boldsymbol{y}_1=\boldsymbol{x}_i$、$\boldsymbol{U}_1=\boldsymbol{I}$、$\boldsymbol{x}_i^{(l)}=\boldsymbol{x}_i$、且 $l=0$、$k=1$。

(2)计算方向差商为

$$\boldsymbol{c}_k=[\alpha_k \quad \cdots \quad \alpha_n]^{\mathrm{T}}$$

式中

$$\alpha_j = \frac{f_k(\boldsymbol{x}_i + h\boldsymbol{u}_j) - f_k(\boldsymbol{x}_i)}{h} \quad (j = k, \cdots, n) \tag{C.38}$$

式中，$\boldsymbol{u}_k$、…、$\boldsymbol{u}_n$ 是 $\boldsymbol{U}_k$ 的列向量。

(3)选取 $\boldsymbol{z}_k$，使 $\boldsymbol{c}_k^{\mathrm{T}}\boldsymbol{z}_k \neq 0$。

(4)计算 $\boldsymbol{p}_k = \boldsymbol{U}_k\boldsymbol{z}_k$。

(5)对 $k=1$，取 $\Delta_1 = 0$；对 $k>1$，计算

$$\left.\begin{aligned} &\boldsymbol{s}_k = \boldsymbol{y}_k - \boldsymbol{y}_1 \\ &\boldsymbol{u}_s = \boldsymbol{s}_k / \|\boldsymbol{s}_k\| \\ &\Delta_k = \frac{f_k(\boldsymbol{x}_i + h\boldsymbol{u}_s) - f_k(\boldsymbol{x}_i)}{h}\|\boldsymbol{s}_k\| \\ &\lambda_k = \frac{-(f_k(\boldsymbol{y}_1) + \Delta_k)}{\boldsymbol{c}_k^{\mathrm{T}}\boldsymbol{z}_k} \\ &\boldsymbol{y}_{k+1} = \boldsymbol{y}_k + \lambda_k\boldsymbol{p}_k \end{aligned}\right\} \tag{C.39}$$

(6)若 $k=n$，则转至步骤(9)。

(7)构造 $(n-k+1)\times(n-k)$ 列满秩矩阵 $\mathbf{V}_k$，使 $\mathbf{V}_k^{\mathrm{T}}\boldsymbol{c}_k = \mathbf{0}$。

(8)校正

$$\boldsymbol{U}_{k+1} = \boldsymbol{U}_k\mathbf{V}_k$$

令 $k=k+1$，转步骤(2)。

(9)令 $\boldsymbol{y}_{n+1} = \boldsymbol{x}_i^{(l+1)}$。

(10)对 $\beta \in (0,1)$，若 $\|\boldsymbol{F}(\boldsymbol{x}_i^{(l+1)})\| \leqslant \beta\|\boldsymbol{F}(\boldsymbol{x}_i^{(l)})\|$，则令 $\boldsymbol{y}_1 = \boldsymbol{x}_i^{(l+1)}$，按步骤(5)中的公式依次计算 y_2、…、y_{n+1}，令 $l=l+1$，转步骤(9)；否则令

$$\boldsymbol{x}_{i+1} = \begin{cases} \boldsymbol{x}_i^{(l)}, & l=0 \\ \boldsymbol{x}_i^{(l)}, & l \geqslant 1 \end{cases}$$

且 $i=i+1$，转步骤(1)。

方法2实际上可以看成求解如下的线性方程

$$\boldsymbol{F}(\boldsymbol{x}_i) + \boldsymbol{A}(\boldsymbol{x}_i, h)(\boldsymbol{x} - \boldsymbol{x}_i) = \mathbf{0} \tag{C.40}$$

且有

$$\lim_{h\to 0}\|\boldsymbol{F}'(\boldsymbol{x}_i) - \boldsymbol{A}(\boldsymbol{x}_i, h)\| = 0 \tag{C.41}$$

由式(C.41)可知，当 $h \to 0$ 时，方法2就是通常的牛顿法；而当 $h \to 0$ 时，布朗方法求解的方程(式(C.22)、式(C.41))则不成立，从而得不到通常的牛顿方程，在解点附近只是牛顿方程的一个近似方程。

相对于 $\boldsymbol{F}(\boldsymbol{x})$ 的模长而言，牛顿方向是一个下降方向。选取适当的步长，方法2可有大范围收敛的性质，而布朗方法显然不具有这一性质。

在非线性方程组中，如果部分方程是线性方程，不妨设 $f_1(\boldsymbol{x})$、…、$f_{k-1}(\boldsymbol{x})$ 是线性的，这时用零空间法求解牛顿方程，在流形 $S_k=\{\boldsymbol{y}_k+\boldsymbol{U}_k\boldsymbol{z},\boldsymbol{z}\in\mathbb{R}^{n-k+1}\}$ 上求解非线性方程组 $f_j(\boldsymbol{x})=0(j=k,\cdots,n)$。相对通常的牛顿法，其效能也得到了提高，如下式

$$\left.\begin{aligned}&f_j(\boldsymbol{x})=-(n+1)+x_j+\sum_{i=1}^{n}x_i\quad(j=1,\cdots,n-1)\\&f_n(\boldsymbol{x})=-2+\prod_{i=1}^{n}x_i\end{aligned}\right\}\tag{C.42}$$

式中，$n=50$，$\boldsymbol{x}$ 初值取为 $\begin{bmatrix}\frac{1}{2} & \cdots & \frac{1}{2}\end{bmatrix}^{\mathrm{T}}$，并使用双精度。对前 $n-1$ 个线性方程进行一次迭代，产生了一维流形 $S_n=\{\boldsymbol{y}_n+\boldsymbol{U}_nz,z\in\mathbb{R}\}$。在一维流形 S_n 上求解 $f_n(\boldsymbol{x})=0$，仅 9 次迭代即可得到解 $\boldsymbol{x}^*$，其精度为 $\|\boldsymbol{F}(\boldsymbol{x}^*)\|\approx10^{-13}$。